"十二五"职业教育国家规划教材
经全国职业教育教材审定委员会审定

电器与PLC控制技术

主　编　陈文林　吴　萍
副主编　刘文新
参　编　马玉林　刘　宏　陈巴国
　　　　熊　伟　邵红亮

机械工业出版社
CHINA MACHINE PRESS

本书是经全国职业教育教材审定委员会审定的“十二五”职业教育国家规划教材，是根据教育部于2014年公布的《中等职业学校机电技术应用专业教学标准》，同时参考维修电工中级（四级）职业资格标准编写的。

本书是以工作过程为导向、任务引领的项目式一体化教材，充分体现“做中学、做中教”的职业教育理念，突出以培养学生职业核心能力为目标。本书共七个项目，主要内容包括PLC控制系统的硬件和软件、PLC常用指令应用、送料机构电路连接、检测与编程、机械手搬运机构电路连接、检测与编程、带输送机构、物料识别与分拣电路连接、检测与编程、触摸屏与PLC通信、综合训练等。

本书可作为中等职业学校、技工院校、机电技术应用及其他机类、电类专业及相关课程的教学用书，也可作为相关领域的培训教材和自学用书。

为便于教学，本书配有电子课件等教学资源，选择本书作为教材的教师可来电（010-88379195）索取，或登录www.cmpedu.com网站，注册、免费下载。

图书在版编目（CIP）数据

电器与PLC控制技术/陈文林，吴萍主编. —北京：机械工业出版社，2015.9（2023.1重印）
“十二五”职业教育国家规划教材
ISBN 978-7-111-50612-6

Ⅰ.①电… Ⅱ.①陈… ②吴… Ⅲ.①电器-plc技术-中等专业学校-教材 Ⅳ.①TM5

中国版本图书馆CIP数据核字（2015）第137365号

机械工业出版社（北京市百万庄大街22号 邮政编码100037）
策划编辑：张晓媛 责任编辑：赵红梅 版式设计：霍永明
责任校对：丁丽丽 封面设计：张 静 责任印制：常天培
北京机工印刷厂有限公司印刷
2023年1月第1版第9次印刷
184mm×260mm · 13印张 · 317千字
标准书号：ISBN 978-7-111-50612-6
定价：39.00元

电话服务	网络服务
客服电话：010-88361066	机 工 官 网：www.cmpbook.com
010-88379833	机 工 官 博：weibo.com/cmp1952
010-68326294	金 书 网：www.golden-book.com
封底无防伪标均为盗版	机工教育服务网：www.cmpedu.com

前　言

本书是根据教育部《关于中等职业教育专业技能课教材选题立项的函》（教职成司［2012］95号），由全国机械职业教育教学指导委员会和机械工业出版社联合组织编写的“十二五”职业教育国家规划教材，是根据教育部于2014年公布的《中等职业学校机电技术应用专业教学标准》，同时参考维修电工中级（四级）职业资格标准编写的。

本书有以下特点：

1. 全新的一体化编写理念，利于中职一体化教学改革

在编写时，为了便于面向全体学生，也便于教学实际需要，取消设备硬件组装环节。利用YL-235A整机设备，采用“项目驱动”、“任务引领”的新体系、新模式，把PLC技术基本知识和技能训练有机结合在一起，真正做到“边做、边学、边教”的一体化教学理念，使学生能通过线路连接，在解决知识与技能、理论与实践、通用知识与专业知识关系上进行合理、科学的处理。

2. 教学内容体现“四新”、实用的特点

本书编写时以工业现场和职业技能要求为主线，围绕重点部分安排内容，强调“学以致用”，淡化内部机理，回避深奥理论说明、复杂参数计算与公式推导等。在内容上体现了机电行业的“新技术、新材料、新设备、新工艺”。每个项目的每一个任务，均通过创设真实的职业场景让学生在短时间内掌握PLC的电气连接、程序设计和调试技术，加深对所学理论知识的理解。

3. 教材结构适合中职学生的认识特点

本书以YL-235A为载体，通过七个与实际应用相结合的教学项目，让学生掌握PLC硬件和软件知识，常用PLC指令、步进梯形图编程方法，变频器、触摸屏与PLC的通信等知识和技能。本书有利于学生把握重点、分清主次、明确目的，重点强调培养学生发现问题、分析问题与解决问题的能力。

4. 教学内容呈现方式新颖多样

本书教学内容呈现方式有图、文、表，直观、形象生动，符合中职学生认知特点，内容可操作性强，容易激发学生学习兴趣，书中设有知识拓展栏目，可供学习能力强的学生参考，便于他们学习相关知识。

本书共七个项目，由重庆市立信职业教育中心陈文林和江苏省靖江中等专业学校吴萍担任主编，宁夏中卫市职业技术学校刘文新担任副主编。重庆市立信职业教育中心马玉林；福建三明中专学校陈巴国，南京市莫愁中等专业学校熊伟，南京六合中等专业学校邵红亮，宁夏中卫市职业技术学校刘宏参编。此外，上海石化工业学校孙松，湖北省武汉机电工程学校李妍也为项目开展提供支持。

本书经全国职业教育教材审定委员会审定，评审专家对本书提出了宝贵的建议，在此对

他们表示衷心的感谢！编写过程中，编者参阅了国内外出版的有关教材和资料，在此一并表示衷心感谢！

本书建议学时为108学时，学时分配建议见下表。

项目序号	项目名称	建议学时
项目一	认识PLC控制系统的硬件和软件	8
项目二	PLC常用指令的应用	40
项目三	送料机构电路连接、检测与编程	8
项目四	气动机械手搬运机构电路连接、检测与编程	8
项目五	带输送机传送、物料识别与分拣电路连接与编程	16
项目六	触摸屏与PLC通信	12
项目七	综合训练	16
合计		108

由于编者水平有限，书中不妥之处在所难免，恳请读者批评指正。

编　者

目　录

项目一

认识PLC控制系统的硬件和软件

项目描述

可编程序逻辑控制器，简称为 PLC。通过各种输入/输出设备控制工业生产过程中的各种机电设备和过程控制，广泛应用于工业控制领域的新型控制设备。可编程序控制器由硬件系统和软件系统两大部分构成，主要取代传统继电器，执行逻辑、计时和计数等顺序控制，目前已占据工业生产自动化的首位。

任务一　认识 PLC 控制系统的硬件

【任务描述】

观察 YL-235A 光机电一体化设备，认识设备的主要组成机构及设备功能，YL-235A 光机电一体化实训设备如图 1-1 所示。

【任务目标】

1. 了解 PLC 的产生、定义、特点、应用、主要功能及硬件系统组成。

2. 认识 PLC 硬件系统组成，了解常用输入元件及执行元件。

3. 了解 FX 系列 PLC 型号名称的基本含义。

4. 能识别 YL-235A 光机电一体化实训设备的主要部件，了解主要机构的功能。

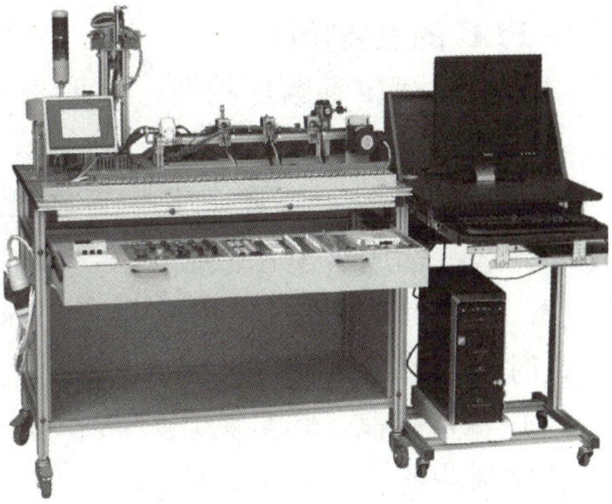

图 1-1　YL-235A 光机电一体化实训设备

【知识点解析】

知识 1　PLC 的产生、定义及特点

1. PLC 的产生

20 世纪 60 年代末期，为了使汽车改型或改变工艺流程时不改动原有继电器柜内的接线，以便降低生产成本，缩短新产品的开发周期，以满足生产的需求。美国通用汽车公司（GM 公司）1968 年提出了研制新型控制装置。

1969 年，美国数字设备公司（DEG）根据上述要求研制出第一台可编程序控制器，型号为 PDP-14，并在 GM 公司的汽车生产线上试用成功，第一台可编程序控制器诞生。

2. PLC 的定义

可编程序控制器，简称 PLC（Programmable logic Controller）是指以计算机技术为基础的新型工业控制装置。在 1987 年国际电工委员会（International Electrical Committee）颁布的 PLC 标准草案中对 PLC 做了如下定义：

PLC 是一种专门为在工业环境下应用而设计的数字运算操作的电子装置。它采用可以编制程序的存储器，用来在其内部存储执行逻辑运算、顺序运算、计时、计数和算术运算等操作的指令，并能通过数字式或模拟式的输入和输出，控制各种类型的机械或生产过程。被公认为现代工业自动化的三大支柱（PLC、ROBOT——机器人、CAD/CAM——计算机辅助设计与制造）之一。

3. PLC 的特点

随着微电子技术和大规模集成电路的广泛应用，PLC 功能日趋完善，性能不断提高。PLC 已发展为集计算机技术、自动控制技术、通信技术、过程控制技术于一身的数字运算操作的电子系统装置，其特点主要有：

1）可靠性高，抗干扰能力强。

2）通用性强，控制程序可变，使用方便。

3）硬件配套齐全，用户使用方便，适应性强。

4）编程简单，人机对话界面好，容易掌握。

5）系统的设计、安装、调试工作量少。

6）维修工作量小，维护方便。

7）体积小，能耗低。

知识 2　PLC 的主要功能、发展趋势及应用

1. PLC 的主要功能

（1）开关逻辑和顺序控制　各种开关逻辑运算和顺序逻辑控制，从而可以实现各种控制要求。

（2）模拟量控制　在工业生产过程中控制连续变化的物理量，如温度、压力、流量、液位等，这些都属于模拟量控制。

（3）定时/计数控制　PLC 具有很强的定时、计数功能，它可以为用户提供数十甚至上百个定时器与计数器。

（4）步进控制　PLC 为用户提供了一定数量的移位寄存器，用移位寄存器可方便地完成步进控制功能。

（5）运动控制　在机械加工行业，PLC 与数控装置（CNC）集成在一起，用以完成机床的运动控制。

（6）数据处理　大部分 PLC 都具有不同程度的数据处理能力，它不仅能进行算术运算、数据传送，而且还能进行数据比较、数据转换、数据显示打印等操作，有些 PLC 还可以进行浮点运算和函数运算。

（7）通信联网 PLC 具有通信联网的功能，它使 PLC 与 PLC 之间、PLC 与上位计算机以及其他智能设备之间能够交换信息，形成一个统一的整体，实现分散集中控制。

2. PLC 的发展趋势及应用

随着 PLC 技术的推广、应用，PLC 将向两个方面发展：大型化和小型化方向。

PLC 向大型化方向发展，主要表现在大中型 PLC 高功能、大容量、智能化、网络化发展，使之能与计算机组成集成控制系统，对大规模、复杂系统进行综合的自动控制。

PLC 向小型化方向发展，主要表现在，为了减小体积、降低成本，向高性能的整体型发展；在提高系统可靠性的基础上，产品的体积越来越小，功能越来越强；应用的专业性使得控制质量大大提高。

PLC 总的发展趋势是：高功能、高速度、高集成度、容量大、体积小、成本低、通信联网功能强。

PLC 应用：广泛应用在机械、化工、石油、冶金、电力、轻工、电子、纺织、食品、交通等行业生产自动控制方面，见图 1-2 所示为 PLC 应用举例。

a) 传送带生产线

b) 木材加工

c) 印刷机械

d) 纺织机械

图 1-2 PLC 应用举例

知识 3 PLC 的硬件系统

PLC 的硬件系统采用典型的计算机结构，基本组成主要有中央处理器（CPU）、存储器（RAM 和 ROM）、输入/输出接口电路、电源单元、编程单元、I/O 扩展接口、外部设备接口等。PLC 硬件系统结构示意图如图 1-3 所示。

1. 中央处理器（CPU）

一般由控制器、运算器和寄存器组成，这些电路都集成在一个芯片内。CPU 通过数据总线、地址总线和控制总线与存储器、输入/输出接口电路相连接。CPU 是整个 PLC 的控制中枢，它按 PLC 中系统程序赋予的功能指挥 PLC 有条不紊地进行工作。

2. 存储器

（1）系统程序存储器（ROM） 用以存放系统管理程序、监控程序及系统内部数据，

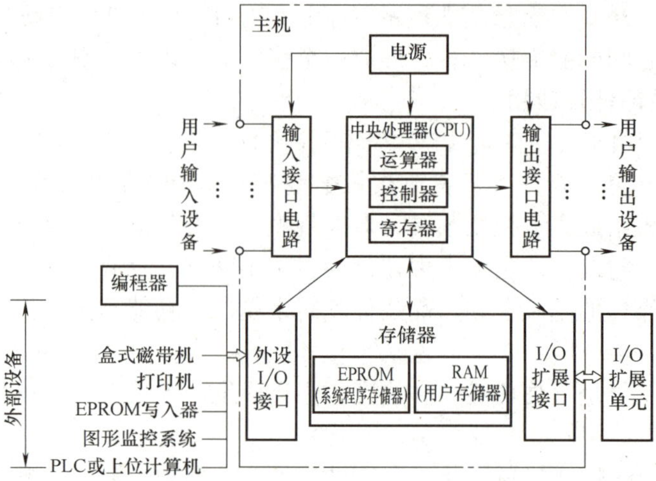

图 1-3　PLC 硬件系统结构示意图

PLC 出厂前已将其固化在只读存储器 ROM 或 EPROM 中，用户不能修改。

（2）用户存储器（RAM）　用以存放用户程序和工作数据存储区，一般由低功耗的 CMOS-RAM 构成，其存储内容可读出并修改；断电后存储内容会丢失，一般用锂电池来维持。

3. 输入/输出接口电路（I/O 接口电路）

I/O 接口电路是 CPU 与现场 I/O 装置或其他外部设备之间的连接部件。I/O 接口电路将外界输入信号（限位开关、手动开关、编码器等）经过光耦合电路转换成 CPU 能接受和处理的数字信号，或将 CPU 的输出信号变成需要的控制信号去驱动控制对象，确保整个系统正常工作。

4. 电源单元

PLC 内部配有一个专用开关型稳压电源，它将交流/直流供电电源变换成系统内部各单元所需的电源，即为 PLC 各模块的集成电路提供工作电源。

5. 外部设备接口（外设 I/O 接口）

一般 PLC 都配有盒式磁带机、打印机、EPROM 写入器、图形监控系统等外部设备。因此 PLC 内设有外设 I/O 接口。

知识 4　FX 系列 PLC 型号名称的基本含义

三菱公司是日本生产 PLC 的主要生产商之一。FX2N 系列机型是三菱公司的典型产品。在 PLC 的正面面板上，一般都有表示该 PLC 型号的符号，通过阅读该符号即可以获得该 PLC 的基本信息。如图 1-4 所示为 PLC 面板型号信息。

FX 系列 PLC 的型号命名基本格式如图 1-5 所示。

其中：（1）系列序号：0、0S、0N、2、2C、1S、2N、2NC。

（2）I/O 总点数，即输入/输出总点数：10～256。

（3）单元类型：M 代表基本单元，E 代表输入/输出混合扩展单元及扩展模块，EX 代表输入专用扩展模块，EY 代表输出专用扩展模块。

（4）输出形式：R 代表继电器输出（有触点，可带交流或直流负载），T 代表晶体管输

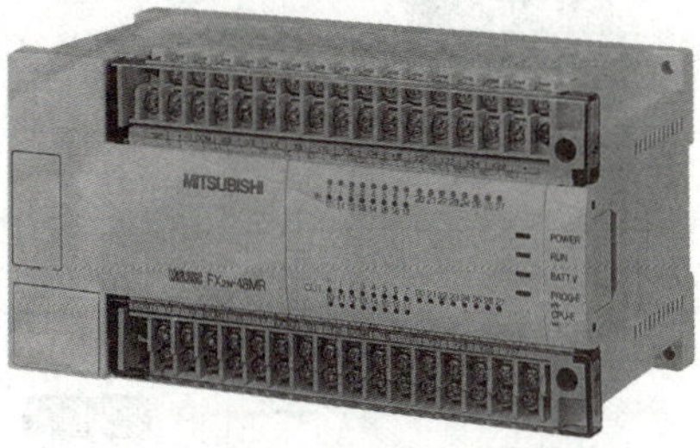

图 1-4 PLC 面板上的型号信息

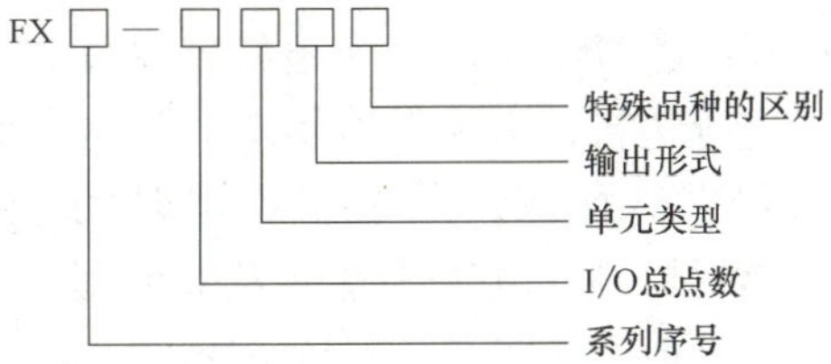

图 1-5 FX 系列 PLC 型号命名基本格式

出（无触点，可带直流负载），S 代表晶闸管输出（无触点，可带交流负载）。

（5）特殊品种的区别：D 代表 DC 电源，DC 输入；A1 代表 AC 电源，AC 输入。

若特殊品种一项无符号通指 AC 110V/220V 电源，DC 24V 输入；继电器输出：2A/点；晶体管输出：0.5A/点；晶闸管输出：0.3A/点。

例如，本书使用的 PLC 为 FX2N-48MR，其型号名称的含义为

FX2N	-	48	M	R
系列名称		I/O 总点数为 48 点	基本单元	继电器输出形式

【任务实施】

1. 认识 YL-235A 光机电一体化实训设备整机外观及结构

YL-235A 光机电一体化实训设备主要由物料传送与分拣机构、机械手搬运机构、送料机构以及电气控制模块等几大部分构成；电气控制部分又由电源模块、按钮与指示灯模块、PLC 控制模块、变频器模块、触摸屏模块等几部分构成。YL-235A 光机电一体化实训设备整机外观及结构如图 1-6 所示。

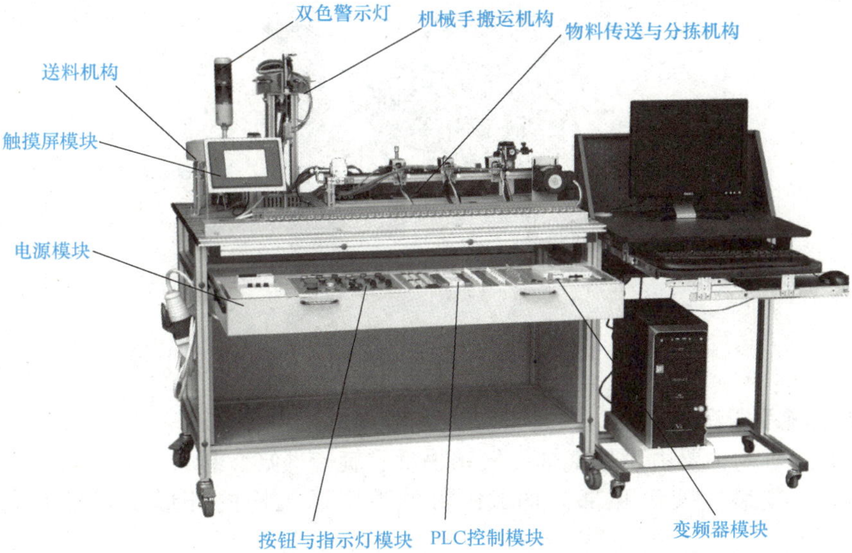

图 1-6 YL-235A 光机电一体化实训设备整机外观及结构

2. 认识 YL-235A 光机电一体化实训设备的整机工作流程

YL-235A 光机电一体化实训设备整机工作流程如图 1-7 所示，其具体工作流程是：通过

按钮模块或单击触摸屏上起动按扭后，装置首先进行复位；复位后，由PLC起动送料电动机驱动送料转盘旋转，进行送料，由物料检测口的光电传感器进行检测；如果在规定时间内，物料检测光电传感器仍未检测到物料，则说明送料机构已无物料或出现故障，这时要停机并报警；当物料检测光电传感器检测有物料时，送料电动机立刻停止，同时由PLC控制机械手的电磁阀驱动相应气缸完成一系列动作，将物料放到传送带落料口，落料口的物料检测传感器检测到物料后驱动传送带输送物料，同时机械手返回原来位置，进行下一个流程；传送带上相应传感器根据物料的材料、颜色等特性进行辨别，分别由PLC控制相应电磁阀驱动相应气缸动作，对物料进行分拣。

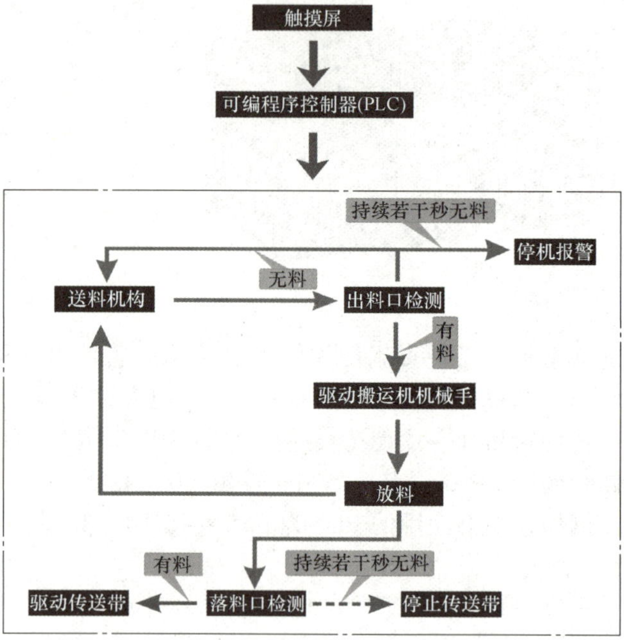

图 1-7　YL-235A 光机电一体化实训设备的整机工作流程

3. 认识送料机构

送料机构如图 1-8 所示。由送料转盘、驱动电动机、物料检测支架及出料口的光电传感器等几部分构成。

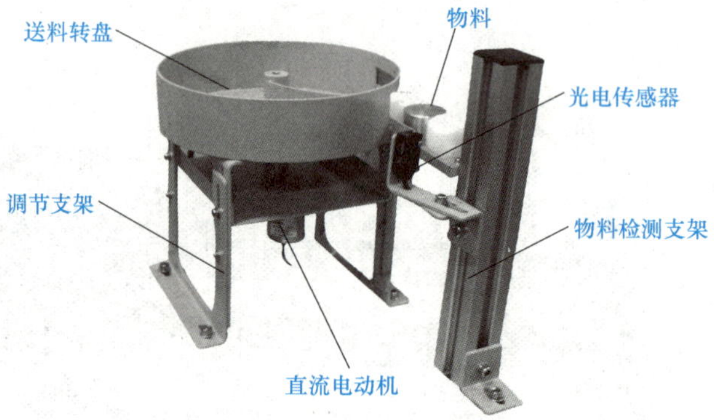

图 1-8　送料机构

4. 认识机械手搬运机构

机械手搬运机构主要由手爪气缸、气动手爪、旋转气缸、悬臂气缸、磁性开关、接近传感器、缓冲阀、安装支架等几部分构成。机械手搬运机构的外形及各部件名称如图 1-9 所示。

5. 认识物料传送与分拣机构

物料传送与分拣机构主要由带输送机、料槽、推料气缸等几部分构成。物料传送与分拣机构的外形及各部件名称如图 1-10 所示。

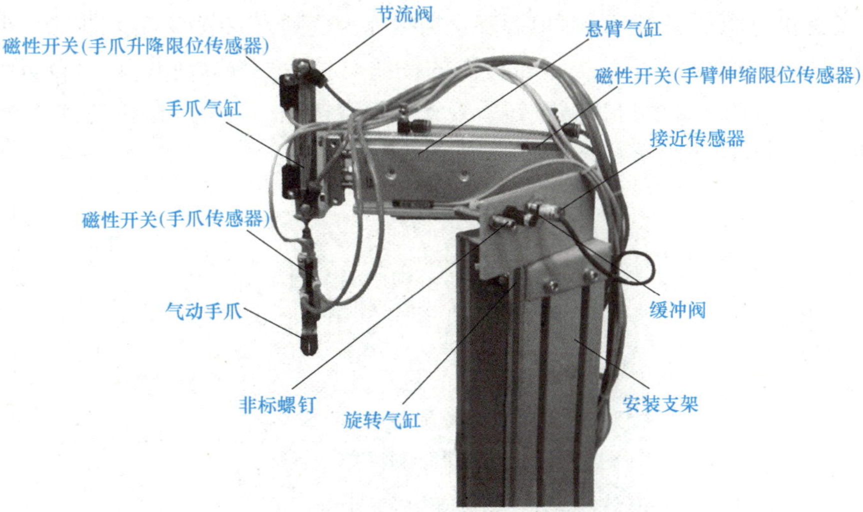

图 1-9　机械手搬运机构外形及各部件名称

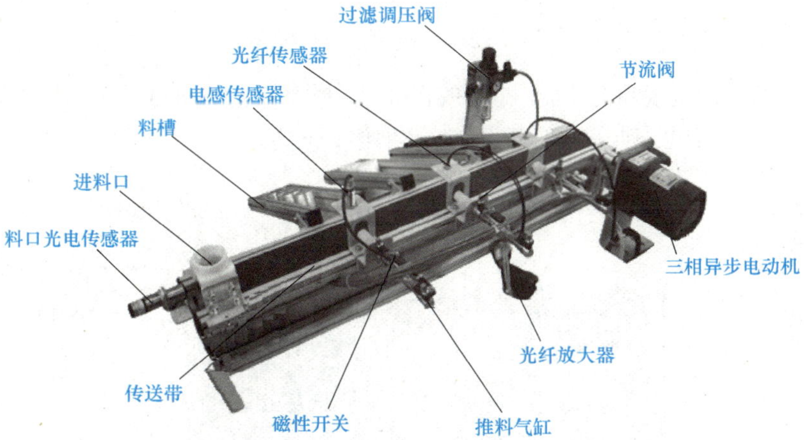

图 1-10　物料传送与分拣机构外形及各部件名称

6. 认识 YL-235A 光机电一体化实训设备的电气控制模块

YL-235A 光机电一体化实训设备的电气控制模块主要包括电源模块、按钮与指示灯模块、可编程序控制器（PLC）模块、变频器模块等几部分。所有的电气元件均连接到接线端子排上，通过接线端子排连接到安全插孔，由安全接插孔连接到各个模块。

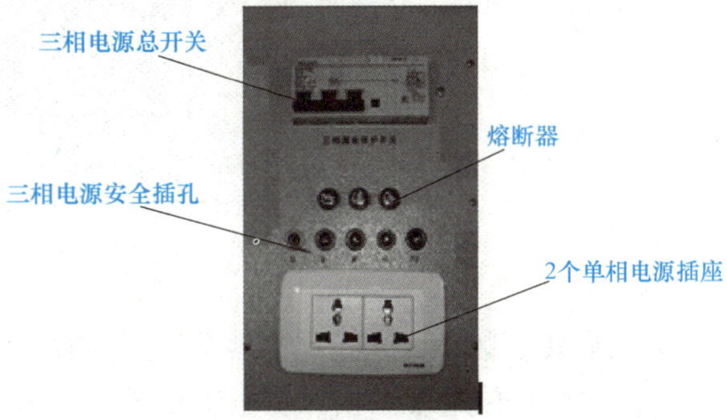

图 1-11　电源模块

（1）认识电源模块　设备所用电源模块如图 1-11 所示，包括三相电源总开关（带漏电和短路保护）、熔断器、三相五线制电源安全插接孔及2个单相电源插座等。单相电源插座为PLC模块、按钮及指示灯模块和外部设备提供电源；三相五线制电源安全插接孔为变频器或电动机提供电源。

（2）认识按钮与指示灯模块　设备提供的按钮与指示灯模块如图1-12所示，其电气元件主要有：6个指示灯、3个自锁型按钮、3个复位型按钮、1个急停按钮和2个转换开关，单相电源插孔和一个用于报警提示的蜂鸣器。

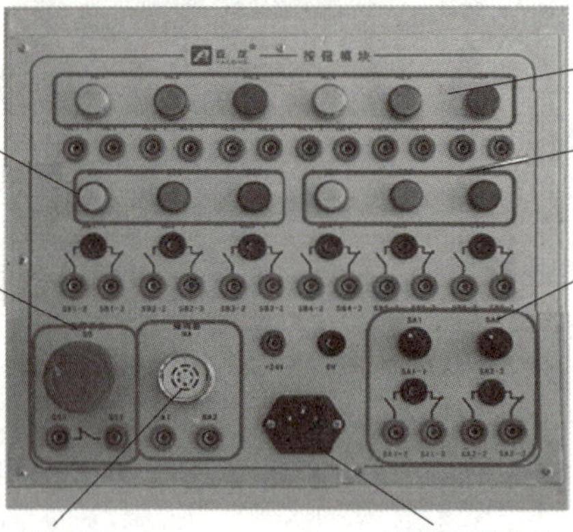

图1-12　按钮与指示灯模块

（3）认识PLC控制模块　设备提供的PLC控制模块如图1-13所示。采用三菱FX2N-48MR PLC，继电器输出，所有接口采用安全插接线连接。

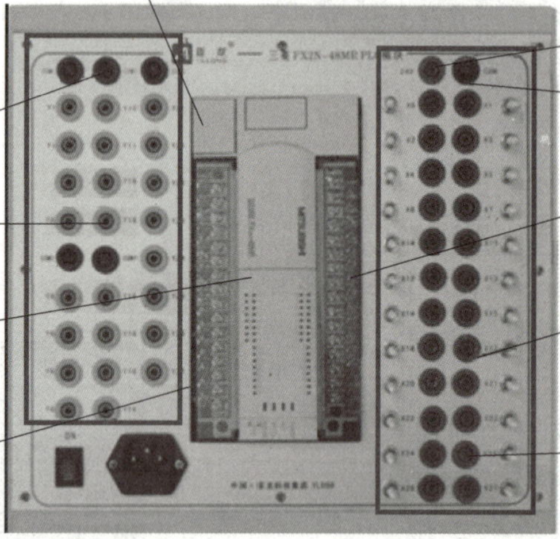

图1-13　PLC控制模块

（4）认识变频器模块　变频器模块如图1-14所示。设备提供的变频器为E540-0.75kW，它控制传送带三相异步电动机转动，从而控制带输送机。所有接口采用安全插接线连接。

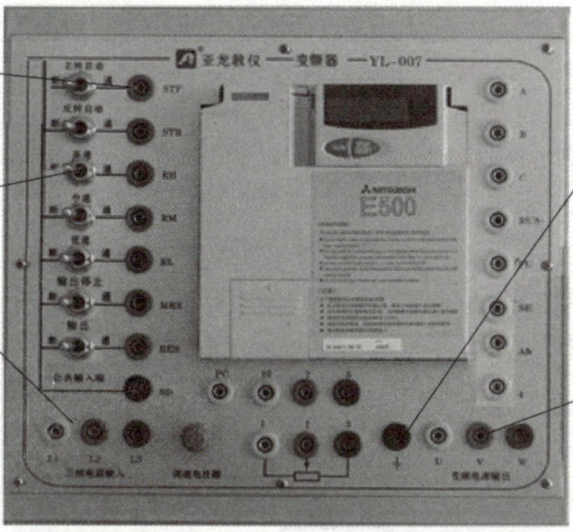

图 1-14　变频器模块

（5）认识触摸屏模块　触摸屏作为一种最新的电脑输入设备，它是目前最简单、方便、自然的一种人机交互方式。触摸屏模块如图 1-15 所示，用专业的组态软件在触摸屏上建立组态画面，通过 PLC 与触摸屏的通信，可以在触摸屏上向 PLC 发送控制信号，从而控制设备的运行。

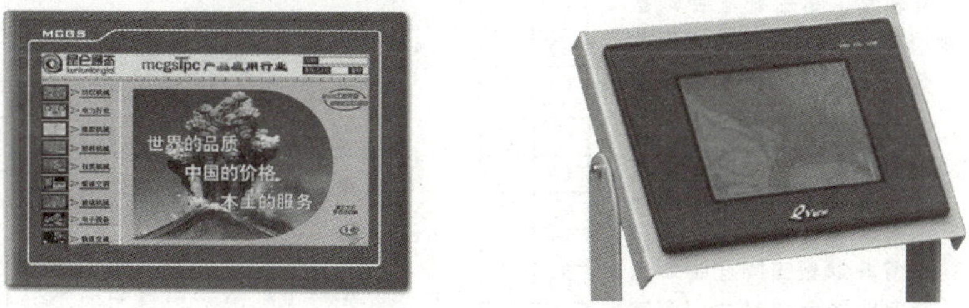

图 1-15　触摸屏模块

7. 认识 YL-235A 光机电一体化实训设备的接线端子排

设备上所有传感器、电磁阀、警示灯组等的所有连接线通过接线槽均连接至接线端子排上，通过接线端子排上对应插孔，可使用安全插接线与 PLC 模块或按钮模块连接，起到信号（电流、电压）传输的作用。接线端子排使得接线更加美观，而且便于维护。如图 1-16 所示 YL-235A 设备接线端子排。

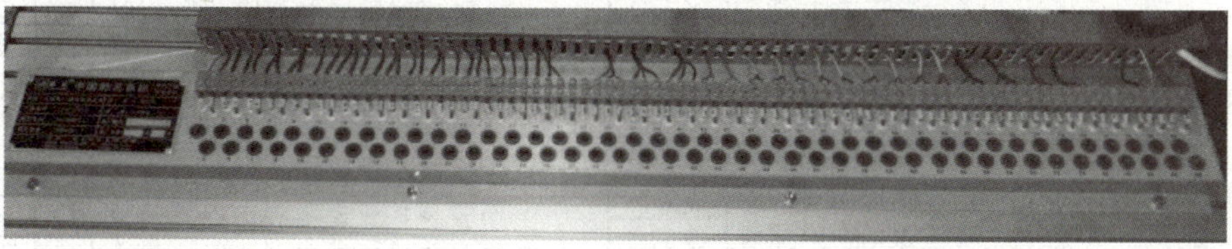

图 1-16　YL-235A 设备接线端子排

本书项目中进行接线连接时，均统一使用如图 1-17 所示的 YL-235A 设备端子接线方式。

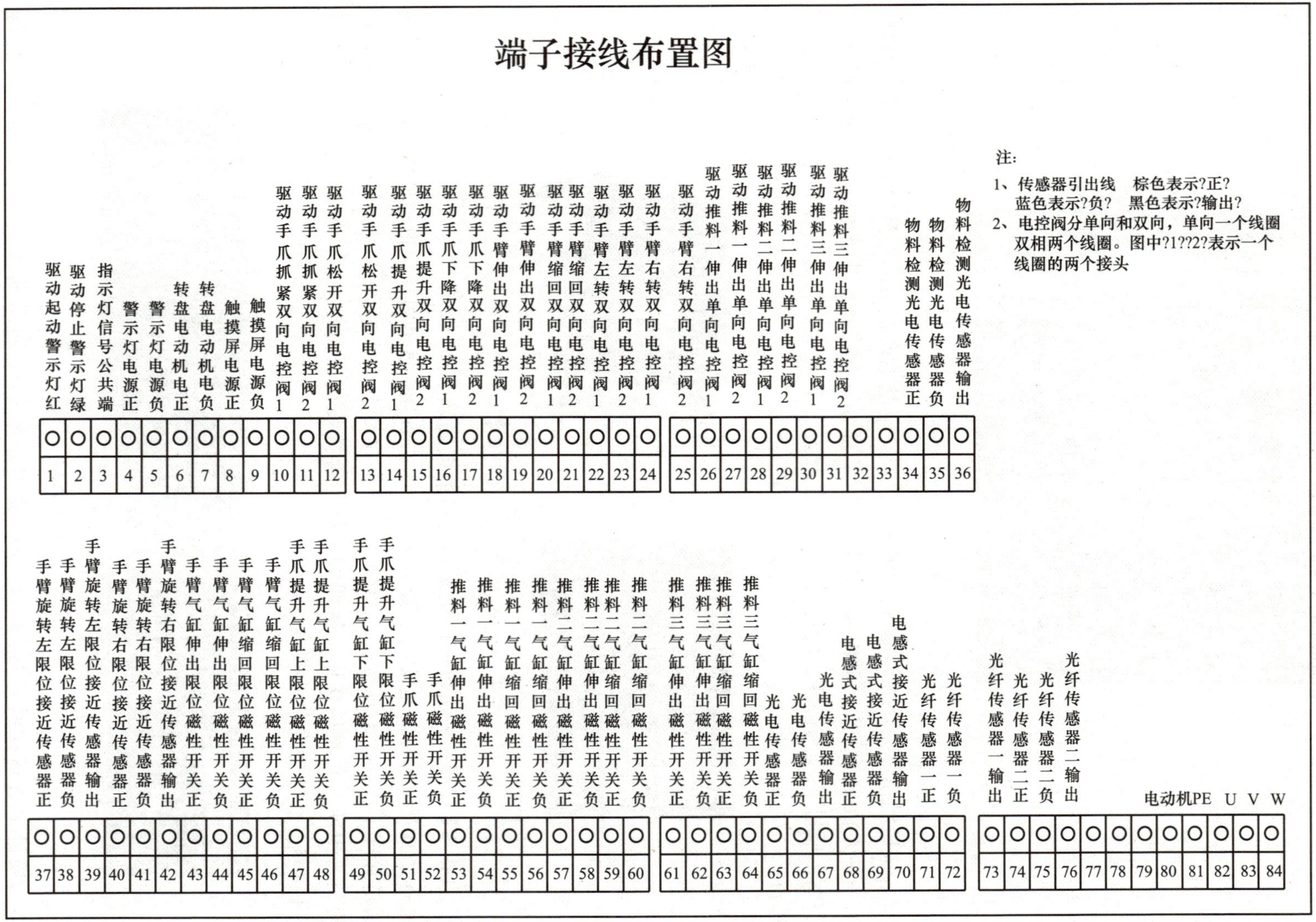

图1-17 YL-235A设备端子接线布置图

【评价与反思】

表 1-1　任务检测与分析

检测项目	评分标准	分值	学生自评	小组评分	教师评分
了解设备整机流程	能正确理解设备工作流程及整机功能	10			
识别搬运机构	能正确识别机械手搬运机构，正确理解机械手搬运机构的功能	10			
识别送料机构	能正确识别送料机构，正确理解送料机构的功能	10			
识别传送分拣机构	能正确识别传送分拣机构，正确理解传送分拣机构的功能	10			
识别电源模块	能正确识别电源模块	10			
识别按钮与指示灯模块	能正确识别按钮与指示灯模块及组件	7			
识别 PLC 控制模块	能正确识别 PLC 控制模块及部件名称	18			
识别变频器模块	能正确识别变频器模块	5			
识别触摸屏模块	能正确识别触摸屏模块	5			
团队协作	小组协调、合作	5			
职业素养	工位清洁等	10			
总分		100			

【问题探究】

1. 观察 YL-235A 光机电一体化实训设备，结合你对设备的了解，讨论一下红绿色警示灯的作用和意义。

2. 观察 YL-235A 光机电一体化实训设备，讨论一下，除了已经介绍的主要组件外，设备上还有哪些重要的组件？有哪些功能？

【知识拓展】

一、认识 PLC 控制系统的常用输入元件

1. 认识按钮与指示灯模块上的输入元件

（1）自锁型按钮　自锁型按钮如图 1-18 所示。它自带机械锁定功能，按下去，松手后按钮是不会跳起来的，处于锁定状态，需要再按一次，才能解锁复位。

图 1-18　自锁型按钮

（2）复位型按钮　复位型按钮如图 1-19 所示。复位型按钮按下时，按钮接通，其常开触点闭合，常闭触点断开，松手后，按钮弹起来，自动复位。

（3）转换开关　常见的转换开关如图 1-20 所示，它是一种可供两路或两路以上电源或负载转换用的开关电器。YL-235A 光机电一体化设备的按钮指示灯模块中采用的转换开关是一种小型的单极两挡位转换开关，实际生产中还经常用到

两极转换开关和三极转换开关。

图 1-19　复位型按钮

图 1-20　常见的转换开关

（4）急停按钮　急停按钮如图 1-21 所示，又称为“紧急停止按钮”，属于自锁型按钮的一种，当发生紧急情况的时候，人们可以通过快速按下此按钮来达到停止设备的目的。急停按钮一般串联在总电路中，也可作为输入设备接入 PLC 的输入端，用以实现紧急停止功能。

2. 认识 YL-235A 光机电一体化设备上的传感器

（1）光电传感器　YL-235A 光机电一体化设备上的光电传感器如图 1-22 所示。光电传感器是采用光电元件作为检测元件的传感器，通过把光强度的变化转换成电信号的变化来实现控制的。

图 1-21　急停按钮

图 1-22　YL-235A 光机电一体化设备上的光电传感器

（2）磁性开关　YL-235A 光机电一体化设备上的磁性开关如图 1-23 所示。

图 1-23　YL-235A 光机电一体化设备上的磁性开关

磁性开关又称为磁性传感器，是一种利用磁场信号来控制的线路开关器件，也叫磁控开关，主要用来检测液压与气动系统中气缸或油缸活塞位置，即主要用来检测活塞的运动行程。

（3）光纤传感器　YL-235A 光机电一体化设备上的光纤传感器如图 1-24 所示。

光纤传感器可用于位移、振动、转动、压力、弯曲、应变、速度、加速度、电流、磁场、电压、湿度、温度、声场、流量、浓度、pH 值和应变等物理量的测量。在 YL-235A 光机电一体化设备中主要用来检测识别物料颜色，配合 PLC 的功能实现物料计数等功能，光纤传感器主要由光纤放大器、光纤、光纤头三部分组成，通过调节光纤放大器，可以让光纤头感应、区别不同的物料或工件。

（4）电感传感器　电感传感器如图 1-25 所示，它利用电磁感应原理将被测非电量如位移、压力、流量、振动等转换成线圈自感系数或互感系数的变化，再由测量电路转换为电压或电流的变化量的输出，主要用来检测识别金属物料，以及机械手旋转气缸左右限位。

图 1-24　YL-235A 光机电一体化设备上的光纤传感器

图 1-25　电感传感器

二、认识 PLC 控制系统的常用输出执行元件

1. 认识按钮与指示灯模块上的执行元件

（1）信号指示灯　信号指示灯如图 1-26 所示，它主要用于指示有关照明，灯光信号，工作系统的技术状况，并对异常情况发出警报灯光信号。常用的指示灯颜色有红色、黄色、绿色、蓝色和白色等几种，在一般工作运用中常将红色指示灯作为电源指示，绿色信号灯作为运行指示。

（2）蜂鸣器　蜂鸣器是一种一体化结构的电子讯响器，常见的蜂鸣器如图 1-27 所示，它采用直流电压供电，广泛应用于计算机、打印机、复印机、报警器、电子玩具、汽车电子设备、电话机、定时器等电子产品中作发声器件。在 YL-235A 光机电一体化设备中经常用来做报警提示。

图 1-26　信号指示灯

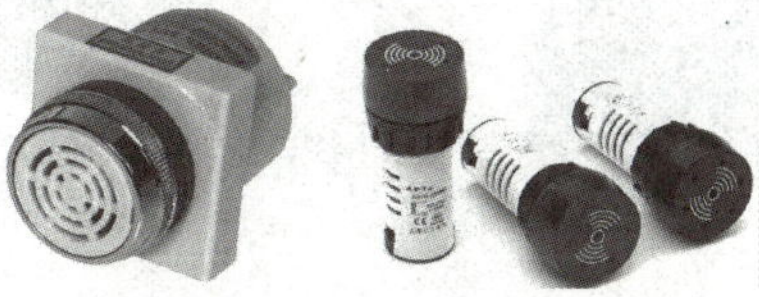

图 1-27　蜂鸣器

2. 认识 YL-235A 光机电一体化设备上的电磁阀

电磁阀是用电磁控制的工业设备，是用来控制流体的自动化基础元件，属于执行器，并不限于液压、气动。用在工业控制系统中调整介质的方向、流量、速度和其他的参数。电磁阀可以配合不同的电路来实现预期的控制。YL-235A 光机电一体化设备中的电磁阀如图 1-28 所示，主要有用来控制分拣机构上推料气缸的 3 个单电控电磁阀和控制搬运机构（机械手）上的悬臂气缸、手臂气缸、旋转气缸和气爪的 4 个双电控电磁阀。

（1）单电控电磁阀　单电控电磁阀如图 1-29 所示。它用来控制气缸单向运动，实现气缸的伸出、缩回运动。与双向电控阀区别在于双向电控阀初始位置是任意的，可以随意控制

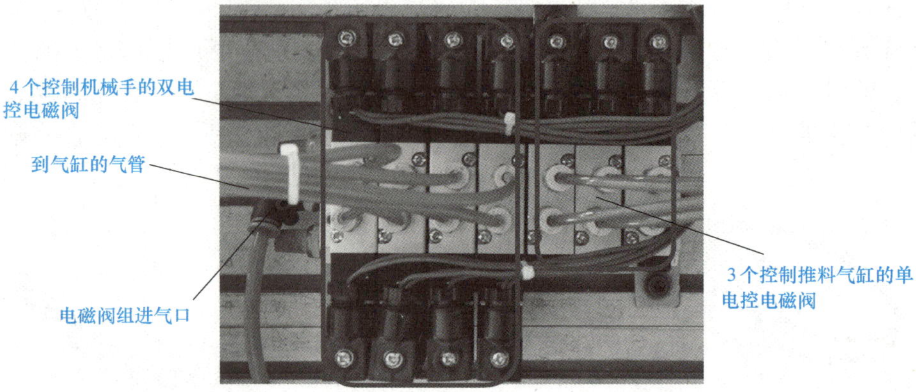

图 1-28　YL-235A 光机电一体化设备的电磁阀组

两个位置，而单电控电磁阀初始位置是固定的只能控制一个方向。

（2）双电控电磁阀　双电控电磁阀如图 1-30 所示，它用左右两侧的驱动线圈分别控制气缸伸出与缩回，两侧线圈不能同时得电。双向电控阀用来控制气缸进气和出气，从而实现气缸的伸出、缩回运动。电控阀内装的红色指示灯有正负极性，如果极性接反了也能正常工作，但指示灯不会亮。

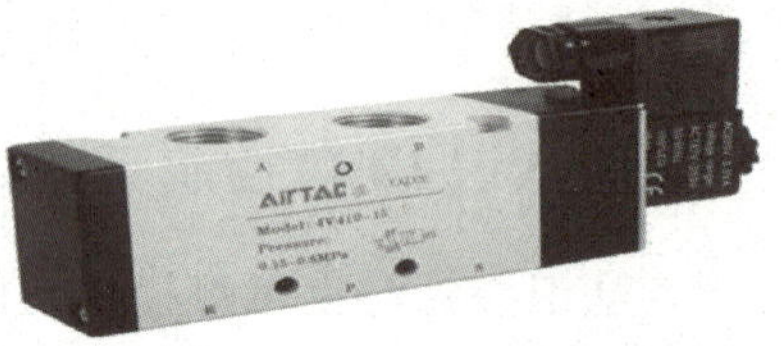

图 1-29　单电控电磁阀

3. 识 YL-235A 光机电一体化设备上的直流电动机

YL-235A 光机电一体化设备的送料机构上安装着一个 24V 的直流电动机，主要用于驱动送料转盘上的拨料杆转动，从而将物流从送料转盘上的出料口推出。当电动机极性接反时，电动机会反转。图 1-31 所示为送料转盘上的 24V 直流电动机。

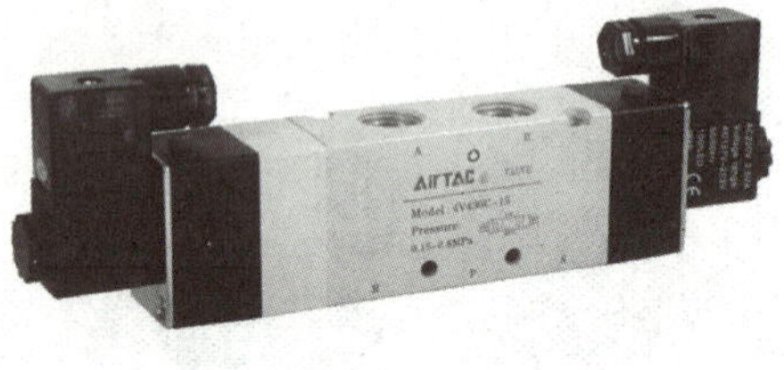

图 1-30　双电控电磁阀

图 1-31　送料转盘上的 24V 直流电动机

任务二　认识 PLC 控制系统的软件

【任务描述】

要实现 PLC 对设备的控制，用户就要根据生产现场控制要求编制相应的控制程序，经过调试正常后，才能真正让 PLC 按照要求控制生产机械或设备进行工作。PLC 如果离开了程序，就无法工作。

利用编程软件 FXGP-WIN-C，编写如图 1-32a 所示的梯形图控制程序，编写完成后将梯形图转换成如图 1-32b 所示的指令表，保存程序，并下载到 PLC 中。

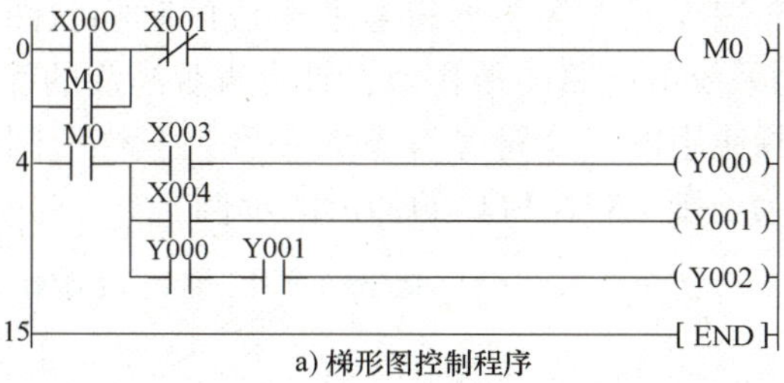

a) 梯形图控制程序

0	LD	X000
1	OR	M0
2	ANI	X001
3	OUT	M0
4	LD	M0
5	MPS	
6	AND	X003
7	OUT	Y000
8	MRD	
9	AND	X004
10	OUT	Y001
11	MPP	
12	AND	Y000
13	AND	Y001
14	OUT	Y002
15	END	

b) 指令表

图 1-32　认识梯形图和指令表

【任务目标】

1. 了解 PLC 软件系统的基本组成，了解梯形图、指令表和流程图等基本概念，初步了解 PLC 内部编程元件。

2. 了解三菱 FX2N 系列 PLC 编程软件 FXGP-WIN-C 的安装方法、启动及与计算机之间的通信方法。

3. 了解 FX 软件编程步骤，认识编程界面，能利用 FXGP-WIN-C 软件正确输入、编辑、保存、转换 PLC 控制程序。

【知识点解析】

知识 1　PLC 的软件系统

PLC 的软件系统由系统程序（又称系统软件）和用户程序（又称应用软件）两大部分组成。

1. 系统程序

系统程序由 PLC 的制造企业编制，固化在 PLC 的 PROM 或 EPROM 中，用户不能修改。系统程序包括系统管理程序、用户指令解释程序和供系统调用的标准子程序模块等。

（1）系统管理程序　用于系统管理，包括 PLC 的运行管理（各种操作的时间分配），存储空间的管理（生成用户数据区）和系统自诊断管理（如电源、系统出错、程序语法等）。

（2）用户指令解释程序　用于将编程语言变成机器语言，以便 CPU 操作。

（3）标准子程序模块　为提高运行速度，在程序执行时，某些信息处理（如 I/O 处理）或特殊运算等，是通过调用标准子程序模块来完成的。

2. 用户程序

用户程序是用户根据生产过程控制和工艺要求进行编制，并输入到 PLC 的 RAM 中进行控制的应用程序。它可进行修改和删除。用户程序包括开关量逻辑控制程序、模拟量运算程序、闭环控制程序和操作站系统应用程序等。

用户程序是通过专业的编程软件编写的。PLC 的编程语言多种多样，不同的 PLC 厂家，不同系列的 PLC 采用的编程语言不尽相同，常用的编程语言有梯形图、指令表、顺序功能图等几种。

知识 2　PLC 的编程语言

1. 认识梯形图

梯形图编程语言是由表示 PLC 内部编程元件的图形符号所组成的阶梯状图形，是各种 PLC 通用编程语言。梯形图与电气控制系统的电路图很相似，具有直观易懂的优点，梯形图的设计称为编程。尽管各厂家的 PLC 所使用的指令符号等不太一致，但梯形图的设计与编程方法基本上大同小异。图 1-33 所示为三菱 FX2N PLC 的梯形图示例。

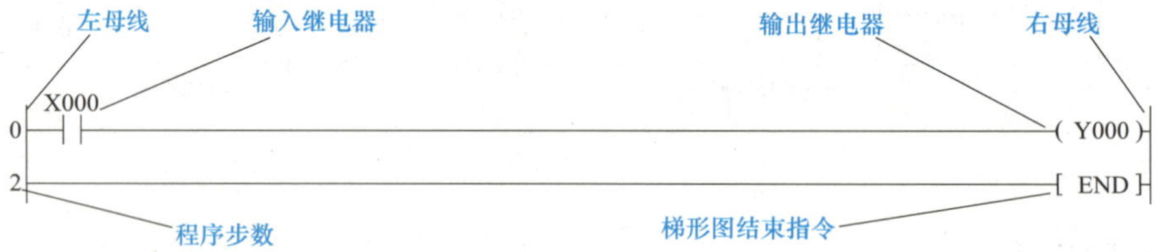

图 1-33　三菱 FX2N PLC 的梯形图示例

PLC 梯形图中的某些编程元件沿用了继电器这一名称，如输入继电器、输出继电器、内部辅助继电器等，但是它们不是真实的物理继电器，而是一些存储单元（软继电器），每一软继电器与 PLC 存储器中映像寄存器的一个存储单元相对应。该存储单元如果为“1”状态，则表示梯形图中对应软继电器的线圈“通电”，其常开触点接通，常闭触点断开，称这种状态是该软继电器的“1”或“ON”状态。如果该存储单元为“0”状态，对应软继电器的线圈和触点的状态与上述的相反，称该软继电器为“0”或“OFF”状态。使用中也常将这些“软继电器”称为编程元件。

这些编程元件在不同的指令操作下，其工作状态可以无记忆，也可以有记忆，还可以作脉冲数字元件使用。一般情况下，X 代表输入继电器，Y 代表输出继电器，M 代表辅助继电器，T 代表定时器，C 代表计数器，S 代表状态继电器，D 代表数据寄存器。

梯形图两侧的垂直公共线称为母线，即左母线和右母线，右母线可以不画出。在分析梯形图的逻辑关系时，为了借用继电器电路图的分析方法，可以想象左右两侧母线之间有一个左正右负的直流电源电压，母线之间有“能流”从左向右流动。能流可以看成是一种虚拟的电流，为了方便我们理解梯形图时引入的概念，假设梯形图的左母线上有电流，触点接通到哪里电流就流到哪里，电流通到哪里，那里的线圈就能“得电”动作。

2. 认识指令表

指令表编程语言，是一种助记符编程语言，用一个或几个容易记忆的字符来代表可编程序控制器的某种操作功能，由操作码、操作数、标识符、参数等几部分组成。指令表编程语言与梯形图编程语言一一对应，在 PLC 编程软件下可以相互转换，例如图 1-33 所示的梯形图相对应的指令表如图 1-34 所示。

3. 认识顺序功能图

顺序功能流程图语言简称 SFC，是用于描述顺序控制系统的图形表示方法，又称功能图

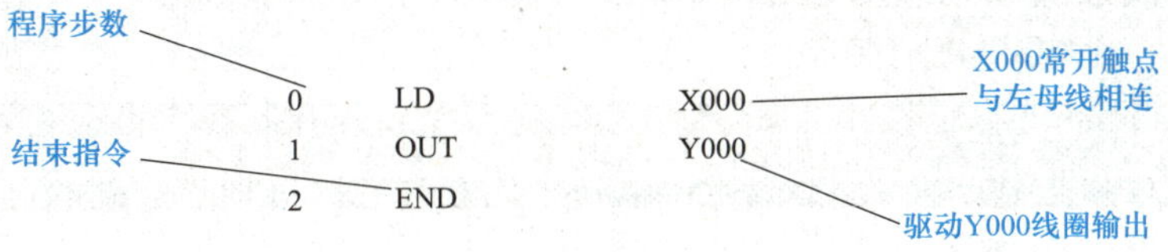

图 1-34　与图 1-33 对应的指令表

或功能流程图，专用于工业顺序控制程序设计的一种功能性说明语言。它将一个完整的控制过程分为若干阶段，各阶段具有不同的动作，阶段间有一定的转换条件，转换条件满足就实现阶段转移，上一阶段动作结束，下一阶段动作开始。顺序功能流程图主要由“状态”、“转移条件”、“转移方向”等元素组成。顺序功能图表示方法如图 1-35 所示。

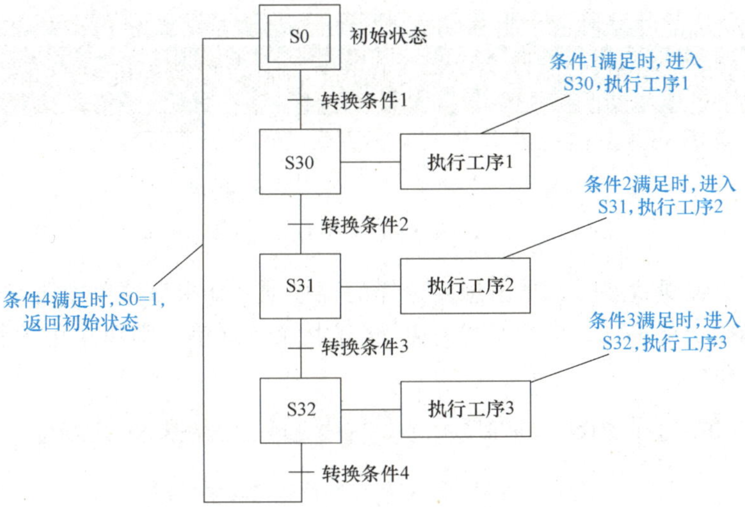

图 1-35　顺序功能图表示方法

设计功能流程图时，首先要将系统的工作过程分解成若干个连续的阶段，这些阶段称为“状态”或“步”。每一状态完成一定的操作或驱动一定的负载。一个步可以是动作的开始、持续或结束。一个过程循环分的步越多，描述时就越精确。状态与状态之间或说步与步之间由转换条件来分隔。转换条件得到满足时，转换得以实现，即上步活动结束而下步活动开始。

知识 3　计算机与 PLC 通信的硬件连接

通过软件下载梯形图程序到 PLC 的过程实质上是计算机与 PLC 的通信过程。计算机与 PLC 通信的设备是一条 FX-232CAB 电缆，一头接在计算机的 RS-232 口（串口），另外一头接在 PLC 的 RS422 通信口上。

知识 4　三菱 FX2N 系列 PLC 编程软件 FXGP-WIN-C

1. 认识 FXGP-WIN-C 编程软件的编程界面

FX 系列 PLC 编程软件 FXGP-WIN-C 只适用 FX2N 及以下系列 PLC 编程，及与 PLC 进行通信，该软件可以脱机独立编制 PLC 用户程序。图 1-36 所示为 FXGP-WIN-C 编程软件的编程主界面。

（1）菜单栏　FXGP-WIN-C 编程软件的菜单栏如图 1-37 所示，各种操作主要靠菜单来

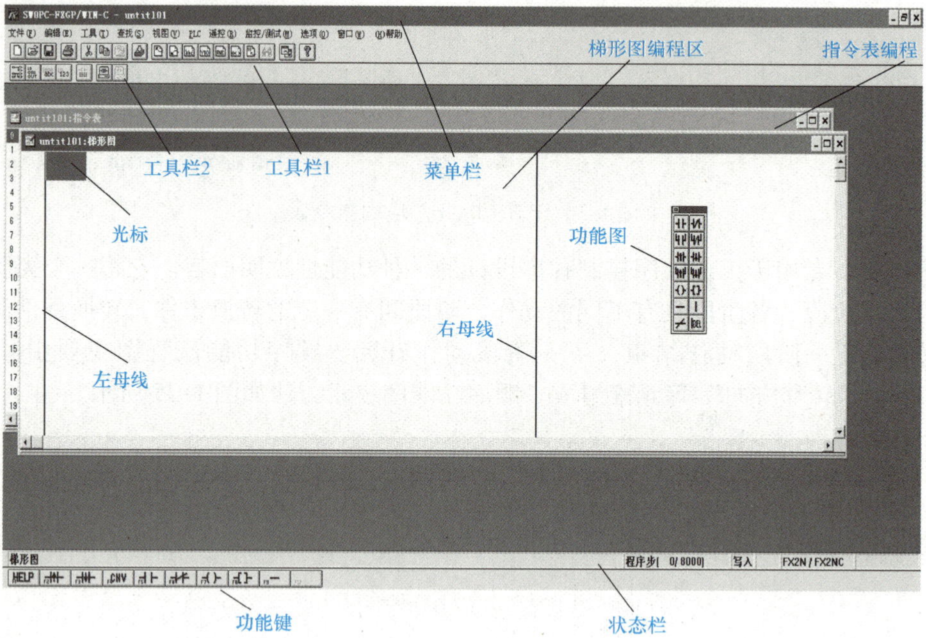

图 1-36　编程软件 FXGP-WIN-C 的编程界面

选择，当文件处于编辑状态时，单击想要选择的菜单项，如果该菜单项还有子菜单，鼠标下移，根据要求选择子菜单项，如果该菜单项没有下级子菜单，则该菜单项就是一个操作命令，单击即执行命令。

文件(F)　编辑(E)　工具(T)　查找(S)　视图(V)　PLC　遥控(R)　监控/测试(M)　选项(O)　窗口(W)　(H)帮助

图 1-37　FXGP-WIN-C 编程软件的菜单栏

（2）工具栏　工具栏上共有两类工具，一是梯形图的编辑及操作工具，共 18 个，二是视图工具，共 7 个。各工具栏及按钮名称如图 1-38 所示。

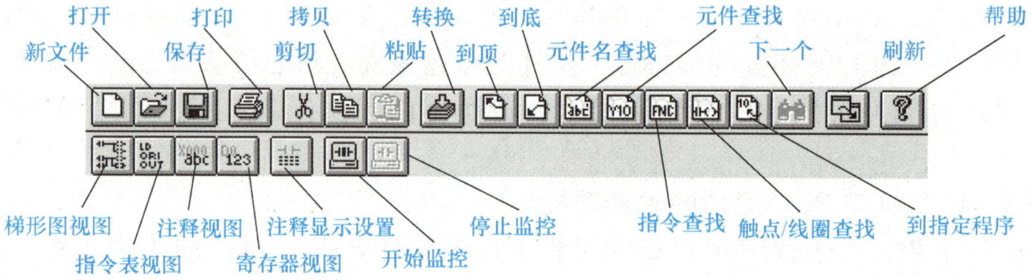

图 1-38　FXGP-WIN-C 编程软件的工具栏

部分梯形图编辑及操作工具的作用：

1）转换：将梯形图转换成指令表。

2）到顶：光标跳到最顶端。

3）到底：光标跳到最底端。

4）元件名查找：按照元件名查找元件，光标跳转到元件所在位置或者所在行。

5）元件查找：按照元件号查找。

6）指令查找：按照指令查找。

7）触点/线圈查找：按照触点或线圈以及元件名查找。

8）到指定程序：跳转到指定程序。

各视图工具的作用：

1）梯形图视图：显示梯形图编程界面。

2）指令表视图：显示指令表编程界面。

3）注释视图：显示注释界面。

4）寄存器视图：显示寄存器视图界面。

5）注释显示设置：显示注释显示设置界面。

6）开始监控：监控 PLC 运行状态。

7）停止监控：停止监控 PLC 运行状态。

（3）功能图　功能图主要包含梯形图编程时的各类软元件、功能指令符号及梯形图连线，相当于梯形图的工具框，单击图内对象，可在光标处放置元件和指令，如图 1-39 所示。

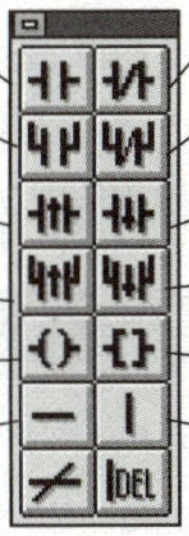

图 1-39　功能图及作用

（4）功能键　功能键又称快捷键、热键，是指计算机键盘最上端的 F1 ~ F10 按键，分别代表一个功能，可快速放置元件、指令，如表 1-2 所示。功能键分为梯形图编辑功能键和指令表编辑功能键。

表 1-2　功能键一览表

序号	功能键	梯形图中功能	指令表中功能
1	F1	显示帮助	显示帮助
2	F2	放置前沿有效常开触点	
3	F3	放置后沿有效常开触点	
4	F4	梯形图转换指令表	
5	F5	放置常开触点	输入 LD 指令
6	F6	放置常闭触点	输入 AND 指令
7	F7	放置线圈	输入 OR 指令
8	F8	放置指令	输入 OUT 指令
9	F9	放置水平线段	

梯形图编辑功能键如图 1-40a 所示。指令表编辑功能键如图 1-40b 所示。

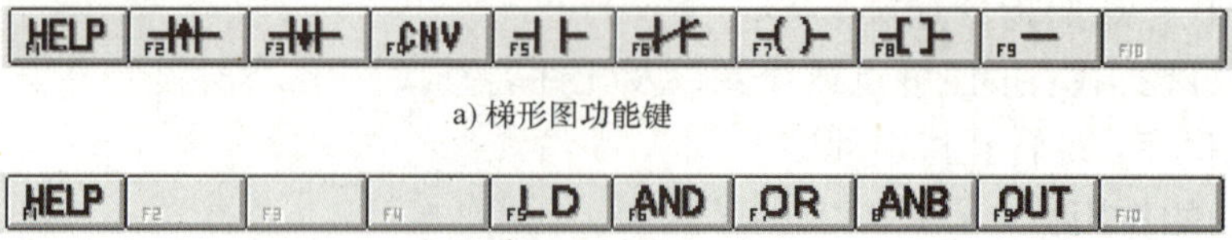

a) 梯形图功能键

b) 指令表功能键

图 1-40　功能键

2. 认识 FXGP-WIN-C 编程软件的使用步骤

（1）软件的安装　FXGP-WIN-C 编程软件的安装包“FX 编程软件中文版”文件夹中共有两个文件夹，分别是 Disk1 和 Disk2，双击打开 Disk1 文件夹，找到软件的安装文件 SETUP. EXE，双击安装文件，即进入软件的安装向导，如图 1-41 所示。

图 1-41　软件安装

进入软件的安装向导后，依次分别是“欢迎”界面，“用户信息”界面，“选择目标位置”界面，“选择目标文件夹”界面，“开始复制文件”界面，如果不改变默认信息，只需要直接点击“下一步”即可。若需要改变安装信息，则可以在相应的安装界面进行选择，例如，改变软件的目标位置，可在“选择目标位置”界面进行选择，如图 1-42 所示。

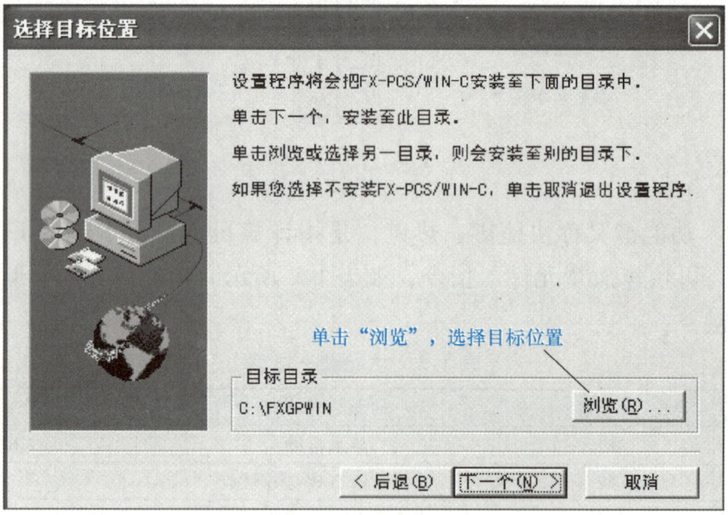

图 1-42　选择软件安装的目标位置

安装完成后，跳出如图 1-43 所示的应用程序文件夹。

（2）软件的启动　在桌面上找到 FXGP-WIN-C 编程软件的图标，双击打开软件，如图 1-44 所示。

也可以通过单击“开始”→“程序”→“MELSEC-F FX Applications”→“FXGP_ WIN-C”启动软件。

FXGP-WIN-C 编程软件打开后的初始界面如图 1-45 所示。

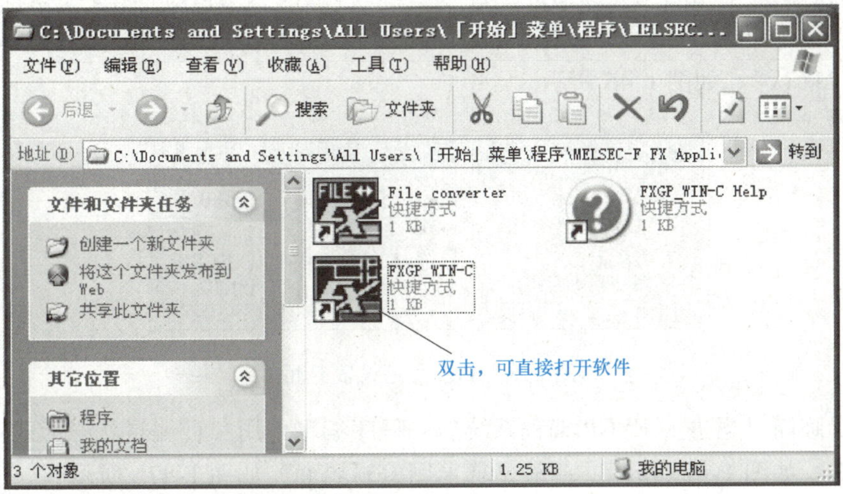

图 1-43　应用程序文件夹

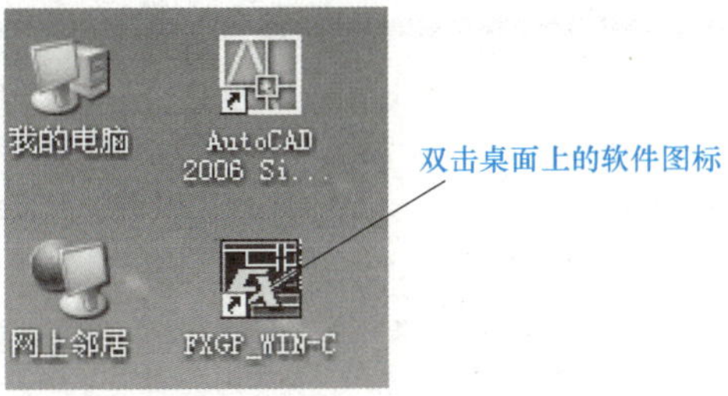

图 1-44　双击桌面上的软件图标打开编程软件

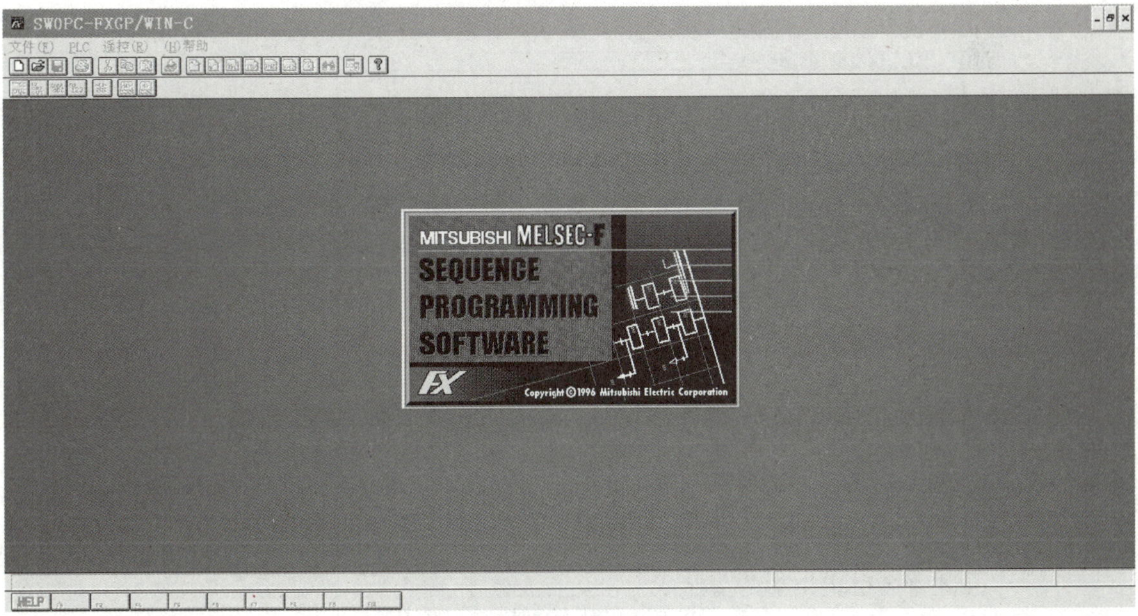

图 1-45　编程软件打开后的初始界面

（3）新建文件　单击菜单栏上的“文件”→“新文件”，弹出“PLC 类型设置”面板，在此界面可以选择 PLC 的型号，根据我们所用的 PLC 型号，点选“FX2N/FX2NC”左侧空白圆点→点“确认”。如图 1-46 所示。

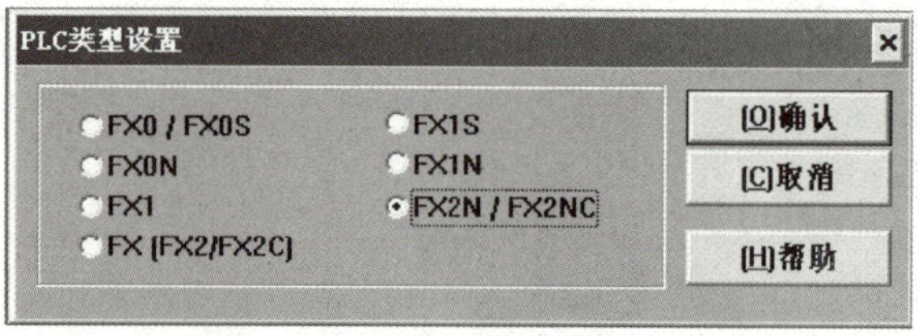

图 1-46　PLC 类型设置界面

进入编辑画面，当进入 FXGP 编程系统后，程序编辑可用二种编辑状态形式：一种是指令表编辑界面，如图 1-47a 所示，一种是梯形图编辑界面，如图 1-47b 所示。

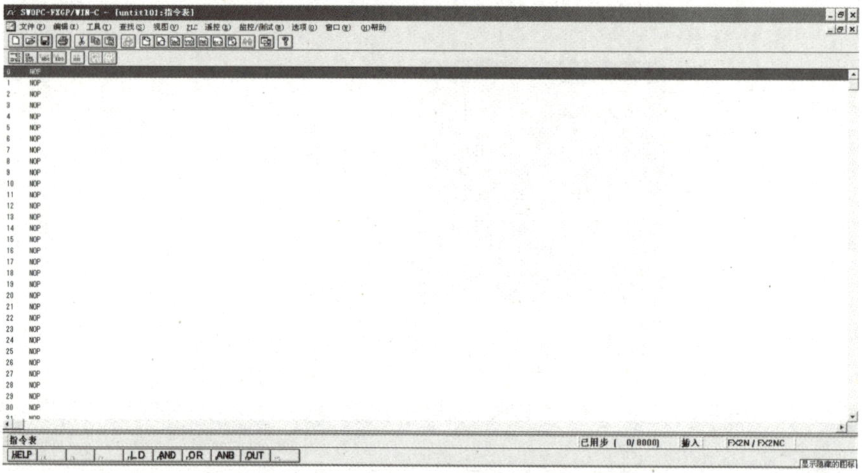

a) FXGP-WIN-C编程软件的指令表编程界面

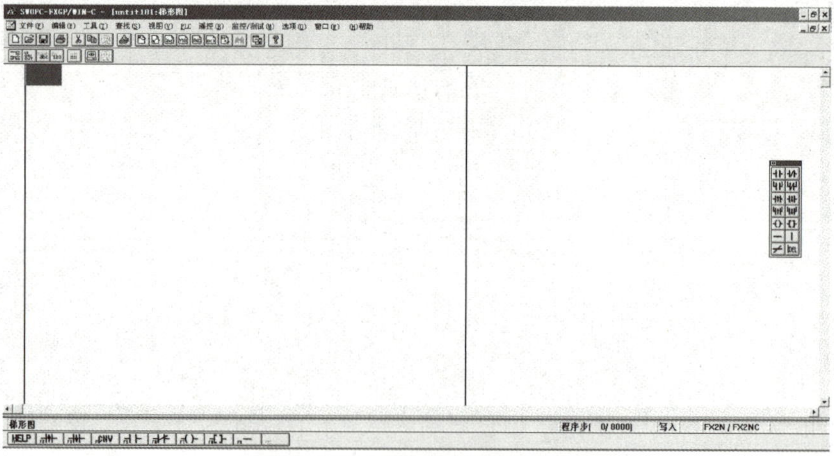

b) FXGP-WIN-C编程软件的梯形图编程界面

图 1-47　编程界面

梯形图编程界面和指令表编程界面可以通过菜单栏上的“视图”菜单或者工具栏上的工具按钮进行切换。

（4）程序编辑　以图1-48所示的梯形图程序为例，介绍梯形图程序的编辑方法。

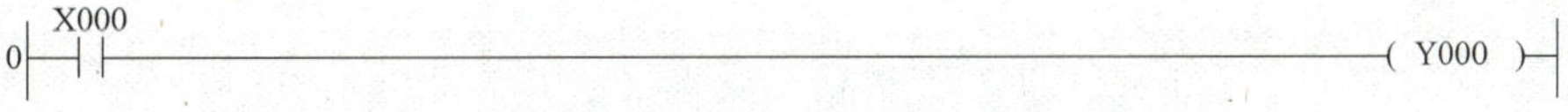

图1-48　梯形图程序示例

步骤1：首先将小光标移到如图1-47b所示的左边母线最上端处。

步骤2：输入一个元件“X000常开触点”，单击右边的功能图中的常开触点按钮，弹出“输入元件”对话框，如图1-49a所示。在对话框中输入X0，单击“确认”按钮，如图1-49b所示。

a) 输入元件对话框

b) 输入X000常开触点

图1-49　输入元件

步骤3：输入一个线圈Y000，单击功能图中的输出线圈按钮弹出“输入元件”对话框，在对话框中输入Y0，单击“确认”按钮，如图1-50所示。

图1-50　输入Y000常开触点

步骤4：输入梯形图结束指令，直接输入END（可以不分大小写），也可以单击功能图中“[　]”功能指令按钮，再输入END，单击“确认”按钮，如图1-51所示。

图1-51　输入结束指令END

（5）梯形图的转换　梯形图编辑完成后，程序带有灰色的阴影，代表梯形图没有经过转换。梯形图需要经过转换，生成指令表程序，才能下载到PLC中执行。单击工具栏上的“转换”按钮，将编辑完成的梯形图转换为指令表，转换完成后梯形图上的阴影部分消失了，说明梯形图已经成功转换为指令表，如图1-52所示。

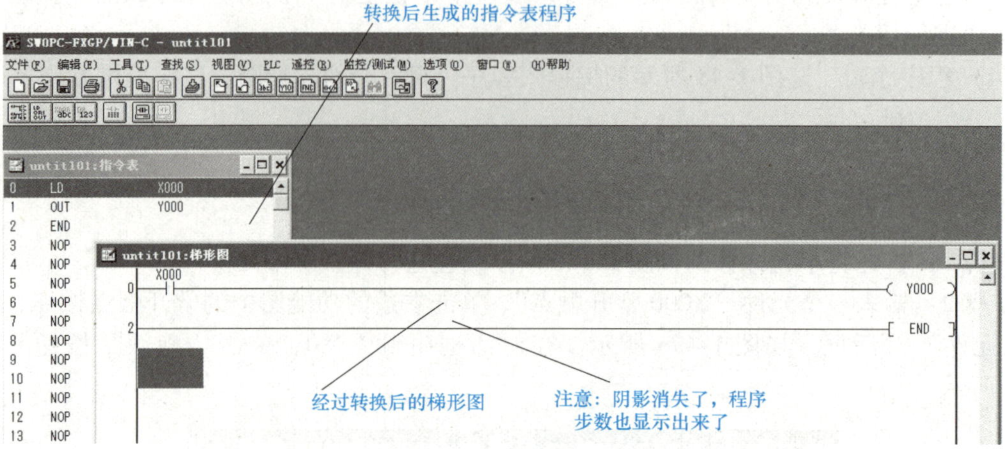

图 1-52　梯形图的转换

（6）保存程序　当梯形图编辑完成，并经过转换以后，单击工具栏上的“保存”图标，弹出保存对话框，如图 1-53 所示。

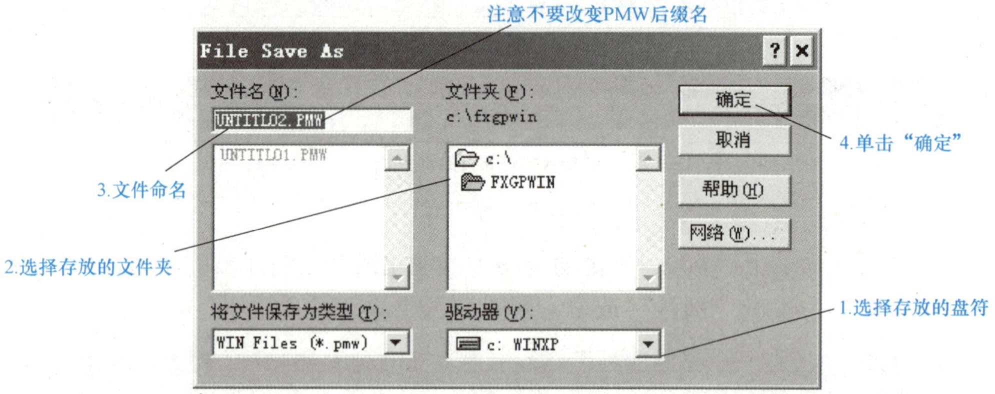

图 1-53　保存文件

按图 1-53 中的步骤设置之后，单击“确定”按钮，自动弹出“另存为”对话框，如图 1-54 所示，输入文件题头名后单击“确认”按钮，程序保存完毕。

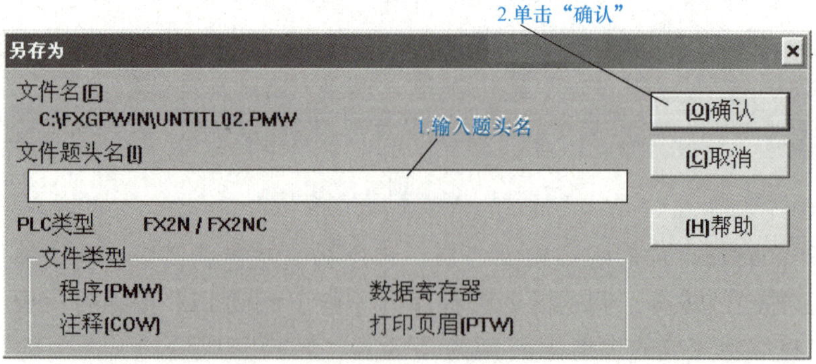

图 1-54　输入文件题头名

（7）改写程序　在编辑梯形图的过程中，有时会碰到因输入错误需要改写程序的情况，例如改变某个常开触点或常闭触点的软元件地址编号，或者删除某个指令，具体操作方法如图 1-55 所示。

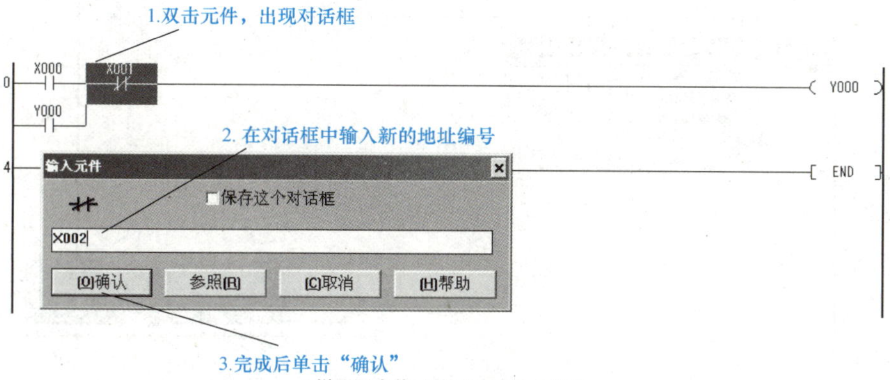

a) 梯形图中软元件地址编号的修改

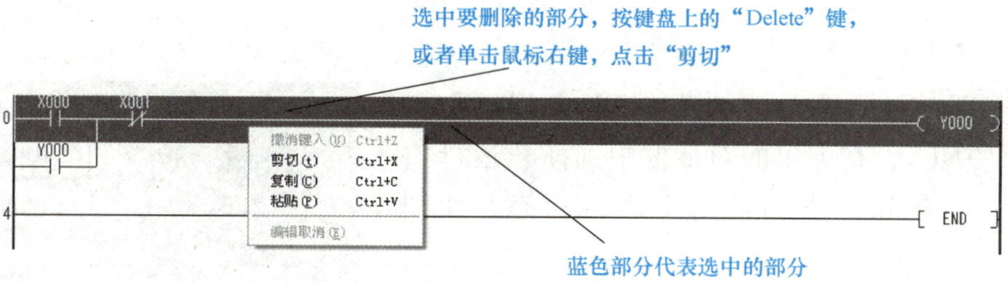

b) 删除梯形图中的软元件或指令

图 1-55　改写程序

（8）下载程序　程序编辑好之后，要把程序下载到 PLC 中去。假设已经使用 RS-232 数据线，计算机与 PLC 通信的硬件连接已经成功，可以下载程序。

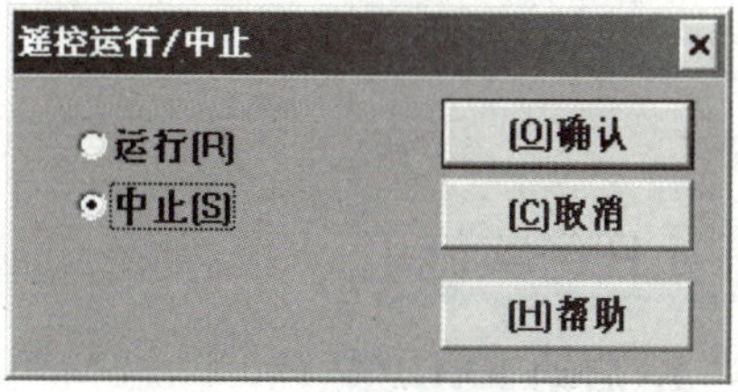

图 1-56　遥控停止 PLC

步骤 1：遥控停止 PLC，单击菜单栏上的“PLC”→“遥控运行/停止”，在弹出的对话框中选择“中止”，单击“确认”按钮，使 PLC 处于停止状态，如图 1-56 所示。

步骤 2：单击菜单栏上的“PLC”→“传送”→“写出”，在弹出的对话框中选择“范围设置”，填写好程序中止步数，单击“确认”按钮，开始下载程序，如图 1-57 所示。

“写入结束”后自动“核对”，核对正确才能运行。注意这时的“核对”只是核对程序是否写入了 PLC，对电路的正确与否由 PLC 判定，与通信无关。若“通信错误”提示符出现，可能有两个问题要检查。

第一、在状态检查中看“PLC 类型”是否正确，例：运行机型是 FX2N，但设置的是 FXON，就要更改成 FX2N。

第二、PLC 的“端口设置”即 COM 口是否正确。

排除了以上两个问题后，重新“写入”直到“核对”完成，表示程序已输送到

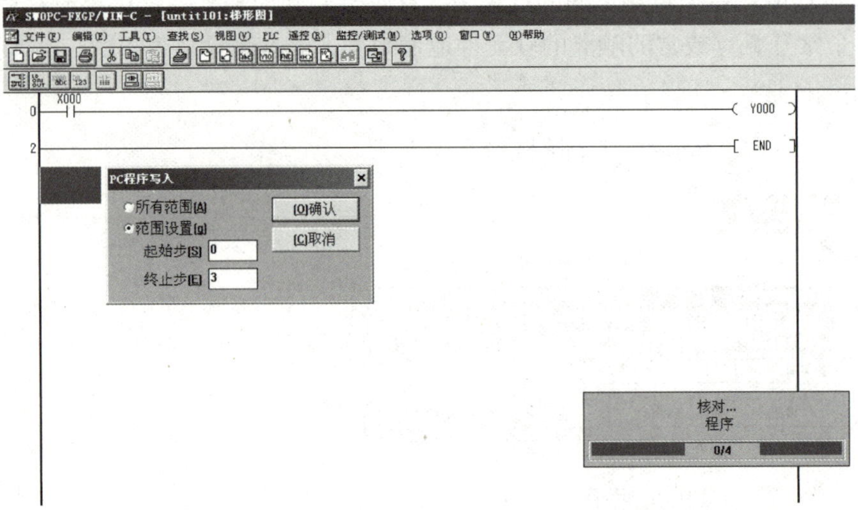

图 1-57　程序下载到 PLC

PLC 中。

步骤 3：遥控运行 PLC，单击菜单栏上的“PLC”→“遥控运行/中止”，在弹出的对话框中选择“运行”，单击“确认”按钮，使 PLC 处于运行状态，如图 1-58 所示。

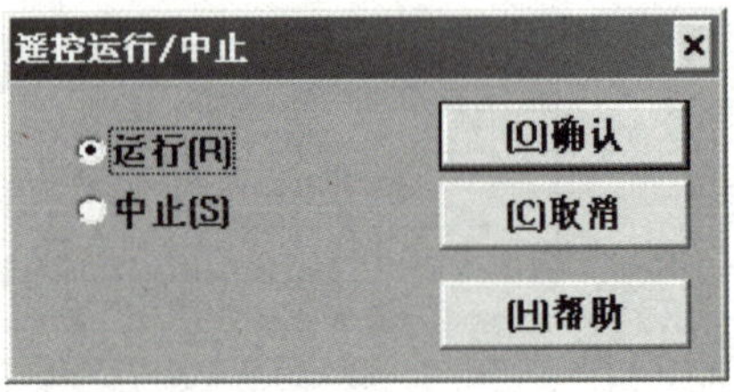

图 1-58　遥控运行 PLC

若要把 PLC 中的程序读回 FXGP 软件中，首先要设置好通信端口，单击“PLC”→“读入”弹出“PLC 类型设置”对话框，选择 PLC 类型，单击“确认”按钮，读入开始。结束后状态栏中显示程序步数。这时在 FXGP 中可以阅读 PLC 中的运行程序。

【任务实施】

1. 启动 FXGP 软件

通过 WINDOWS 桌面的“开始”菜单→“程序”→“ MELSEC-F FX Applications”→“FXGP-WIN-C”启动 FXGP 软件。

2. 选择 PLC 的型号

单击菜单栏上的“文件”→“新文件”，在弹出的“PLC 类型设置”对话框中选择 PLC 型号为 FX2N/FX2NC，设置完成后单击“确定”按钮进入梯形图编程主界面。

3. 编辑程序

下面将图 1-32a 中的梯形图输入到软件中。

步骤 1：首先将小光标移到如图 1-47b 所示的左边母线最上端处。

步骤 2：输入一个元件“X000 常开触点”，单击右边的功能图中的常开触点按钮，弹出“输入元件”对话框，如图 1-49a 所示。

在对话框中输入 X0，单击“确认”按钮，如图1-59 所示。

图 1-59 输入 X000 常开触点

步骤 3：输入一个元件“X001 常闭触点”，单击右边的功能图中的常闭按钮，弹出“输入元件”对话框，在对话框中输入“X1”，单击“确认”按钮，如图 1-60 所示。

图 1-60 输入 X001 常闭触点

步骤 4：输入一个中间继电器线圈 M0，单击功能图中的输出线圈按钮，弹出“输入元件”对话框，在对话框中输入“M0”，单击“确认”按钮，如图 1-61 所示。

图 1-61 输入中间继电器线圈 M0

步骤 5：输入一个并联的常开触点 M0，单击功能图中带有连结线的常开触点按钮，弹出“输入元件”对话框，在对话框中输入“M0”，单击“确认”按钮，如图 1-62 所示。

图 1-62 输入并联的常开触点 M0

步骤 6：将光标移到如图 1-63 所示的位置。

图 1-63 向下移动光标

步骤 7：输入一个元件“M0 常开触点”，单击右边的功能图中的常开触点按钮，弹出“输入元件”对话框，在对话框中输入“M0”，单击“确认”按钮，如图 1-64 所示。

图 1-64 输入常开触点 M0

步骤8：输入一个元件“X003 常开触点”，方法同步骤3。

步骤9：输入一个输出继电器线圈 Y000，方法同步骤4。

步骤10：把光标移动到 X003 常开触点上，单击功能图上的“垂直线”按钮。步骤8～步骤10 如图1-65 所示。

图1-65　步骤8～步骤10

步骤11：在垂直线右下方输入一个元件“X004 常开触点”，方法同步骤3。

步骤12：输入一个输出继电器线圈 Y001，方法同步骤4。

步骤13：把光标移动到 X004 常开触点上，单击功能图上的“垂直线”按钮。步骤11～步骤13 如图1-66 所示。

图1-66　步骤11～步骤13

步骤14：在垂直线右下方输入元件“Y000 常开触点”和“Y001 常开触点”，方法同步骤3。

步骤15：输入一个输出继电器线圈 Y002，方法同步骤4。

步骤16：直接输入“END”（可以不分大小写），也可以点击功能图中“[　]”功能指令按钮，再输入“END”，单击“确认”按钮，如图1-67 所示。此时完成梯形图的输入。

图1-67　输入梯形图结束指令 END

4. 梯形图转换

将梯形图转换成指令表，单击工具栏上的“转换”按钮，梯形图上的阴影部分消失了，说明梯形图已经成功转换为指令表，如图1-68 所示。

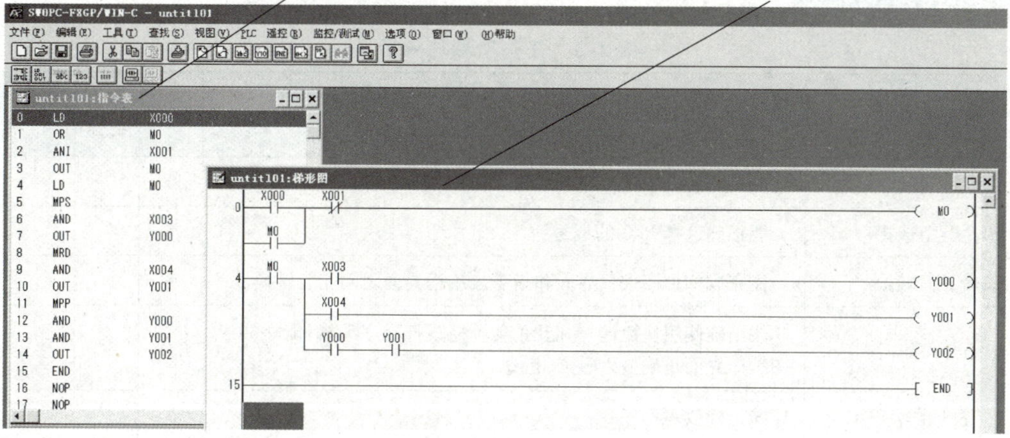

图 1-68　梯形图的转换

5. 程序保存

当梯形图编辑完成并经过转换以后，单击菜单栏上的“文件”→“保存”，弹出保存对话框，输入文件名后单击“确定”按钮，在弹出的“另存为”对话框中输入文件题头名后单击“确认”按钮，程序保存完毕。

6. 下载程序

将编写好的程序下载到 PLC 中，就可进行调试和运行了。PLC 与计算机连接好后，将 PLC 状态模式改为 STOP，拨动 PLC 面板上的 STOP 与 RUN 转换开关即可，然后将程序写入到 FX2N-48MR 的 PLC 中。

具体方法：在 PLC 菜单中，选“传送”→“写出”，即可将计算机的程序写入 PLC，如图 1-69 所示。

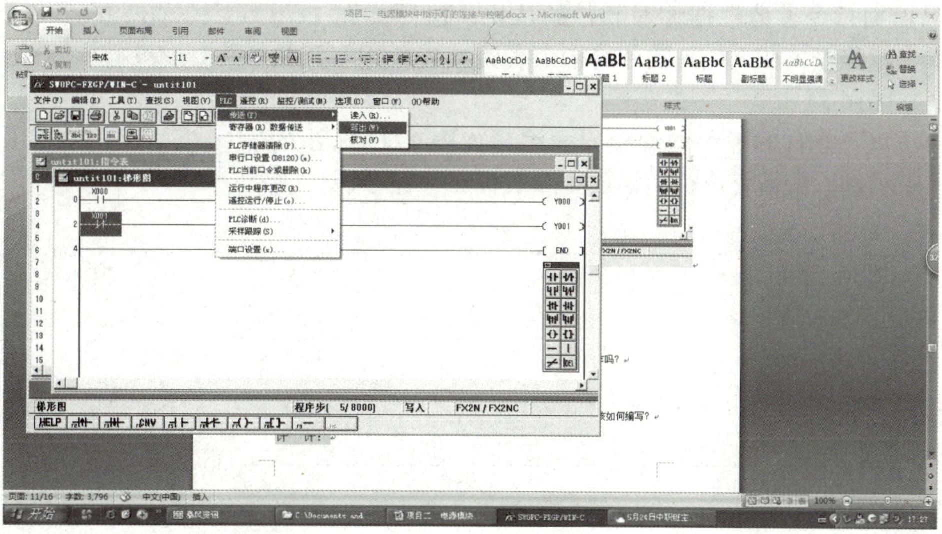

图 1-69　程序写入 PLC 操作

【评价与反思】

表 1-3　任务检测与分析

检测项目	评分标准	分值	学生自评	小组评分	教师评分
软件启动	能正确启动软件	5			
PLC 类型选择	能正确选择 PLC 的型号	5			
编辑界面转换	能完成梯形图编程界面和指令表编程界面之间相互转换	5			
程序编辑	能正确使用快捷键、功能图、菜单栏进行程序编辑；能在梯形图编程界面正确输入触点，指令	50			
程序改写	能正确改写程序	5			
程序删除	能正确删除出错的程序	5			
程序保存	能按要求保存程序，保存后能打开已经保存的程序	5			
程序转换与下载	能将编辑完成的梯形图程序转换成指令表程序并下载到 PLC 中	5			
团队协作	小组协调、合作	5			
职业素养	工位清洁等	10			
总分		100			

【问题探究】

1. FXGP 编程软件中的程序用指令表编辑可直接传送到 PLC，如果用梯形图编辑的则要求转换成指令表才能传送，因为 PLC 只识别指令。请根据你对软件的认识，按照如图 1-70 所示的指令表程序，在 FXGP 软件的指令表编程界面编写该指令表程序并保存。

2. 在 FXGP 软件的梯形图编程界面编写如图 1-71 所示的梯形图程序示例，编辑完成后转换成指令表程序并保存。

```
0    LD     X000
1    OR     M0
2    ANI    X001
3    ANI    X002
4    OUT    M0
5    LD     M0
6    AND    X003
7    OUT    Y000
8    END
```

图 1-70　指令表编辑示例

图 1-71　梯形图程序示例

【知识拓展】

一、部分 PLC 内部编程元件

1. 辅助继电器（M）

PLC 内有很多的辅助继电器，与输出继电器不一样，它是虚拟的继电器，它由 PLC 内各软元件的触点驱动。辅助继电器也称中间继电器，它不能接收外部的信号，只供内部编程作运算符号或运算工具使用，它的触点（常开、常闭）可以无数次使用，但线圈只有一个。它也不能作为物理实体，不能同输出继电器一样用于直接驱动外部负载。

FX2N 系列 PLC 辅助继电器主要有通用辅助继电器、断电保持辅助继电器、特殊辅助继电器等几种。其编程元件的元件号采用十进制。

（1）通用辅助继电器　FX 系列 PLC 的通用辅助继电器为 M0 ~ M499，没有断电保持功能。如果在 PLC 运行时电源突然中断，输出继电器和通用辅助继电器将全部变为 OFF。若电源再次接通，除了因外部输入信号而变为 ON 的以外，其余的仍将保持为 OFF 状态。

（2）断电保持辅助继电器　FX 系列 PLC 的断电保持辅助继电器为 M500 ~ M3071。某些控制系统要求记忆电源中断瞬时的状态，重新通电后再现其状态，电池后备/锁存辅助继电器可以用于这种场合。在电源中断时用锂电池保持 RAM 中的映像寄存器的内容，或将它们保存在 EEPROM 中。它们只是在 PLC 重新通电后的第一个扫描周期保持断电瞬时的状态。为了利用它们的断电记忆功能，可以采用有记忆功能的电路。

（3）特殊辅助继电器　FX_{2N} 系列 PLC 中有特殊辅助继电器共 256 点，它们用来表示 PLC 的某些状态，提供时钟脉冲和标志（如进位、借位标志），设定 PLC 的运行方式，或者用于步进顺控、禁止中断、设定计数器是加计数还是减计数等。特殊辅助继电器可分成触点利用型和线圈驱动型两大类。

1）触点利用型。触点利用型特殊辅助继电器其线圈由 PLC 自动驱动，用户只可使用其触点，但是不能出现它们的线圈：例如：

M8000（运行监视）：当 PLC 执行用户程序时，M8000 为 ON；停止执行时，M8000 为 OFF。

M8002（初始化脉冲）（仅在运行开始时瞬间接通）：M8002 仅在 M8000 由 OFF 变为 ON 状态的一个扫描周期内为 ON，可以用 M8002 的常开触点来使有断电保持功能的元件初始化复位或给它们置初始值。M8003 与 M8002 相反逻辑。

M8011、M8012、M8013 和 M8014 分别是产生 10ms、100ms、1s 和 1min 时钟脉冲的特殊辅助继电器。M8000、M8002、M8012 的波形图如图 1-72 所示。

M8005（锂电池电压降低）：电池电压下降至规定值时变为 ON，可以用它的触点驱动输出继电器和外部指示灯，提醒工作人员更换锂电池。

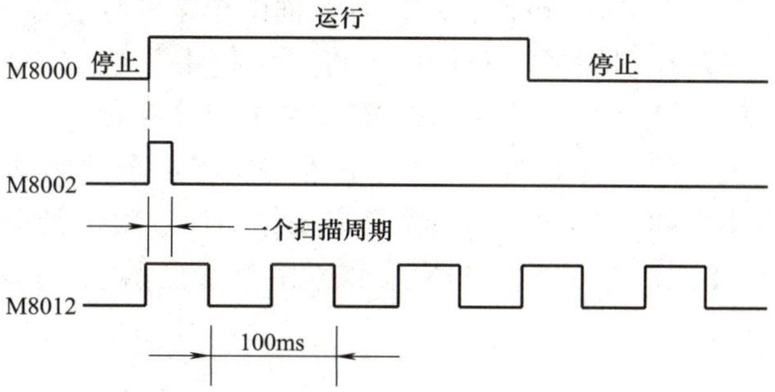

图 1-72　特殊辅助继电器 M8000、M8002、M8012 的波形图

2）线圈驱动型。由用户程序驱动其线圈，使 PLC 执行特定的操作，用户并不使用它们的触点。例如：

M8030 的线圈“通电”后，“电池电压降低”发光二极管熄灭；

M8033 的线圈“通电”时，PLC 进入 STOP 状态后，所有输出继电器的状态保持不变；

M8034 的线圈“通电”时，禁止所有的输出；

M8039 的线圈“通电”时，PLC 以 M8039 中指定的扫描时间工作。

2. 状态寄存器（S）

状态寄存器用来纪录系统运行中的状态，是编制顺序控制程序的重要编程元件，它与步进顺控指令 STL 配合应用。状态寄存器有五种类型：初始状态寄存器 S0 ~ S9 共 10 点；回零状态寄存器 S10 ~ S19 共 10 点；通用状态寄存器 S20 ~ S499 共 480 点；具有状态断电保持的状态寄存器有 S500 ~ S899，共 400 点；供报警用的状态寄存器（可用作外部故障诊断输出）有 S900 ~ S999，共 100 点。

3. 数据寄存器（D）

PLC 在进行输入输出处理、模拟量控制、位置控制时，需要许多数据寄存器存储数据和参数。数据寄存器为 16 位，最高位为符号位。可用两个数据寄存器来存储 32 位数据，最高位仍为符号位。

D0 ~ D199 为通用数据寄存器，共 200 点。当 M8033 为 ON 时，D0 ~ D199 有断电保护功能；当 M8033 为 OFF 时则它们无断电保护功能，这种情况 PLC 由 RUN →STOP 或停电时，数据清零。

D200 ~ D7999 为断电保持数据寄存器，共 7800 点，其中 D200 ~ D511（共 12 点）有断电保持功能，可以利用外部设备的参数设定改变通用数据寄存器与有断电保持功能数据寄存器的分配；D490 ~ D509 供通信用；D512 ~ D7999 的断电保持功能不能用软件改变，但可用指令清除它们的内容。根据参数设定可以将 D1000 以上作为文件寄存器。

D8000 ~ D8255 为特殊数据寄存器，共 256 点。特殊数据寄存器的作用是用来监控 PLC 的运行状态，如扫描时间、电池电压等。

二、三菱软件 FX-PCS/WIN-C 注释显示乱码的处理

如果在 FX-PCS/WIN-C 软件中不能正常显示中文注释，则一定要先将操作系统中的日文字体删除以后才能够正常显示。具体操作步骤如下：

1）启动“Internet Explorer”，并选择“工具”/“Internet 选项”。

2）在“Internet 选项”对话框中单击“字体”按钮。

3）在“字体”对话框中将“字符集”选成“日文”。此时在“网页字体”和“纯文本字体”框中会显示系统中已经安装的日文字体。

4）到“控制面板”/“字体”中将上图“纯文本字体”框中所显示的字体删除即可。

5）如果在 Windows 环境中删除不掉，就进到 DOS 环境中去删，一定要将日文字体删除以后才能在 FX-PCS/WIN-C 软件中正常显示中文注释。

项目二

PLC常用指令的应用

项目描述

指示灯用于指示设备工作情况（设备部件运行、停止等）及对异常情况发出提醒警报指示信号。要实现 PLC 对指示灯的控制这些功能，一要正确地选择电器，二要正确地连接电路，三要正确地编写 PLC 控制程序。本项目安排了灯的点动电路连接与编程，灯的双控电路连接与编程，三灯同时点亮、逆序熄灭电路连接与编程，流水灯电路连接与编程，彩灯控制电路连接与编程等五个工作任务。在完成这些工作任务的过程中，学习 PLC 的常用指令，学习梯形图和指令表的编程方法。

任务一　灯的点动电路连接与编程

【任务描述】

请根据图 2-1 所示的电路：

1. 在 YL—235A 按钮与指示灯模块上选择电路需要的电器，并按照工艺要求连接灯的点动控制电路。

2. 按照下面的要求，编写 PLC 控制程序：

1）按下按钮 SB4 不松开，指示灯 HL1 亮；松开 SB4，指示灯 HL1 熄灭。

2）通电后 HL2 亮；按下按钮 SB5，HL2 灭；松开按钮 SB5 后，HL2 继续亮。

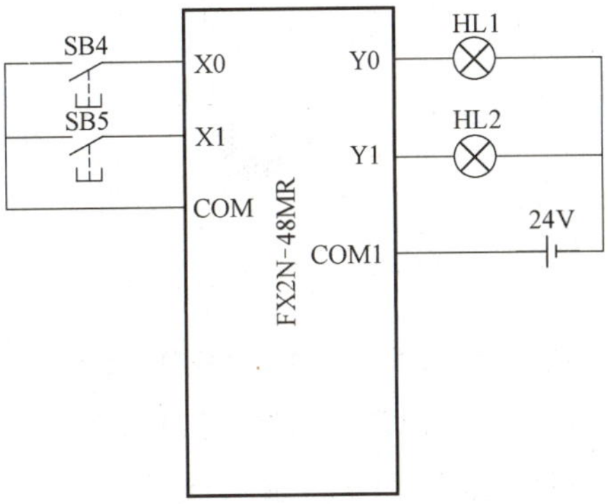

图 2-1　灯的点动电路

【任务目标】

1. 知道灯的点动控制需要的电器，知道 PLC 控制系统电路连接的工艺要求，会根据电路图，按工艺要求连接 PLC 系统的电路。

2. 理解 LD、LDI 和 OUT 指令，知道其使用场合；理解梯形图编程方法，会应用梯形图编程方法编写控制程序。

3. 学会使用 PLC 编程软件编写控制程序，会将计算机中的程序下载到 PLC。

4. 知道指令表编程方法，了解指令表程序与梯形图程序的转换方法。

【知识点解析】

知识 1　认识输入继电器（X）和输出继电器（Y）

输入端子是 PLC 从外部开关接受信号的窗口。在 PLC 内部，与 PLC 输入端子相连的输入继电器（X）是一种光电隔离的电子继电器，有无数的电子常开触点和常闭触点，可在 PLC 内随意使用。这种输入继电器不能用程序驱动。

输出端子是 PLC 向外部负载发送信号的窗口。输出继电器（Y）的外部输出用触点（继电器触点、晶闸管、晶体管等输出元件）在 PLC 内与该输出端子相连，有无数的电子常开触点和常闭触点，可在 PLC 内随意使用。PLC 外部输出用触点，按照输出用软元件的响应滞后时间动作。

三菱 FX2N—48MR 共有 24 个输入继电器（X）和 24 个输出继电器（Y）。输入、输出继电器均采用八进制。其中，输入继电器（X）分别是 X0 ~ X7、X10 ~ X17、X20 ~ X27，共用一个 COM 公共端。输出继电器分别是 Y0 ~ Y7、Y10 ~ Y17、Y20 ~ Y27；公共端有 COM1 ~ COM5。如图 2-2 所示。

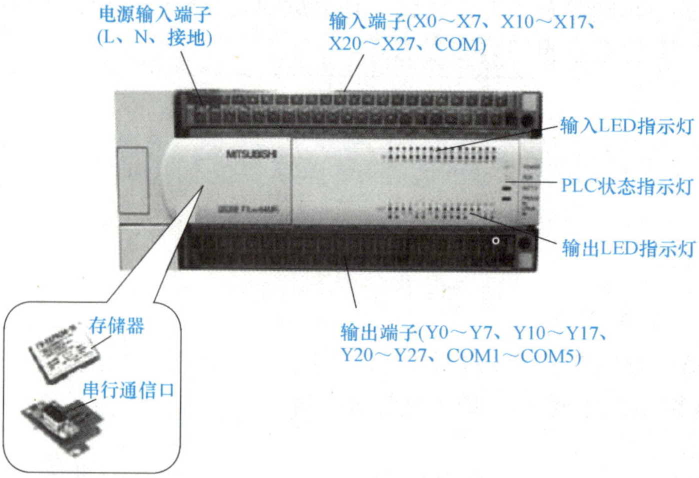

图 2-2　FX2N-48MR 输入/输出继电器

知识 2　LD、LDI、OUT 指令

1. LD、LDI、OUT 指令作用

LD（取）为常开触头逻辑运算起始指令；LDI（取反）则为常闭触头逻辑运算起始指令；OUT（输出）指令是线圈驱动指令，用于线圈驱动，其驱动对象有输出继电器（Y）、辅助继电器（M）、状态继电器（S）、定时器（T）、计数器（C）等。OUT 指令不能用于输入继电器，OUT 指令驱动定时器（T）、计数器（C）时，必须设置常数 K 或数据寄存器值。其功能、电路表示及操作元件如表 2-1 所示。

表 2-1　逻辑取及输出线圈（LD/LDI/OUT）

符号、名称	功　能	电路表示及操作元件	程序步
LD(取)	常开触点逻辑运算起始	X,Y,M,S,T,C	1
LDI(取反)	常闭触点逻辑运算起始	X,Y,M,S,T,C	1
OUT(输出)	线圈驱动	Y,M,S,T,C	Y,M:1,特 M:2 T:3,C:3～5

2. LD、LDI、OUT 使用示例

图 2-3 是由 LD、LDI、OUT 指令组成的梯形图，其中 OUT M100 和 OUT　T0　K19 的线圈可并联使用。

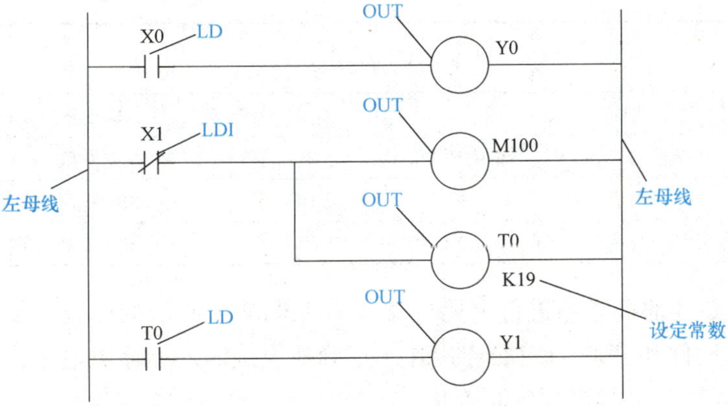

图 2-3　LD、LDI、OUT 指令组成的梯形图

图 2-3 中梯形图对应的指令表程序为

程序步	语句		注释
1	LD	X0	//与左母线相连
2	OUT	Y0	//驱动线圈
3	LDI	X1	
4	OUT	M100	//驱动通用辅助继电器
5	OUT	T0	//驱动定时器
	SP	K19	//设定常数（SP 为空格键）
6	LD	T0	
7	OUT	Y1	

【任务实施】

1. 清点器材

对照表 2-2，清点灯的点动控制电路需要的设备、工具、材料。

2. 硬件电路连接、检测与绑扎

（1）根据任务，作出输入/输出（I/O）分配表　如表 2-3 所示。

表 2-2　灯的点动控制电路需要的设备、工具、材料

序号	名　称	型号	数量	作　用	检测
1	按钮与指示灯模块	专配	1 台	提供 SB4 、SB5 按钮、指示灯 HL1、HL2 和 24V 电源等	
2	PLC 模块	专配 FX2N-48MR	1 块	控制灯的运行	
3	数据通信线	RS-232 数据线	1 条	实现计算机与 PLC 数据传送	
4	指针万用表	FM—47 型	1 只	电路检测	
5	扎带	ϕ120mm	若干	电路连接工艺	
6	剪刀或斜口钳		1 把	工艺整形	
7	220V 电源连接线	专配	2 条	供按钮与指示灯模块和 PLC 模块用	
8	红、黄、绿及黑色安全插接线		若干	电路插接使用	

表 2-3　I/O 分配表

输入地址			输出地址		
输入元件	功能作用	输入继电器	输出元件	控制对象	输出继电器
SB4	控制 HL1 灯亮	X0	HL1	显示 SB1 控制结果	Y0
SB5	控制 HL2 灯灭	X1	HL2	显示 SB5 控制结果	Y1

（2）根据 PLC 外部接线图进行电路连接　按照图 2-4 所示的，找出按钮与指示灯模块上相应输入/输出元件和 PLC 对应的连接孔。正确地连接输入和输出电路，是保证 PLC 安全可靠工作的前提。在断电时进行电路连接。

为了保证电路连接正确，对照 PLC 外部接线图，结合电源模块、按钮与指示灯模块和 PLC 模块，如图 2-4 所示，先进行输入控制电路连接，再进行输出电路连接。

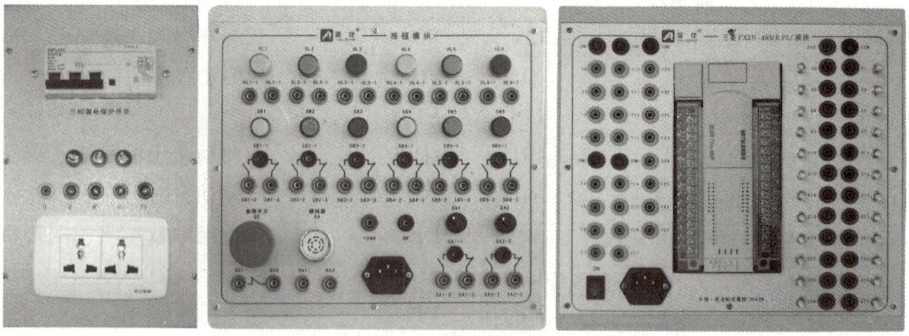

图 2-4　电源模块、按钮与指示灯模块和 PLC 模块

1）完成 PLC 输入电路的连接。第一步，实现输入元件 SB4 按钮与 PLC 连接。用一安全插接线一端插入 SB4 按钮的 SB4-1 常开常闭公共插孔，另一端插入 PLC 输入端右上方的公共口（COM）。再用一安全插接线一端插入 SB4 按钮的左下方常开插孔 SB4-2 插孔，另一端插入 PLC 输入端的 X0 插孔，连接示意图如图 2-5 所示。

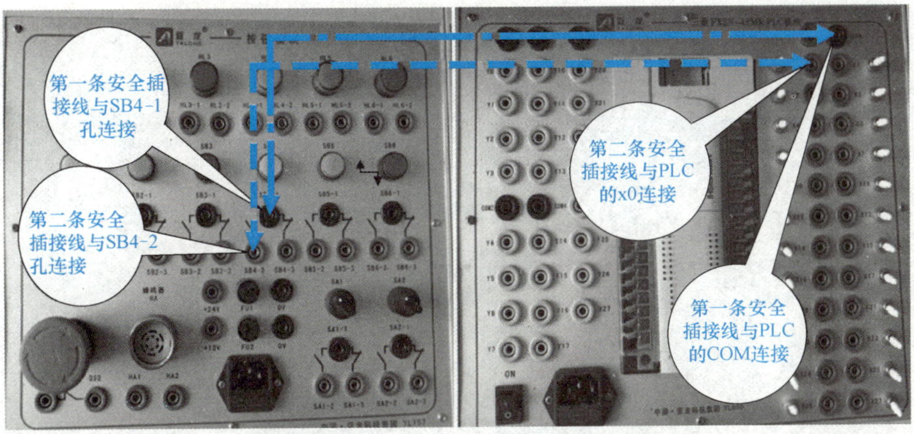

图 2-5　SB4 按钮与 PLC 的连接

第二步，实现输入元件 SB5 按钮与 PLC 连接。用一安全插接线一端插入 SB5 按钮的 SB5-1 常开常闭公共插孔，另一端插入 PLC 输入端右上方的公共口（COM）；再用一安全插接线一端插入 SB5 按钮的左下方常开插孔 SB5-2 插孔，另一端插入 PLC 输入端的 X1 插孔。连接示意图如图 2-6 所示。

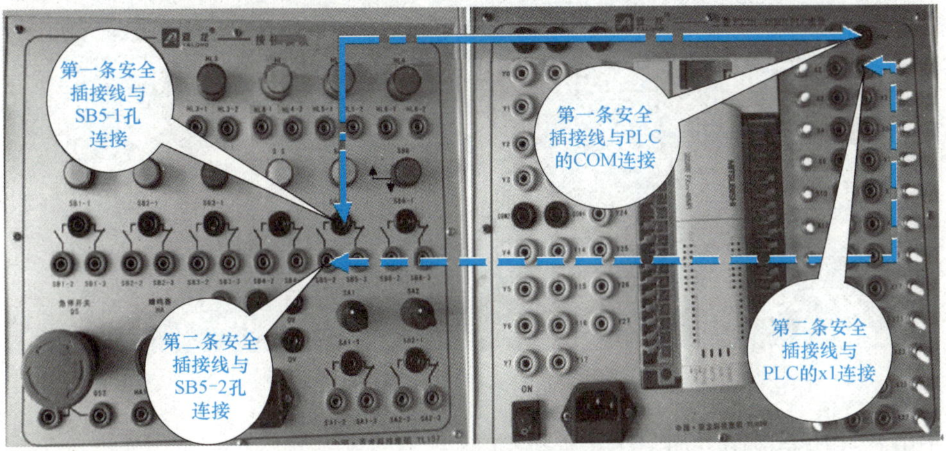

图 2-6　SB5 按钮与 PLC 的连接

2）完成 PLC 输出电路的连接。第一步，在按钮与指示灯模块上找到 24V 电源接口，用一红色安全插接线一端插入电源正极（左边）插孔，另外一端插入 PLC 输出端的 COM1 孔。

第二步，用一黄色安全插接线一端插入 PLC 的输出端 Y0 插孔，另外一端插入 HL1 指示灯的左插孔。

第三步，用一黑色安全插接线一端插入 HL1 指示灯的右插孔，另外一端插入电源模块 24V 的负极（右边）插孔，完成 HL1 指示灯与 PLC 的连接，如图 2-7 所示。

第四步，另用一黄色安全插接线一端插入 HL2 指示灯的左插孔，另外一端插入 PLC 的输出端 Y1 插孔。

第五步，用一黑色安全插接线一端插入 HL2 指示灯的右插孔，另外一端插入按钮电源

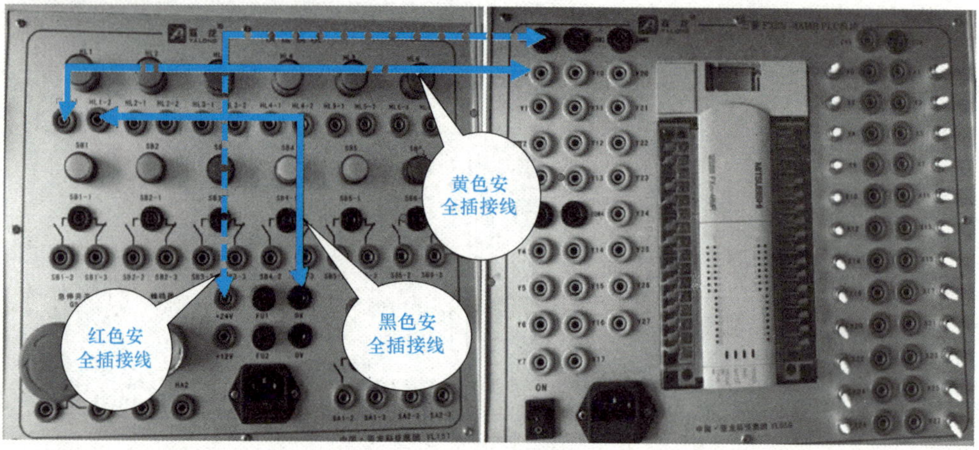

图 2-7　HL1 指示灯与 PLC 的连接

模块 24V 的负极（右边）插孔，完成 HL2 与 PLC 连接，如图 2-8 所示。（HL1、HL2 指示灯的右插孔连接线与电源模块负极相连接）。

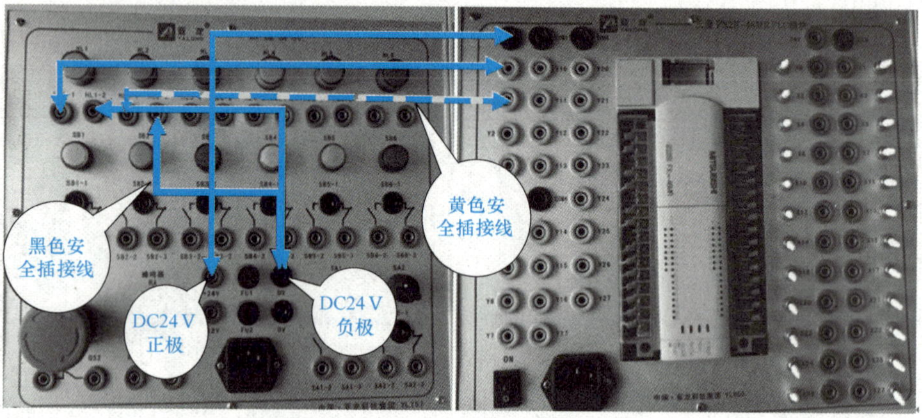

图 2-8　HL2 指示灯与 PLC 的连接

整个电路连接完成图，如图 2-9 所示。

（3）电路检测　电路安装结束后，一定要对电路进行通电前检查，以保证电路连接正确，没有插错或者插漏的插孔、一个接线端子上不超过两个插接线头等不符合工艺要求的现象。为确保电路中没有短路现象，用万用表电阻挡检测按钮与开关触点，用万用表电压挡（500V 挡）检测电源电压。

在完成 PLC 电路连接时，必须确保输入端连接正确，不可将按钮与指示灯模块的 DC 24V 电源直接接入输入端。

设置两条 220V 专配电源线，正确将其分别一端插入电源模块两个 220V 电源插座，另外一端插入按钮模块和 PLC 模块电源插孔，合上总开关，接通电源，打开 PLC 模块上的开关，观察设备相关指示情况。将 PLC 输入侧所有手动拨动开关全部置于断开状态，PLC 面板上输入/输出端指示灯应当全部熄灭。

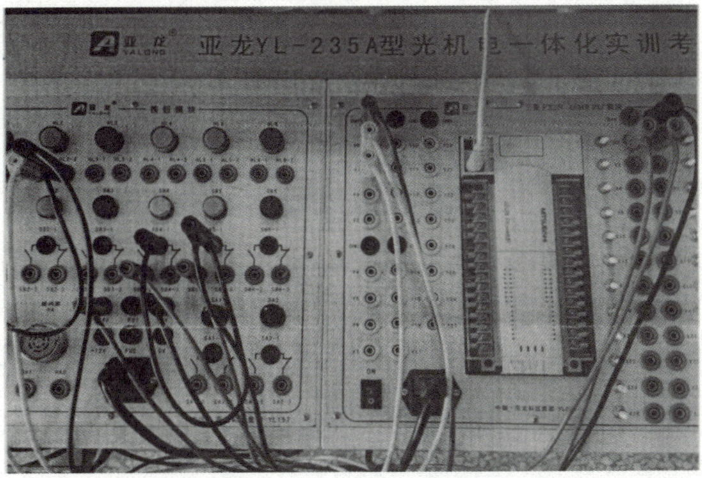

图 2-9　整个电路连接完成图

(4) 线路捆扎　连接线连接完后，如果不进行线路绑扎，不便于操作，不美观，不安全，也不符合电路连接工艺。导线捆扎及其工艺步骤：

第一步，根据扎线工艺，整形并用尼龙扎带进行线路工艺捆扎。捆扎时，按照 30～50mm 均匀进行。线路绑扎如图 2-10 所示。

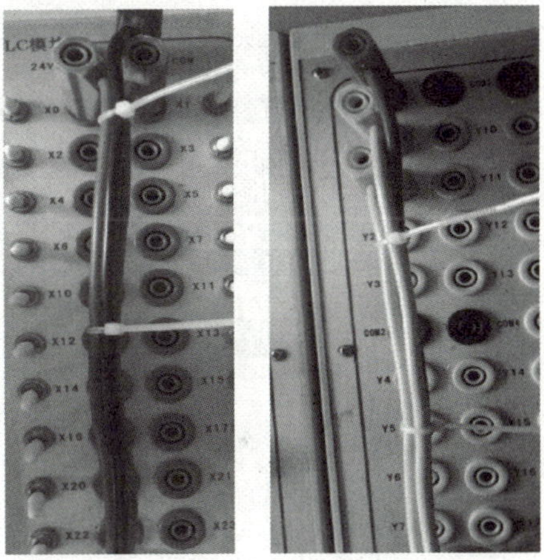

图 2-10　用扎带进行线路绑扎

第二步，用剪刀对扎带进行工艺修剪。剪扎带时，要注意剪后的扎带头要稍带弧形，不要太尖，以防扎带刺伤人。线路剪扎后工艺效果如图 2-11 所示。

3. 程序编写与下载

按照如图 2-12 所示的梯形图，利用计算机 FX 软件编写、录入程序、转换并写入 PLC。

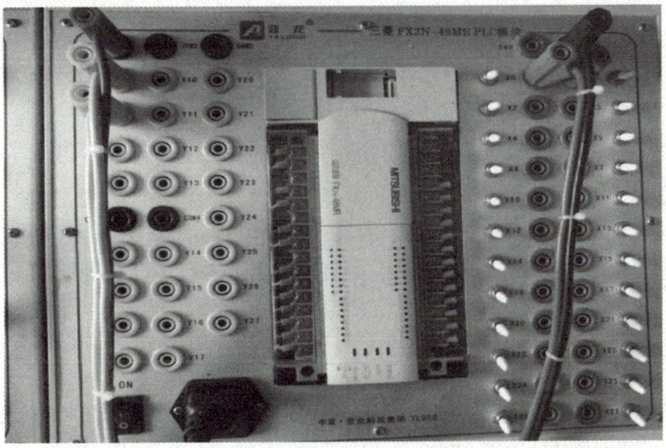

图 2-11　线路剪扎后工艺效果

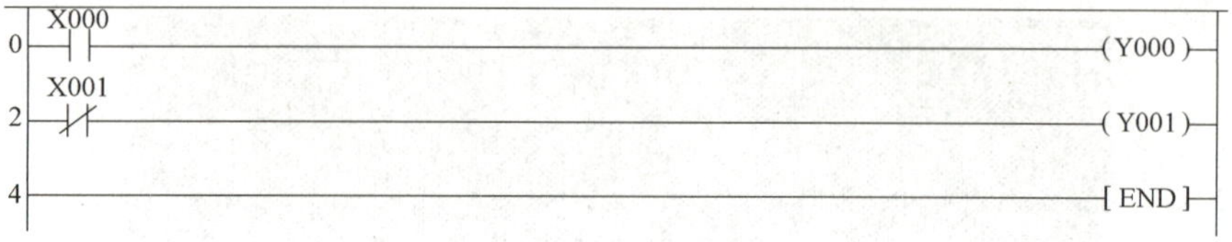

图 2-12　灯控制梯形图

第一步，打开 FXGP_ WIN-C 编程软件。从桌面上双击图标，或者从“开始”→“所有程序”，找到 FXGP_ WIN-C 后打开。

第二步，创建新文件。单击“新文件”图标或者打开“文件菜单”中的“新文件”来进行创建。

第三步，选 PLC 类型后进入编辑窗口。直接在 PLC 类型设置默认设置中选“FX2N/FX2NC”中，单击“确认”，即可进入编辑窗口。

第四步，录入程序。可用指令、快捷键或者鼠标进行梯形图编写，具体操作参考项目一。

第五步，程序转换，用工具菜单中的“转换”。程序转换后情况如图 2-13 所示。

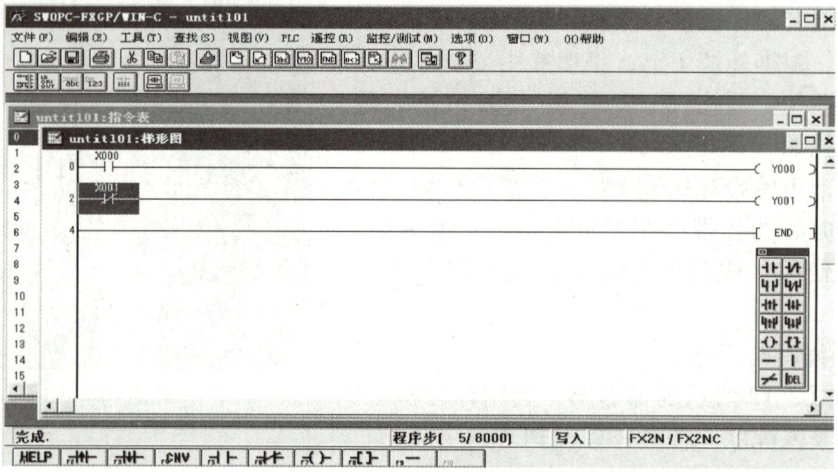

图 2-13　程序转换后界面

第六步，保存文件。可以用快捷键、鼠标、或者菜单进行操作。在弹出的对话窗口中选择保存的地方（哪个驱动器），所放文件夹下及程序的文件名。

第七步，程序下载。通过连接 RS-232 通信连接线，一端与 PLC 的 RS-422 口相连，另外一端与计算机的 COM 端相连。

接通系统电源，将 PLC 的 RUN/STOP 开关拨到 STOP 的位置，然后将程序写入到 FX2N-48MR 的 PLC 中。具体方法：在 PLC 菜单中，选“传送”→“写出”；即可将计算机的程序写入 PLC。

4. 调试与运行

将 PLC 模块上的 RUN/STOP 开关拨到 RUN 的位置，此时 PLC 模块右侧的程序 RUN 指示灯（绿灯）会亮。通过操作按钮与指示灯模块上的按钮，观察 PLC 面板指示灯和按钮与指示灯模块上的 HL1 和 HL2 指示灯工作情况，填入表 2-4 中。

表 2-4 HL1、HL2 与 PLC 面板指示灯显示情况

按钮	按钮状态	PLC 状态(RUN/STOP)	PLC 面板指示灯	HL1	HL2
SB4 按钮	不按下	STOP 状态			
	不按下	RUN 状态			
	按下	STOP 状态			
	按下	RUN 状态			
SB5 按钮	不按下	STOP 状态			
	不按下	RUN 状态			
	按下	STOP 状态			
	按下	RUN 状态			

5. 实训场地现场清理

实训完后，将对所操作设备进行复位、还原。拆除安全插接线、整理工位、清点工具、清扫现场卫生，并填写设备使用登记表。

【评价与反思】

表 2-5 任务检测与分析

检测项目	评分标准	分值	学生自评	小组评分	教师评分
电路连接	正确进行电路连接、工艺合理	30			
软件启动	正确启动编程软件	10			
程序输入	能进行梯形图程序输入	10			
程序编辑	会编辑修改梯形图程序	10			
文件操作	能进行程序转换、存盘、写入等操作	10			
启动运行	会启动运行操作	5			
运行调试	会调试、修改程序	10			
团队协作	小组协调、合作	5			
职业素养	工具使用与摆放、设备复位情况及工位清洁等	10			
总分		100			

【问题探究】

1. PLC 外部接线图中，把 SB5 改成常闭触点后，按照所给梯形图 HL2 能正常工作吗？
2. 如果将 Y0 改成 Y2 后，运行程序会是怎样效果？
3. 如果在进行电路连接时，SB5 连接采用的是常闭触点连接，程序应该如何编写？

【知识拓展】

一、PLC 输入/输出模块

1. PLC 输入模块简介

图 2-14 所示为 FX2N 系列 PLC 的直流输入电路和内部电路的示意图。PLC 外部的虚线

框内是 NPN 管集电极开路输出的光耦合器的示意图。

当图 2-14 中的外接触点接通或图中的 NPN 型晶体管饱和导通时，电流经 24V 电源的正极（24V 端子）、S/S 端子、内部电路、X0 等输入端子和外部的触点或晶体管，从 0V 端子流回 24V 电源的负极，使光耦合器中两个反向并联的发光二极管中的一个亮，光电晶体管饱和导通，CPU 在输入阶段读入的是数字 1；外接触点断开或 NPN 晶体管处于截止状态时，光耦合器中的发光二极管熄灭，光电晶体管截止，CPU 在输入阶段读入的是数字 0。

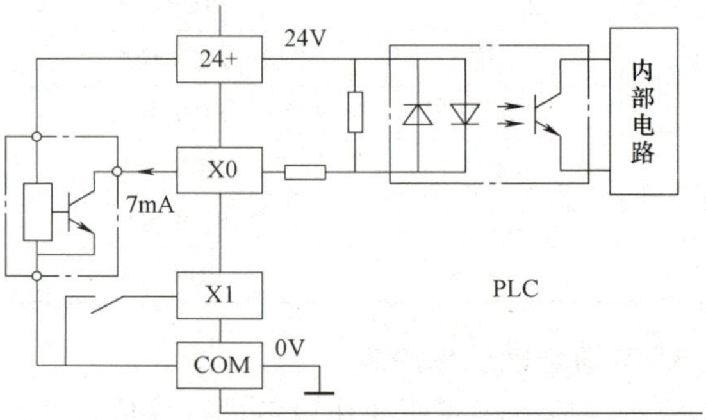

图 2-14　FX2N 系列 PLC 的直流输入电路和内部电路的示意图

2. PLC 的输出模块简介

PLC 的输出模块分为三类：有驱动直流负载的晶体管、驱动交流负载的双向晶闸管，以及既可以驱动交流负载又可以驱动直流负载的小型继电器。

晶体管型与双向晶闸管型模块分别用于直流负载和交流负载，它们的可靠性高，反应速度快，寿命长，但是过载能力稍差。三种输出模块的优缺点，如表 2-6 所示。

表 2-6　PLC 输出模块优缺点

输出模块类型	驱动负载	动作速度	功率	可靠性	过载能力
继电器输出	交、直流负载	低速	大功率	差	高
晶体管输出	直流负载	高速	小功率	高	稍差
双向晶闸管输出	交流负载	高速	大功率	高	稍差

二、电路连接的工艺要求

从提高接线的准确性、速度和工艺美观等方面考虑，在进行电路接线时推荐以下接线标准和接线流程：

1）安全插接线颜色选用的方式为，一般黑色用于接地或者 0V，可接传感器或电磁阀的蓝色端；绿色用于 PLC 信号输入，可接二线传感器棕色和三线传感器黑色所对应接线端子排；黄色用于 PLC 输出，可接电磁阀的红色线端或者按钮与指示灯模块输出器件的一端；红色用于接电源正极或者 PLC 为三线传感器棕色线正极端。

2）电路各连接点连接牢固、可靠；

3）同一接线端子的导线连接或者安全插头最多不能超过 2 条。

任务二　灯的双控电路连接与编程

【任务描述】

请根据图 2-15 所示的 PLC 外部接线电路进行操作：

1. 在 YL—235A 设备对应模块上选择电路需要的电器，并按照工艺要求，进行灯的双控电路连接。

2. 按照下面的要求，编写 PLC 控制程序：

1）接通电源，如果电源正常供电，工作台上双色警示灯中红灯闪亮。

2）按下 SB4 按钮，HL1 灯亮（SB4 松手后也亮）；按下 SB6 后，HL1 灯灭；

3）SB4 和 SB5 按钮同时按下后，指示灯 HL2 才亮；再按一下 SB6，指示灯 HL2 熄灭；

4）SB4 或者 SB5 任意一个按下，HL3 均亮；按下 SB6 后熄灭。

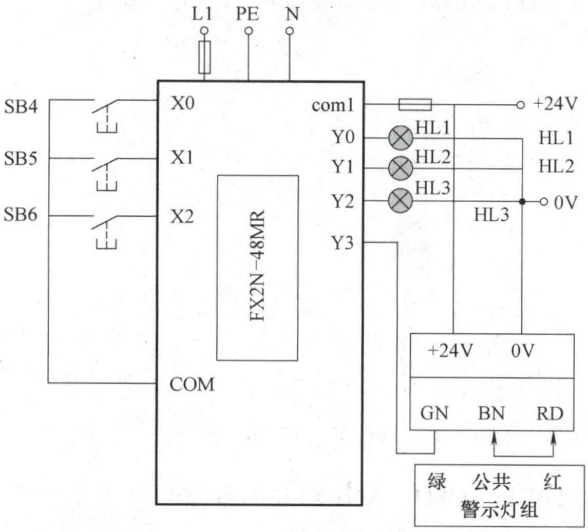

图 2-15　灯的双控电路

5）在 HL1 或者 HL2 亮时，工作台上双色警示灯中绿灯闪亮。

【任务目标】

1. 知道灯的双控电路连接需要的电器，知道 PLC 控制系统电路连接的工艺要求，会根据电路图，按工艺要求连接 PLC 系统的电路。

2. 理解 AND/ADI、OR/ORI 等指令，知道其使用场合；理解梯形图编程方法，会应用梯形图编程方法编写控制程序。

3. 会使用 PLC 编程软件编写控制程序，会将计算机中的程序下载到 PLC。

4. 知道指令表编程方法，了解指令表程序与梯形图程序的转换方法。

【知识点解析】

知识 1　认识 YL—235A 设备的双色警示灯

警示灯是一种显示设备工作状态的标志，通过它可以让人们知道设备处于何种状态，引起大家注意，防止意外事故的发生，保证设备和人身安全。

警示灯有很多种，按颜色分类，有红色、黄色、绿色等；按其发光的情况可分为闪亮型和长亮型。警示灯发光显示状态需要人们事先约定。

根据需要，YL—235A 光机电一体化实训装置上的警示灯，LTA—205 型红绿双色闪亮灯，如图 2-16 所示，工作电压为 DC 24V，功率约为 2W。通过它可以显示电源正常、系统通电、设备正常运行、设备运行中某个元件出现故障和出现故障等工作状态。

LTA—205 型红绿双色警示灯：共有绿色和红色两种颜色。有五根引出线，其中并在一起的两根粗线是电源线（较粗红色线接电源模块中的“+24”，黑色线接电源模块中的“0V”或者 GND），其余三根是信号控制线（棕色线为控制信号公共端，较细的红色线为红色警示灯控制线，绿色线为绿色警示灯控制线，将控制信号线中的红色线和棕色线接通时，则红灯闪烁；将控制信号线中的绿色线和棕色线接通时，则绿灯闪烁）。LTA—205 型红绿双色警示灯分别闪亮电路，如图 2-17 所示。

图 2-16　LTA—205 型红绿双色闪亮灯

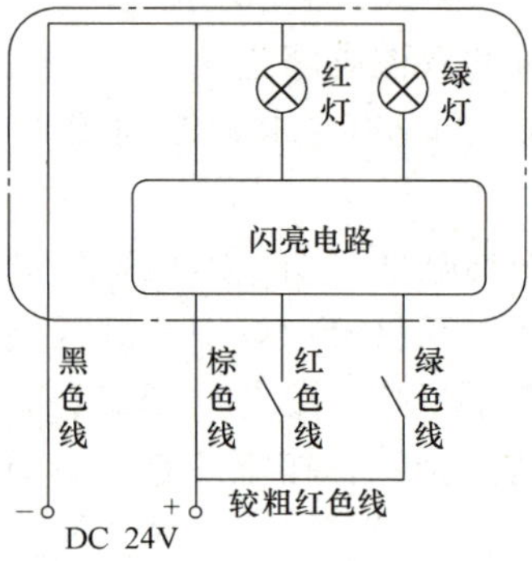

图 2-17　双色警示灯分别闪亮电路

知识 2　AND、ANI 触点串联指令

1. AND、ANI 指令作用

AND 指令：与指令，用于单个常开触点（动合触点）的串联连接指令。

ANI 指令：与非指令，用于单个常闭触点（动断触点）的串联连接指令。

2. AND、ANI 指令使用注意

AND 与 ANI 分别用于单个常开、常闭触点的串联，都是一个程序步指令，串联触点的个数没有限制，可以连续多次使用。

这两条指令操作的目标元件为 X、Y、M、S、T、C。

3. AND、ANI 指令使用示例

AND、ANI 指令使用示例如图 2-18 所示。

a) 触点串联指令梯形图

0	LD	X000	
1	AND	X001	串联连接
2	OUT	Y000	
3	LD	M1	
4	ANI	X006	串联连接
5	OUT	M2	
6	ANI	X002	串联连接
7	OUT	Y002	
8	ANI	X003	串联连接
9	OUT	Y003	
10	END		

b) 触点串联指令指令表

图 2-18　AND、ANI 指令使用示例

知识 3　OR、ORI 触点并联指令

1. OR、ORI 触点指令作用

OR 指令：或指令，用于单个常开触点的并联连接。

ORI 指令：或非指令，用于单个常闭触点的并联连接。

2. OR、ORI 指令使用注意

OR、ORI 指令分别用于单个常开、常闭触点的并联，并联触点的数量不受限制，该指令可以连续多次使用

3. OR、ORI 指令使用示例

由 OR、ORI 指令使用示例组成的梯形图，如图 2-19 所示。

a) 触点并联指令梯形图

0	LD	X000	并联连接
1	OR	Y000	
2	AND	X001	
3	OUT	Y000	
4	LD	X002	并联连接
5	ORI	X003	
6	ANI	X004	并联连接
7	OR	Y002	
8	OUT	Y002	

b) 触点并联指令指令表

图 2-19　OR、ORI 指令使用示例

【任务实施】

1. 清点器材

对照表 2-7，清点灯的双控电路需要的设备、工具及材料

表 2-7　灯的双控电路需要的设备、工具及材料（各组配备）

序号	名称	型号	数量	作　用	质量检测
1	PLC 模块	FX2N—48MR	1 块	控制灯的运行	
2	按钮与指示灯模块	专配	1 块	提供 DC 24V 电源、SB4、SB5、SB6 按钮及 HL1、HL2、HL3 指示灯等	
3	双色警示灯组	LTA0205 双色	1 个	电源警示与运行指示	
4	端子接线排	专配	1 个	提供设备线路连接安全插孔	
5	扎带	ϕ120mm	若干	电路连接工艺	

（续）

序号	名称	型号	数量	作　用	质量检测
6	斜口钳或者剪刀		1把	剪扎带	
7	电源模块	专配	1个	提供三相五线电源	
8	计算机	安装有编程软件	1台	用于编写、下载程序等	
9	220V电源连接线	专配	2条	供按钮与指示灯模块和PLC模块用	
10	安全插接线	专配	若干	电路连接	

2. 硬件电路连接、检测与绑扎

（1）根据任务，分析作出输入/输出I/O分配表　如表2-8所示。

表2-8　I/O分配表

输入地址			输出地址		
输入元件	功能作用	输入继电器	输出元件	控制对象	输出继电器
SB4	操作按钮	X0	HL1	指示灯1	Y0
SB5	操作按钮	X1	HL2	指示灯2	Y1
SB6	操作按钮	X2	HL3	指示灯3	Y2
			绿色警示灯	运行指示	Y3

（2）根据PLC外部接线图进行电路连接　在YL—235A设备上选择、确定相应的警示灯、电源、按钮与指示灯模块及PLC模块。

1）完成PLC输入电路的连接。按照接线要求，使用安全插接线，完成SB4、SB5、SB6按钮与PLC模块的连接，按钮与指示灯模块和PLC的连接示意图，如图2-20所示。

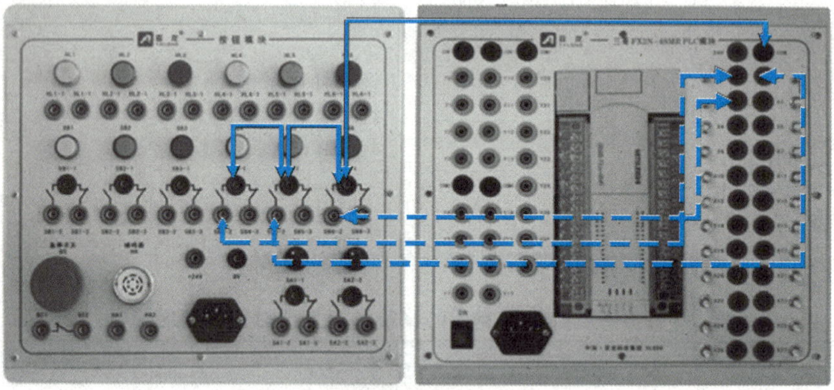

图2-20　按钮模块与PLC的连接示意图

按钮与指示灯模块和PLC模块实物连接图，如图2-21所示。

2）完成PLC输出电路的连接。按照给定电路，在断开设备电源的情况下，分别进行按钮与指示灯模块中指示灯、桌面上的警示灯与PLC的连接。

第一步，完成按钮模块中指示灯与PLC输出接口的连接。

根据PLC外部原理图和PLC的I/O分配表，首先依次按照HL1→HL2，HL2→HL3，

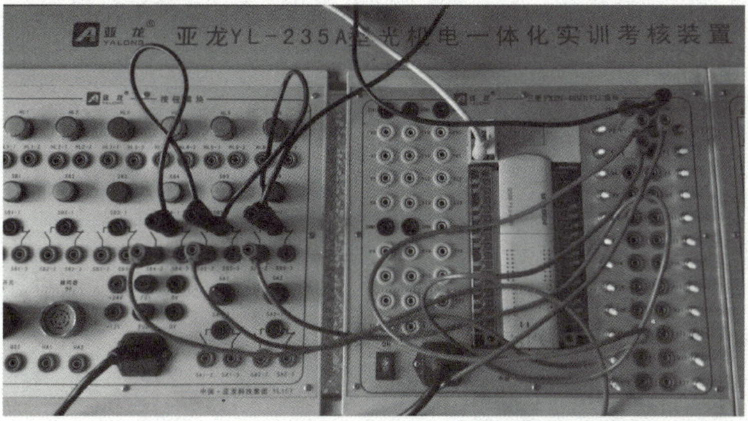

图 2-21　按钮与指示灯模块和 PLC 模块实物连接图

HL3→电源模块上的 DC 24V 的 0V 插孔的顺序将用 3 条短的黑色安全插接线将 HL1、HL2、HL3 指示灯对应的右边插孔串接起来，实现指示灯公共端与电源模块 DC 24V 电源的负极连接，连接示意图如图 2-22 所示。

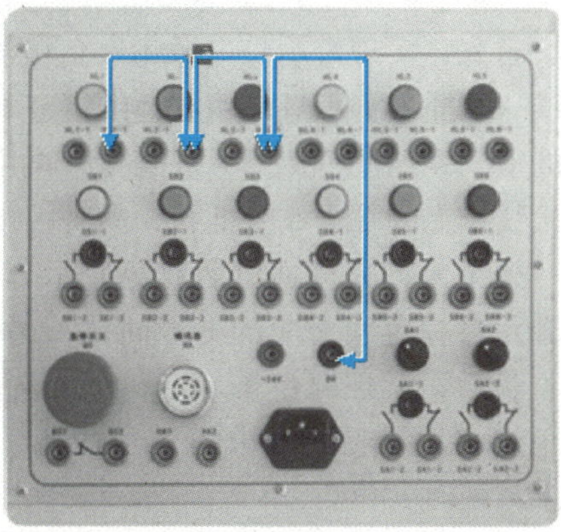

图 2-22　指示灯公共端与电源模块 DC24V 负极连接示意图

然后，用 3 根黄色安全插接线一端分别依次插入 HL1、HL2、HL3 指示灯下面的左边插孔，黄色安全插接线另外一端分别依次插入 PLC 的输出端对应的 Y0、Y1、Y2 插孔，实现指示灯与 PLC 输出模块连接。用一红色安全插接线一端，插入电源模块 DC 24V 的正极插孔；另外一端插入 PLC 模块输出端的 COM1 插孔。连接示意图如图 2-23 所示。

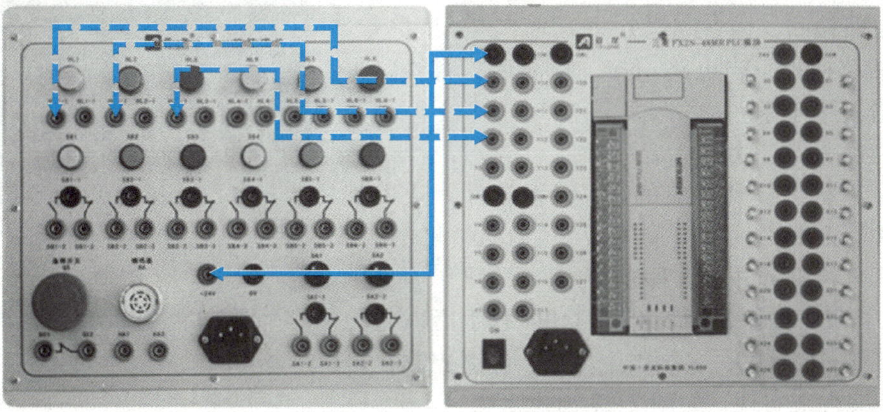

图 2-23　指示灯与 PLC 模块的输出连接示意图

第二步，完成双色警示灯与 PLC 的连接。

在实训台上警示灯对应端子排情况如图 2-24 所示，其中 1——驱动警示红灯，2——驱动警示绿灯，3——信号公共端，4——警示灯电源正，5——警示灯电源负。警示灯连接示意图如2-25所示。具体操作步骤如下。

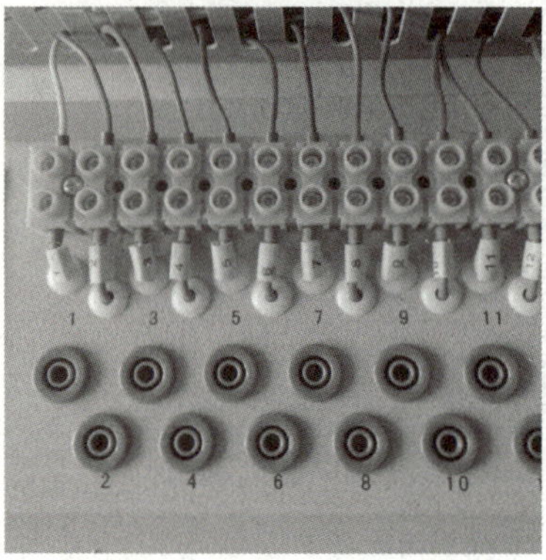

图2-24　警示灯端子排对应情况图

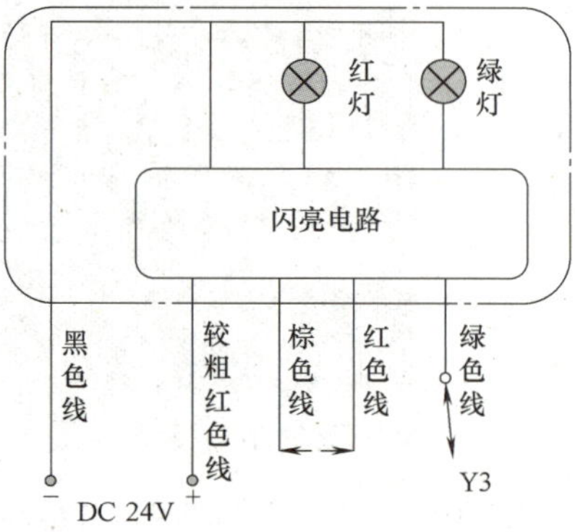

图2-25　警示灯电路连接示意图

首先，实现警示灯电源正、负极与电源模块DC 24V的正、负极的连接。用一红色安全插接线一端插入警示灯较粗红色线（正极）对应端子排上的端子4号插孔，另外一端插入电源模块的DC 24V的正极（+）插孔；再用一黑色安全插接线，一端插入警示灯黑色线（负极）对应接线排上的端子5号插孔，另外一端插入电源模块的DC 24V的负极（0V）插孔。

接下来，完成通电后双色警示灯的红灯亮电路。用一短的安全插接线，一端插入端子排上警示灯棕色线对应的1号插孔，另外一端插入警示灯红色灯端子排上的3号插孔。

最后，实现绿色警示灯与PLC输出端的连接。将一黄色安全插接线，一端插入警示灯绿色灯驱动对应端子排的2号插孔，另外一端插入PLC的输出端的Y3孔即可，如图2-26所示。

使用两根专配电源连接线，分别插入按钮与指示灯模块和PLC模块对应电源插孔，此时整个电路连接完成。

（3）电路检测　请参照任务一。

（4）线路捆扎　当电路连接、检测后，对线路进行绑扎。请参照任务一。

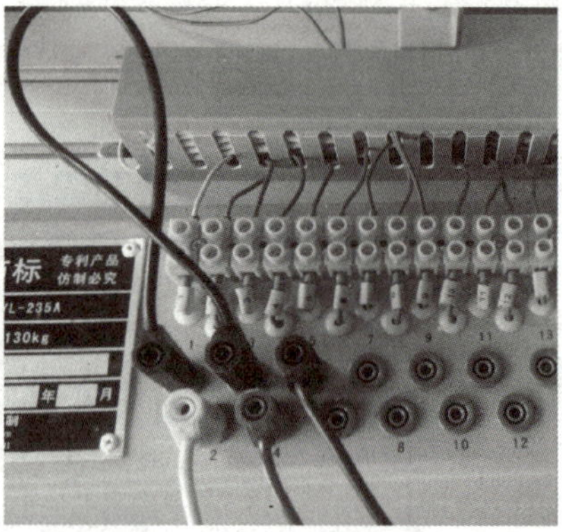

图2-26　警示灯端子排连接

3. 程序编写与下载

打开计算机，找到对应的FX编程软件，录入程序、转换并写入PLC。

首先，分析任务并录入程序：

1）按下SB4按钮，HL1灯亮（SB4松手后也亮）；按下SB6后，HL1灯灭。这相当于1个自锁控制，可用OR指令编程来实现，如图2-27所示。

图2-27　灯自锁控制梯形图

其对应指令表，如图 2-28 所示。

0	LD	X000
1	OR	Y000
2	ANI	X002
3	OUT	Y000

图 2-28 灯自锁控制指令表

2）SB4 和 SB5 按钮同时按下后，指示灯 HL2 才亮；再按一下 SB6，指示灯 HL2 熄灭，可以用图 2-29 所示梯形图实现，请自己写出指令表。

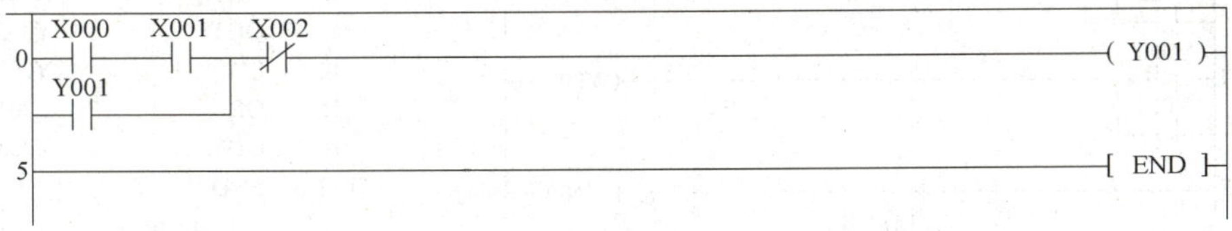

图 2-29 灯的双按钮同时按下启动与停止梯形图

3）SB4 或者 SB5 任意一个按下，HL3 均亮；按下 SB6 后熄灭。相当于两地启动控制，可以用图 2-30 所示梯形图实现，请自己写出指令表。

图 2-30 灯的两地启动控制与停止梯形图

4）在 HL1 或者 HL2 亮时，工作台上双色警示灯中绿灯闪亮。可以把 HL1 和 HL2 灯亮的常开辅助触点作为控制绿色警示灯亮的条件，可以用图 2-31 所示梯形图实现。

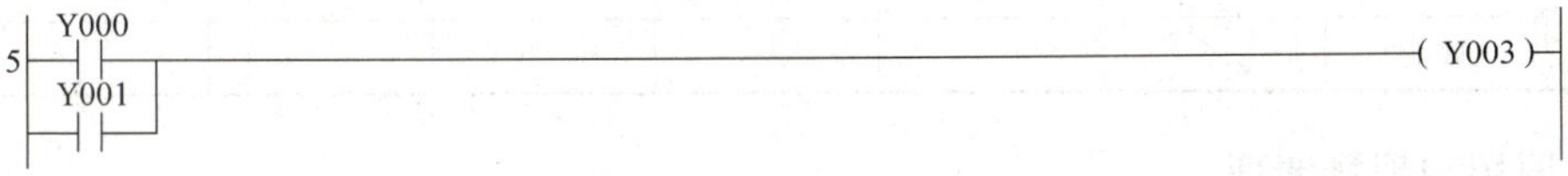

图 2-31 用绿色警示灯显示两灯运行状态梯形图

全部任务参考梯形图和对应的指令表如图 2-32 所示。

然后，对编写程序进行转换、修改并保存文件。

最后，完成 PLC 程序的写入。通过 RS—232 通信连接线，确保计算机串口与 PLC 已经正常连接，在 PLC 已经上电的情况下，单击“在线”菜单中的“PLC 写入”或者单击常用操作工具栏中的“PLC 写入”按钮，将编写好的程序正确写入 PLC 中。

4. 调试与运行

想一想根据本任务的控制要求如何进行调试？

设备通电后，通过按钮操作，观察 PLC 面板指示灯、双色警示灯及按钮与指示灯模块上的 HL1、HL2、HL3 指示灯的显示情况，填入表 2-9 中。

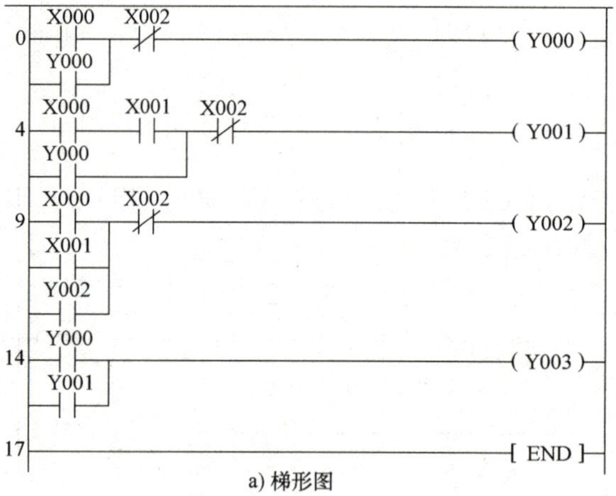

a) 梯形图

0	LD	X000
1	OR	Y000
2	ANI	X002
3	OUT	Y000
4	LD	X000
5	AND	X001
6	OR	Y000
7	ANI	X002
8	OUT	Y001
9	LD	X000
10	OR	X001
11	OR	Y002
12	ANI	X002
13	OUT	Y002
14	LD	Y000
15	OR	Y001
16	OUT	Y003
17	END	

b) 指令表

图 2-32　全部任务参考梯形图和对应的指令表

表 2-9　灯的控制与 PLC 面板指示灯显示情况

电器名称	状态	双色警示灯		HL1	HL2	HL3	PLC 中输入(X)、输出(Y)指示灯显示情况
		红灯	绿灯				
电源模块	不通电						
	通电						
SB4 按钮	不按下						
	按下						
SB5 按钮	不按下						
	按下						
SB6 按钮	不按下						
	按下						

5. 实训场地现场清理

实训完后，将对所操作设备进行复位、还原。拆除安全插接线、整理工位、清点工具、清扫现场卫生，并填写设备使用登记表。

【评价与反思】

表 2-10　任务检测与分析

检测项目	评分标准	分值	学生自评	小组评分	教师评分
电路连接	正确进行电路连接、工艺合理	25			
程序输入	能正确进行梯形图程序输入	15			
程序编辑	会编辑修改梯形图程序	10			
文件操作	能进行程序转换、存盘、写入等操作	10			

（续）

检测项目	评分标准	分值	学生自评	小组评分	教师评分
启动运行	会启动运行操作	10			
运行调试	会调试、修改程序	15			
团队协作	小组协调、合作	5			
职业素养	工具使用与摆放、工位插线拆取与整理、清洁等	10			
总分		100			

【问题探究】

1. 如果要实现 HL1、HL2、HL3 三灯均亮后，绿色警示灯才亮，程序应该如何编写？

2. 如果要实现设备一通电，双色警示灯的绿灯就亮，应该如何连接？HL1、HL2、HL3 任一灯亮，红色警示灯就亮，应该如何实现？

3. 如果在进行电路连接时，将端子接线排上的 2 号插孔和 3 号插孔相连，通电后会是什么现象？

【知识拓展】

一、点动与连续运行控制电路

生产过程中，根据现场要求，经常要用到对设备进行点动操作或者连续控制，用图2-33 可实现点动与连续运行的控制。其中，X0 作为点动控制信号；X1 作为连接控制的启动信号，X2 作为停止信号；Y0 作为输出控制，M0 作为中间辅助继电器。

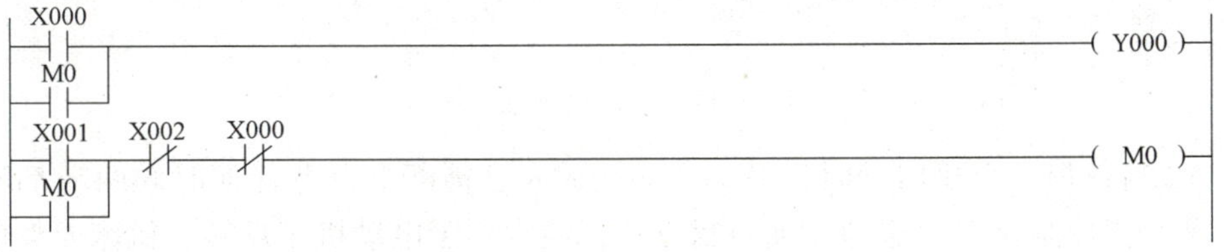

图 2-33 点动与连续运行控制梯形图

二、启动—保持—停止电路

它是 PLC 控制电路的最基本电路，经常用于对内部继电器和输出继电器进行控制。有启动优先和停止优先两种控制方式，如图 2-34 所示。其中，X0 作为启动信号，X1 为停止信号，Y0 作为输出信号。

启动优先与停止优先的区别是主要针对一种不太常见的情况来说。

当启动与停止信号同时到达时，输出是什么状态取决于是启动优先还是停止优先：如输出为启动状态则为启动优先，反之则为停止优先。

在图 2-34a 所示启动优先控制中，同时按下启动按钮和停止按钮，启动信号有效，无论停止按钮是否处于闭合状态，电路均会启动的，常用于报警设备、安全防护及增援设备，需

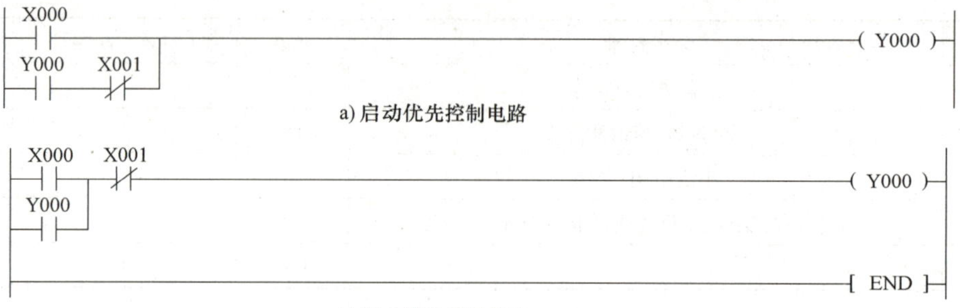

图 2-34　启动—保持—停止电路

要准确可靠的启动控制。

在图 2-34b 所示停止优先控制中，同时按下启动按钮和停止按钮，停止信号有效，电路是停止的，不能启动。它就是最常见的起保停电路。常用于需要紧急停车的场合。

三、互锁控制电路

在一些机械设备的控制中，经常见到存在某种互为制约的关系。在 PLC 控制电路中，一般用反映某一运动的信号去控制另一种运动的相应电路，达到互锁控制的要求。图 2-35 为互锁控制梯形图，为了使 Y1 和 Y2 不能同时得电，用 Y1 和 Y2 的动断触点分别串联于 Y2、Y1 控制电路中。

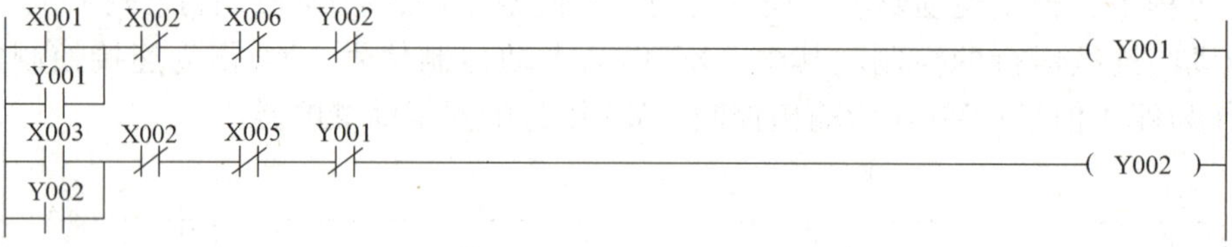

图 2-35　互锁控制梯形图

Y1、Y2 有任何一个要启动时，另一个必须首先已被断电，即任何时候两者都不能同时启动，达到互锁控制要求。这种互锁控制方式，经常用于电动机正反转、机床刀架的进给与快速移动、横梁升降及机床卡具的卡紧与放松等不能同时发生运动的控制中。

任务三　三灯同时点亮，逆序熄灭控制电路连接与编程

【任务描述】

请根据图 2-36 所示的 PLC 外部接线电路进行操作：

1. 在 YL—235A 设备对应模块上选择电路需要的电器，并按照工艺要求，进行三灯同时点亮，逆序熄灭控制电路连接。

2. 按照下面的要求，编写 PLC 控制程序：

1）接通电源，如果电源正常供电，工作台上双色警示灯中红灯闪亮。

2）该控制系统的启动按钮为自锁型按钮 SB1，当自锁按钮 SB1 按下时，控制系统启动，

当SB1自锁按钮复位时，该控制系统停止运行。

3）当控制系统处于运行状态时，系统运行指示灯即工作台上双色警示灯中绿灯闪亮。

4）当控制系统处于运行状态时，按下自锁型按钮SB2，指示灯HL1、HL2、HL3同时点亮，自锁型按钮SB2复位后，3个指示灯仍保持点亮状态。

5）按钮SB4、SB5、SB6分别是指示灯HL1、HL2、HL3的停止按钮，当控制系统处于运行状态时，3个指示灯的停止顺序为HL3→HL2→HL1，如果不按顺序停止，则按下停止按钮时无效。

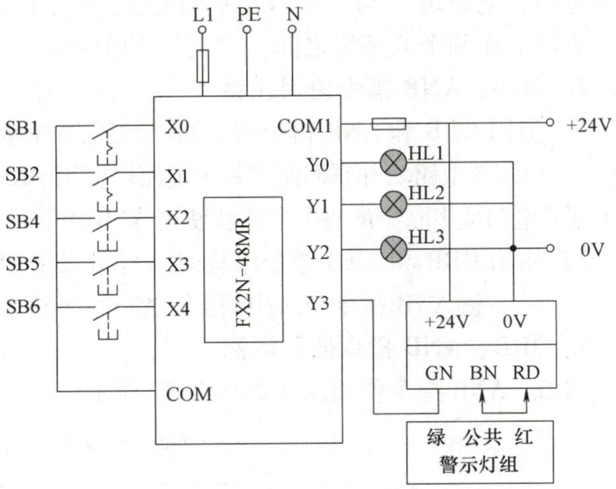

图2-36　三灯同时点亮，逆序熄灭控制电路

6）若控制系统处于停止状态时，指示灯HL1、HL2、HL3均熄灭，此时按下按钮SB2、SB4、SB5、SB6均无效，同时工作台上的双色警示灯中绿灯熄灭。

【任务目标】

1. 知道PLC控制系统电路连接的工艺要求，会根据电路图，按工艺要求连接PLC系统的电路。

2. 理解ORB和ANB指令，知道其使用场合；理解梯形图编程方法，会应用梯形图编程方法编写控制程序。

3. 理解MC和MCR主控指令，能进行简单的应用。

4. 理解梯形图程序的编写规则，会使用PLC编程软件编写控制程序，会将计算机中的程序下载到PLC。

5. 知道指令表编程方法，了解指令表程序与梯形图程序的转换方法。

【知识点解析】

知识1　ORB、ANB块操作指令

1. 块操作指令的作用

在梯形图中，可能会出现电路块与电路块串联，或者电路块与电路块并联的情况，这时，就要使用块操作指令ORB或ANB指令。

（1）电路块或操作指令ORB　电路块的“或”操作又称为串联电路的并联连接，其梯形图是一个由多个触点的串联构成一条支路，一系列这样的支路再互相并联构成的复杂电路。电路块“或”操作的指令表是在两个与逻辑的语句后面用操作码ORB连接起来，表示上面两个与逻辑之间是“或”的关系。

（2）电路块与操作指令ANB　电路块的“与”操作又称为并联电路的串联连接，其梯形图是一个由多个触点的并联构成一个局部电路，一系列这样的局部电路再互相串联构成的

复杂电路。电路块“与”操作的指令表是在两个或逻辑的语句后面用操作码 ANB 连接起来，表示上面两个或逻辑之间是“与”的关系。

2. ORB、ANB 指令使用注意

1）使用 ORB 和 ANB 指令时，每个电路块开始时应该用 LD 或 LDI 指令；

2）对多个电路块并联回路中每个电路块使用 ORB 指令时，并联的电路块数量没有限制；对多个并联电路块串联中的每个电路块使用 ANB 指令时，ANB 指令的使用次数没有限制。

3）使用 ORB 和 ANB 指令编程时，也可以采用 ORB 指令和 ANB 指令连续使用的方法。

4）应注意 ANB 指令与 AND 指令之间的区别，能不用 ANB 指令时，尽量不用。

3. ORB、ANB 指令使用示例

ORB、ANB 指令使用示例如图 2-37 所示。

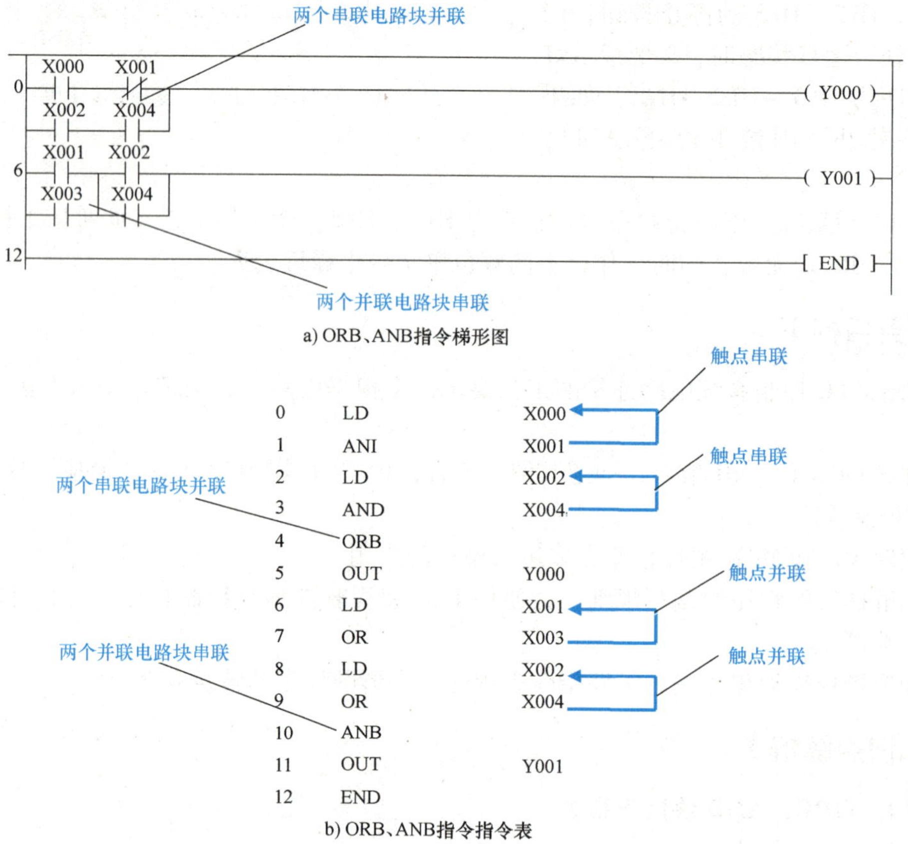

图 2-37 ORB、ANB 指令使用示例

知识 2 MC、MCR 主控触点指令

1. 主控触点指令的作用

在编程时常会出现多个线圈同时受一个或一组触点控制，即出现多路输出的情况时，如果在每个线圈的控制电路中都串入同样的触点，将占用很多存储单元，此时使用主控触点指令就可以解决这一问题。

MC 指令：通过 MC 指令的操作元件 Y 或 M 的常开触点将左母线临时移到一个所需的位置，产生一个临时左母线，形成一个主控电路块。

MCR 指令：取消临时左母线，即将左母线返回到原来位置，结束主控电路块。

2. MC、MCR 指令使用注意

1）MC 指令的操作元件可以是输出继电器 Y 或辅助继电器 M，在实际使用时，一般都是使用辅助继电器 M。当然，不能用特殊继电器。

（2）执行 MC 指令后，因左母线移到临时位置，即主控电路块前，所以，主控电路块必须用 LD 指令或 LDI 指令开始写指令表，主控电路块中触点之间的逻辑关系可以用触点连接的基本指令表示。

3）MC 指令后，必须用 MCR 指令使左母线由临时位置返回到原来位置。

4）MC、MCR 指令可以嵌套使用，即 MC 指令内可以再使用 MC 指令，这时嵌套级编号是从 N0 到 N7 按顺序增加，顺序不能颠倒。最后主控返回用 MCR 指令时，必须从大的嵌套级编号开始返回，也就是按 N7 到 N0 的顺序返回，不能颠倒，最后一定是 MCR N0 指令。

3. MC、MCR 指令使用示例

将图 2-38 所示的多路输出梯形图改写成用 MC、MCR 指令编程的梯形图，并写出指令表程序。

图 2-38 多路输出梯形图

用 MC、MCR 指令对图 2-39 所示的多路输出梯形图进行改写，如图 2-39 所示。

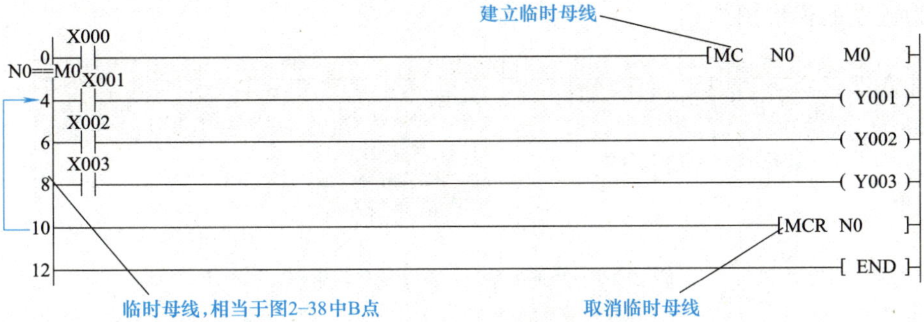

a) MC、MCR指令梯形图

0	LD	X000	
1	MC	N0	M0
4	LD	X001	
5	OUT	Y001	
6	LD	X002	
7	OUT	Y002	
8	LD	X003	
9	OUT	Y003	
10	MCR	N0	
12	END		

建立临时母线（指向 1 MC）；取消临时母线（指向 10 MCR）；临时母线上引出的程序（4 LD X001 至 10 MCR N0）

b) MC、MCR指令指令表

图 2-39 MC、MCR 指令使用示例

在图2-39a所示梯形图中，当常开触点X0闭合时，嵌层数为N0的主控指令执行，辅助继电器M0线圈被驱动，辅助继电器M0常开触点闭合，此时常开触点M0称为主控触点，规定主控触点只能画在垂直方向，使其有别于规定画在水平方向的普通触点。当主控触点M0闭合后，左母线由A的位置，临时移到B的位置，接入主控电路块。此时，当X1常开触点闭合时，Y1线圈驱动输出，当X2常开触点闭合时，Y2线圈驱动输出，X3常开触点闭合时，Y3线圈驱动输出。当PLC逐行对主控电路块所有逻辑行进行扫描，执行到MCR N0指令时，嵌套层数为N0的主控指令结束，临时左母线由B点返回到A点。如果X0常开触点是断开的，则主控电路块这一段程序不执行。

知识3　PLC常用程序的编写规则

1）外部输入/输出继电器、内部继电器、定时器、计数器等软元件的触点可重复使用，没有必要特意采用复杂程序结构来减少触点的使用次数，如图2-40所示。

图2-40　软元件的触点可重复使用

2）梯形图每一行都是从左母线开始，线圈接在最右边。在继电器控制原理图中，继电器的触点可以放在线圈的右边，但在梯形图中触点不允许放在线圈的右边。

3）线圈不能直接与左母线相连，也就是说线圈输出作为逻辑结果必须有条件，如图2-41所示为错误的梯形图。

图2-41　线圈不能直接与左母线相连

4）梯形图编程中不宜出现双线圈输出。同一编号的线圈在一个程序中使用两次以上称为双线圈输出。双线圈输出容易引起误操作，所以，一般情况下，应尽可能避免双线圈输出。双线圈输出的梯形图如图2-42所示。

图2-42　不宜出现双线圈输出

5）梯形图程序中，当并联块串联时，应将接点多的并联块放在梯形图左方（左重右轻原则），例如图2-43a所示为不符合“左重右轻”原则的梯形图，如图2-43b所示为符合“左重右轻”原则的梯形图。

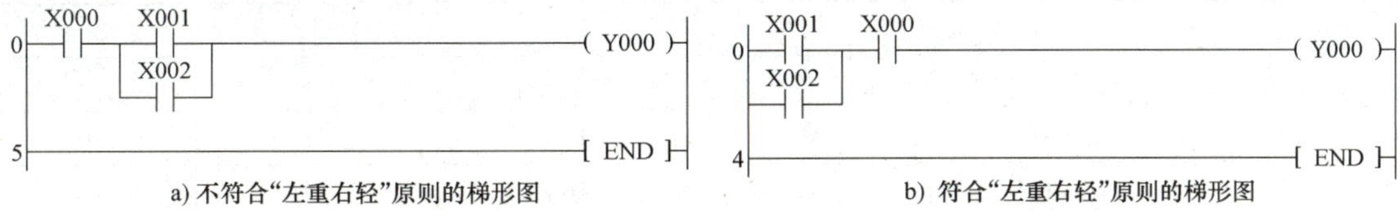

图2-43 “左重右轻”原则示例

6）串联块并联时，应将接点多的并联回路放在梯形图的上方（上重下轻的原则），这样做，程序简洁，从而减少指令的扫描时间，这对于一些大型的程序尤为重要。例如图2-44a所示为不符合“上重下轻”原则的梯形图，图2-44b所示为符合“上重下轻”原则的梯形图。

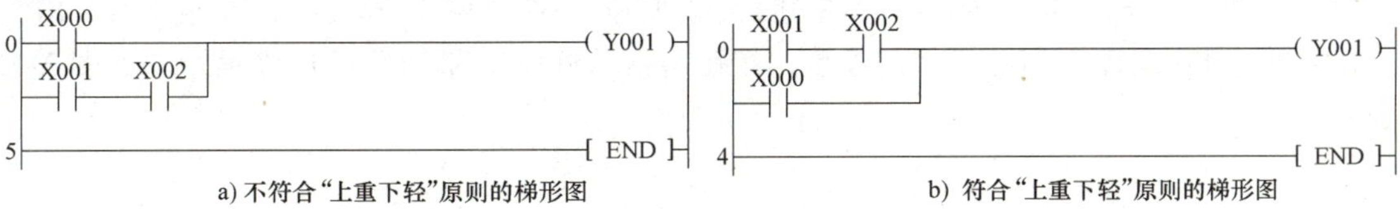

图2-44 “上重下轻”原则示例

7）梯形图中的触点可以任意串联或并联，触点的使用次数不受限制，但继电器线圈只能并联而不能串联。

8）以END结束程序。

【任务实施】

1. 清点器材

对照表2-11，清点三灯控制电路需要的设备、工具及材料

表2-11 三灯控制电路需要的设备、工具及材料（各组配备）

序号	名称	型号	数量	作用	检测
1	PLC模块	FX2N-48MR	1块	控制灯的运行	
2	按钮与指示灯模块	专配	1个	提供DC 24V电源、操作按钮及指示灯	
3	双色警示灯组	LTA0205双色	1个	电源警示与运行指示	
4	安全插接线	专配	若干	电路连接	
5	端子接线排	专配	1个	提供设备线路连接安全插孔	
6	扎带	ϕ120mm	若干	电路连接工艺	
7	斜口钳或者剪刀		1把	剪扎带	
8	电源模块	专配	1个	提供三相五线电源	
9	计算机	安装有编程软件	1台	用于编写、下载程序等	
10	220V电源连接线	专配	2条	供按钮与指示灯模块和PLC模块用	

2. 硬件电路连接、检测与绑扎

（1）根据任务，分析作出输入/输出（I/O）分配表　I/O分配见表2-12。

表2-12　I/O分配表

输入			输出		
输入元件	功能作用	输入继电器	输出元件	控制对象	输出继电器
SB1	系统控制按钮	X0	HL1	指示灯1	Y0
SB2	启动按钮	X1	HL2	指示灯2	Y1
SB4	停止按钮	X2	HL3	指示灯3	Y2
SB5	停止按钮	X3	绿色警示灯	运行指示	Y3
SB6	停止按钮	X4			

（2）根据PLC外部接线图进行电路连接　在YL-235A设备中选择、确定相应警示灯、电源、按钮与指示灯模块及PLC模块等。

1）完成PLC输入电路的连接。按照接线要求，使用安全插接线，完成SB1、SB2、SB4、SB5、SB6按钮与PLC模块的连接，按钮与指示灯模块和PLC的连接示意图如图2-45所示。

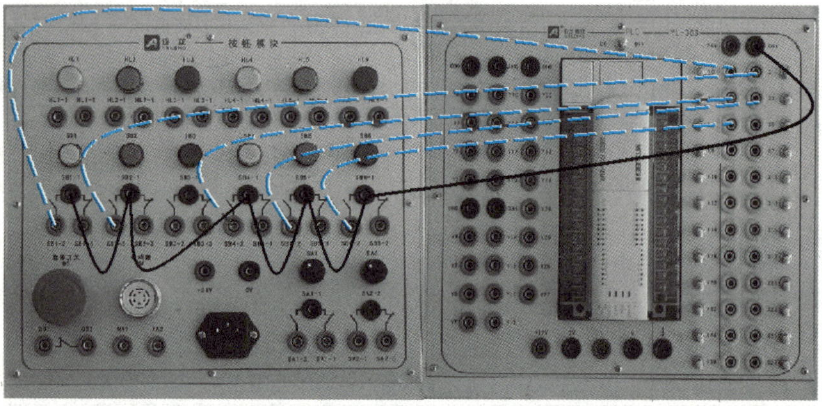

图2-45　按钮与指示灯模块和PLC的连接示意图

2）完成PLC输出电路的连接。按照给定电路，在断开电源设备电源的情况下，分别进行按钮与指示灯模块指示灯、桌面上的警示灯与PLC连接。

第一步，使用黄色安全插接线作PLC与输出元件一端相连，黑色安全插接线作负载另外一端串联后与按钮与指示灯模块负极相连，红色安全插接线连接按钮与指示灯模块电源正极端并与PLC输出的COM1相连，完成HL1、HL2、HL3指示灯与PLC模块的连接。连接示意图如图2-46所示。

第二步，完成双色警示灯与PLC的连接。连接方法请参照任务二。

（3）电路检测　正确进行电路检测，确保输入、输出电路正常，各电器设备正常。请参照任务一。

（4）线路捆扎　当电路连接、检测后、对线路进行绑扎。请参照任务一。

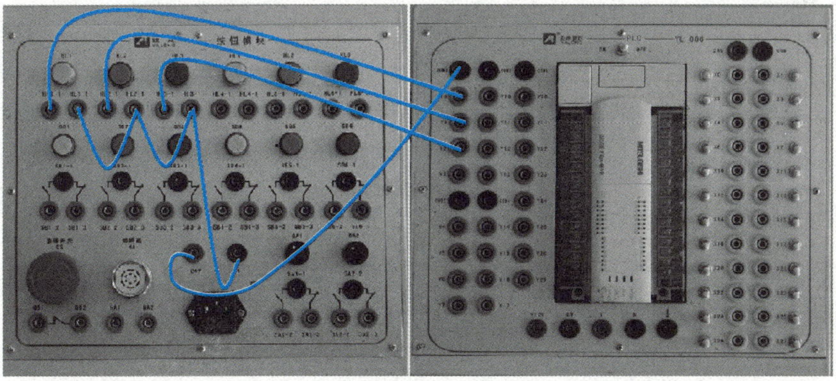

图 2-46 指示灯与 PLC 的连接示意图

3. 程序编写与下载

首先，分析并录入程序：

1）设 M0 为控制系统运行标志位，当自锁型按钮 SB1 按下时，系统运行标志位 M0 = 1，当按钮 SB1 复位时，系统运行标志位 M0 = 0。系统运行时，工作台上的双色警示灯中的绿灯闪亮，系统停止时绿灯熄灭，又因为 SB1 为自锁型按钮，所以运行标志位与绿色警示灯控制梯形图及对应的指令表如图 2-47 所示。

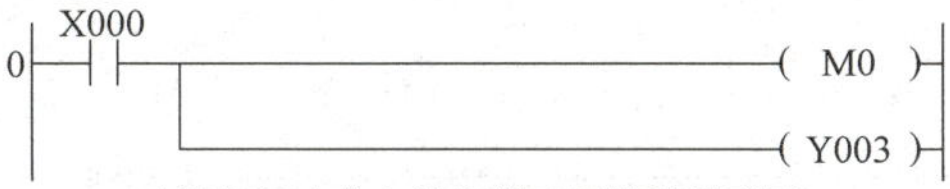

a) 运行标志位与绿色警示灯控制梯形图

0	LD	X000
1	OUT	M0
2	OUT	Y003

b) 运行标志位与绿色警示灯控制指令表

图 2-47 运行标志与绿色警示灯控制梯形图及对应的指令表

2）HL1、HL2、HL3 点亮均以运行标志位 M0 = 1 为前提条件，此处用 MC、MCR 指令建立一条临时母线，HL1、HL2、HL3 的控制程序均从临时母线上引出，控制梯形图及对应的指令表如图 2-48a 所示。

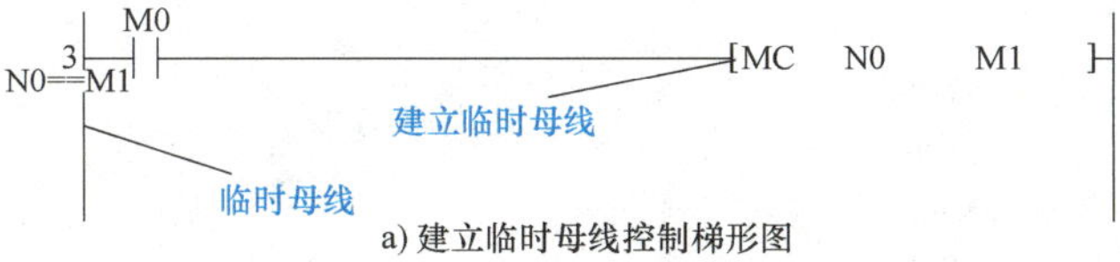

a) 建立临时母线控制梯形图

3	LD	M0	
4	MC	N0	M1

b) 建立临时母线控制指令表

图 2-48 建立临时母线控制梯形图及对应的指令表

3）HL1 灯亮的条件是：控制系统运行过程中，当按下自锁按钮 SB2 时点亮（SB2 复位以后也亮），说明 HL1 的控制程序中带有自锁电路。HL1 灯熄灭的条件是：当 HL2 灯熄灭时，按下停止按钮 SB4，HL1 灯灭；若 HL2 灯亮时，按下停止按钮 SB4 无效，说明 HL1 的控制程序中带有停止保护电路，可用 OR 指令及 ANB 指令编程实现，控制梯形图及对应的指令表如图 2-49 所示。

4）HL2 灯亮的条件是：当控制系统运行时，按下自锁按钮 SB2 时点亮（SB2 复位以后也亮），说明 HL2 的控制程序中带有自锁电路。HL2 熄灭的条件是：当 HL3 灯熄灭时，按

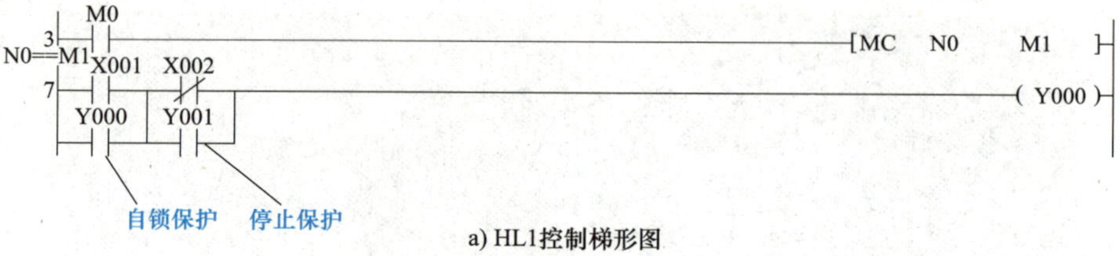

a) HL1控制梯形图

3	LD	M0	
4	MC	N0	M1
7	LD	X001	
8	OR	Y000	
9	LDI	X002	
10	OR	Y001	
11	ANB		
12	OUT	Y000	

建立临时母线

HL1控制程序

b) HL1控制指令表

图 2-49　HL1 控制梯形图及对应的指令表

下停止按钮 SB5，HL2 灯熄灭；若 HL3 灯亮时，按下停止按钮 SB5 无效，说明 HL2 的控制程序中带有停止保护电路；可用 OR 指令及 ANB 指令编程实现，控制梯形图及对应的指令表如图 2-50 所示。

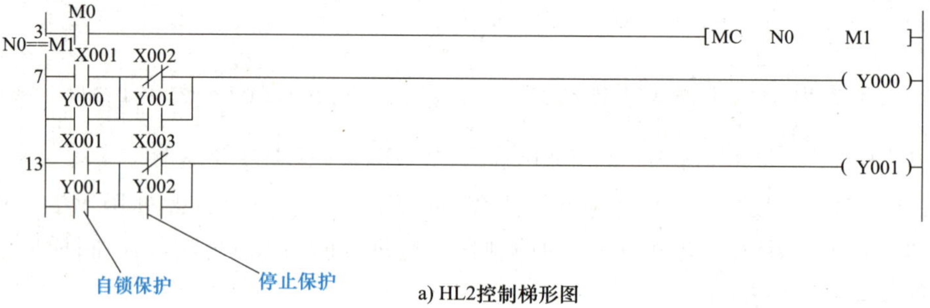

a) HL2控制梯形图

3	LD	M0	
4	MC	N0	M1
7	LD	X001	
8	OR	Y000	
9	LDI	X002	
10	OR	Y001	
11	ANB		
12	OUT	Y000	
13	LD	X001	
14	OR	Y001	
15	LDI	X003	
16	OR	Y002	
17	ANB		
18	OUT	Y001	

建立临时母线

HL2控制程序

b) HL2控制指令表

图 2-50　HL2 控制梯形图及对应的指令表

5）HL3 灯亮的条件是：当控制系统运行时，按下自锁按钮 SB2 时点亮（自锁按钮 SB2 复位以后也亮），说明 HL3 的控制程序中带有自锁电路。HL3 灯熄灭的条件是：按下停止按钮 SB6，HL3 灯熄灭，可用 OR 指令编程实现。HL3 的控制程序结束后，用 MCR 指令结束临时母线，并使用 END 指令结束控制程序。控制梯形图及对应的指令表如图 2-51 所示。

a) HL3控制梯形图

3	LD	M0	
4	MC	N0	M1 （建立临时母线）
7	LD	X001	
8	OR	Y000	
9	LDI	X002	
10	OR	Y001	
11	ANB		
12	OUT	Y000	
13	LD	X001	
14	OR	Y001	
15	LDI	X003	
16	OR	Y002	
17	ANB		
18	OUT	Y001	
19	LD	X001	HL3控制程序（19～22）
20	OR	Y002	
21	ANI	X004	
22	OUT	Y002	
23	MCR	N0	结束临时母线
25	END		

b) HL3控制指令表

图 2-51　HL3 控制梯形图及对应的指令表

全部任务梯形图及对应的指令表如图 2-52 所示。

然后，对编写程序进行转换、修改并保存文件。最后，完成 PLC 程序的写入。通过 RS—232 通信连接线，确保计算机串口与 PLC 已经正常连接，在 PLC 已经上电的情况下，单击“在线”菜单中的“PLC 写入”或者单击常用操作工具栏中的“PLC 写入”按钮，将编写好的程序正确写入 PLC 中。

4. 调试与运行

程序正确写入 PLC 后可进行调试，设备通电后，根据以下步骤进行调试，完成表 2-13。

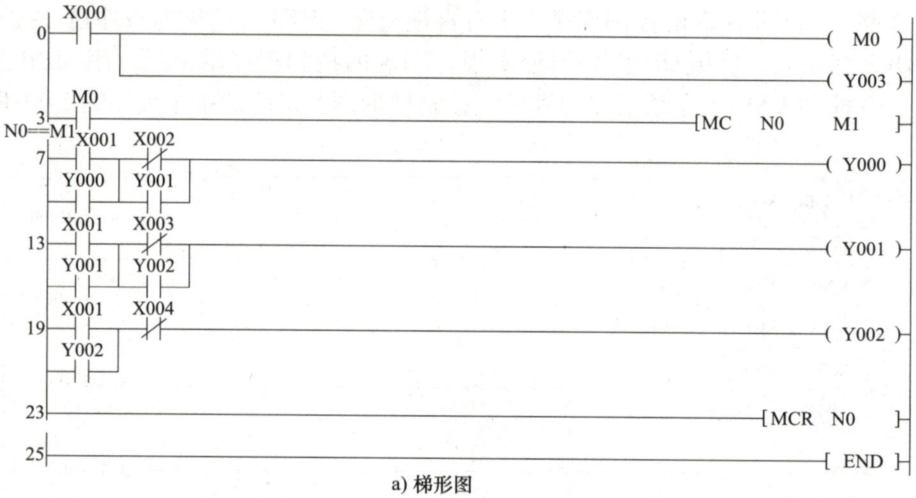

a) 梯形图

0	LD	X000		运行标志及运行指示灯控制
1	OUT	M0		
2	OUT	Y003		
3	LD	M0		建立临时母线
4	MC	N0	M1	
7	LD	X001		HL1控制程序
8	OR	Y000		
9	LDI	X002		
10	OR	Y001		
11	ANB			
12	OUT	Y000		
13	LD	X001		HL2控制程序
14	OR	Y001		
15	LDI	X003		
16	OR	Y002		
17	ANB			
18	OUT	Y001		
19	LD	X001		HL3控制程序
20	OR	Y002		
21	ANI	X004		
22	OUT	Y002		
23	MCR	N0		结束临时母线
25	END			

b) 指令表

图 2-52　全部任务梯形图及对应的指令表

1）系统上电，观察电源指示灯即工作台上的双色警示灯中的红色警示灯是否闪亮，如果红色警示灯闪亮，则进行下一步，如果红色警示灯熄灭，则检查红色警示灯的接线是否正确。

2）系统上电后，在没有按下任何操作按钮的情况下，观察绿色警示灯及指示灯 HL1、HL2、HL3 是否熄灭，如果均为熄灭状态，则进行下一步；如果绿色警示灯及 3 个指示灯有点亮的，则检查电路连接及控制程序。

3）系统上电后，按下系统控制按钮 SB1，观察绿色警示灯是否闪亮，如果绿色警示灯仍然熄灭，则检查电路连接及控制程序；如果绿色警示灯开始闪亮则观察指示灯 HL1 ~ HL3 是否仍为熄灭状态，若均为熄灭状态，则进行下一步，若 3 个指示灯有点亮的，则检查电路连接及控制程序。

4）系统上电并且控制系统启动后，按下指示灯的起动按钮 SB2，观察 3 个指示灯是否全都点亮。若全部点亮则进行下一步；若没有全部点亮，则检查电路连接及控制程序。

5）系统上电，控制系统启动及 3 个指示灯均点亮后，先按照 SB6→SB5→SB4 的顺序依次按下按钮，观察指示灯是否按照 HL3→HL2→HL1 的顺序依次熄灭。如果没有按顺序熄灭，则检查控制程序；如果按顺序熄灭则进行下一步。

6）系统上电，控制系统启动及 3 个指示灯均点亮后，不要按照 SB6→SB5→SB4 的顺序，任意打乱按钮的顺序按下，观察按下按钮后，相应的指示灯是否熄灭。如果打乱按钮顺序按下按钮无效，则进行下一步；如果打乱按钮顺序按下按钮后仍然能熄灭相应的指示灯，则检查控制程序与电路连接。

7）任意时刻，使自锁按钮 SB1 复位，观察绿色警示灯和 3 个指示灯是否全部熄灭。如果熄灭则进行下一步；如果绿色警示灯和指示灯有点亮的则检查控制程序和电路连接。

8）系统断电，观察红色警示灯是否熄灭。如果熄灭则进行下一步；如果没有熄灭则检查红色警示灯的电路连接。

9）再次重复以上操作，若仍然能按要求正常启动、运行和停止，则调试结束。

表 2-13 灯的控制与 PLC、面板指示灯显示情况

电器名称	状态	双色警示灯		HL1	HL2	HL3	PLC 中输入(X)、输出(Y)指示灯显示情况
		红灯	绿灯				
电源模块	不通电						
	通电						
SB1 按钮	按下						
	复位						
SB2 按钮	按下						
	复位						
SB4 按钮	不按下						
	按下						
SB5 按钮	不按下						
	按下						
SB6 按钮	不按下						
	按下						

5. 实训场地现场清理

实训完后，将对所操作设备进行复位、还原。拆除安全插接线、整理工位、清点工具、清扫现场卫生，并填写设备使用登记表。

【评价与反思】

表 2-14　任务检测与分析

检测项目	评分标准	分值	学生自评	小组评分	教师评分
电路连接	正确进行电路连接、工艺合理	20			
程序输入	能正确进行梯形图程序输入、编辑、修改、转换、保存及写入等操作	10			
系统上电	系统上电后，红色警示灯闪亮，系统断电后红色警示灯熄灭	5			
系统启动	系统启动后，绿色警示灯闪亮，系统停止后绿色警示灯熄灭	5			
HL1 的控制	指示灯 HL1 的点亮与熄灭符合控制要求	15			
HL2 的控制	指示灯 HL2 的点亮与熄灭符合控制要求	15			
HL3 的控制	指示灯 HL3 的点亮与熄灭符合控制要求	15			
团队协作	小组协调、合作	5			
职业素养	工具使用与摆放、工位插线拆取与整理、清洁等	10			
总分		100			

【问题探究】

1. 如果用 SB1、SB2、SB3 分别控制 HL1、HL2、HL3 点亮（复位后仍亮），SB4、SB5、SB6 分别控制 HL1、HL2、HL3 灭，且 HL1、HL2、HL3 为顺序启动逆序停止，若不按照顺序启动或停止，则按下控制按钮无效，如何连接电路，程序应该如何编写？

2. 如果要实现 HL1、HL2、HL3 至少亮 2 个，绿色警示灯才亮，程序应该如何编写？

3. 按照下面的要求，编写 PLC 控制程序：

1）按钮 SB1 是控制系统的启动按钮，按下 SB1，控制系统启动，复位 SB1，控制系统停止运行，信号灯 HL1 是系统运行指示灯，当系统运行时，指示灯 HL1 亮，系统停止运行后，HL1 熄灭。

2）系统运行以后，按钮 SB4、SB5、SB6 中至少按下 1 个时，HL2 亮，否则 HL2 灭。

3）系统运行以后，按钮 SB4、SB5、SB6 中至少按下 2 个时，HL3 亮，否则 HL3 灭。

4）系统运行以后，按钮 SB4、SB5、SB6 全部按下时，HL4 亮，否则 HL4 灭。

5）控制系统运行以后，按钮 SB4、SB5、SB6 全都没有按下时，HL5 亮，否则 HL5 灭。

6）控制系统停止运行后，信号灯 HL1、HL2、HL3、HL4 全部熄灭。

【知识拓展】

一、MPS、MRD 和 MPP 堆栈指令

1. 指令功能

在 FX2 系列 PLC 中，有 11 个存储运算中间结果的存储器，称为栈存储器。这个栈存储器将触点之间的逻辑运算结果存储后，就可以用指令将这个结果读出，再参与其他触点之间的逻辑运算。

MPS、MRD 和 MPP 堆栈指令的功能是将连接点的结果（位）按堆栈的形式存储。MPS、MRD 和 MPP 堆栈指令的使用要素如表 2-15 所示。

表 2-15　MPS、MRD 和 MPP 堆栈指令的使用要素

指令名称	助记符	指令功能	操作数	程序步
进栈指令	MPS	将 MPS 指令前的逻辑运算结果送入栈的最上层存储单元中，栈存储器中原来的数据依次向下推移	无	1
读栈指令	MRD	读出栈存储器的最上层存储单元中的数据，栈存储器中每个单元中内容不发生变化	无	1
出栈指令	MPP	将栈存储器中最上层存储单元中的结果取出，栈存储器中其他单元的数据依次向上推移	无	1

2. MPS、MRD 和 MPP 堆栈指令使用注意及应用示例

1）MPS 指令和 MPP 指令必须成对使用，缺一不可。MRD 指令有时可以不用。图 2-53 所示为 MPS、MRD 和 MPP 配合使用的示例。

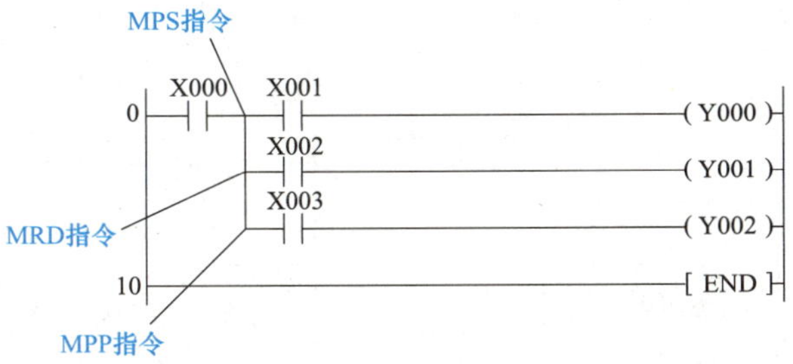

a) MPS、MRD和MPP配合使用示例梯形图

0	LD	X000
1	MPS	
2	AND	X001
3	OUT	Y000
4	MRD	
5	AND	X002
6	OUT	Y001
7	MPP	
8	AND	X003
9	OUT	Y002
10	END	

b) MPS、MRD和MPP配合使用示例指令表

图 2-53　MPS、MRD 和 MPP 配合使用的示例

图 2-54 所示为 MPS 指令和 MPP 指令配合使用的示例。

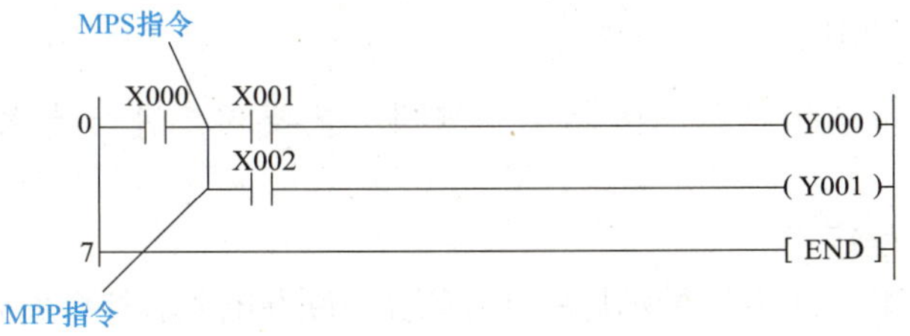

a) MPS指令和MPP指令配合使用示例梯形图

0	LD	X000
1	MPS	
2	AND	X001
3	OUT	Y000
4	MPP	
5	AND	X002
6	OUT	Y001
7	END	

b) MPS指令和MPP指令配合使用示例指令表

图 2-54　MPS 指令和 MPP 指令配合使用的示例

2）MPS 指令连续使用次数最多不能超过 11 次。如图 2-55 所示梯形图中，MPS 指令连续使用 3 次。MPS 指令连续多次使用的情况下，进栈和出栈指令遵循先进后出、后进先出的次序。

任务四　流水灯电路连接与编程

【任务描述】

请根据图 2-56 所示的 PLC 外部接线电路进行操作：

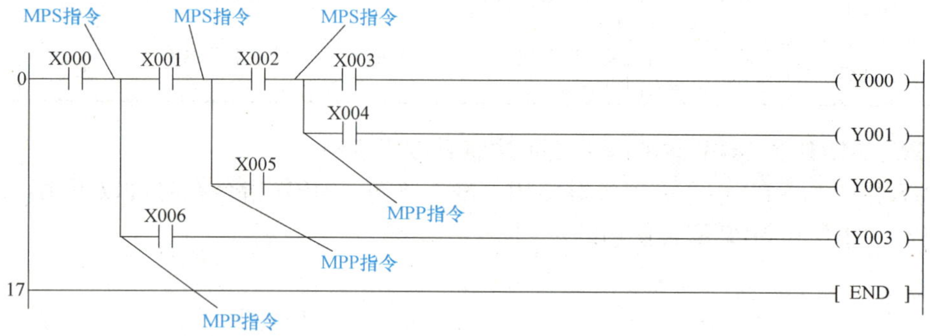

图 2-55　MPS 指令连续使用示例梯形图

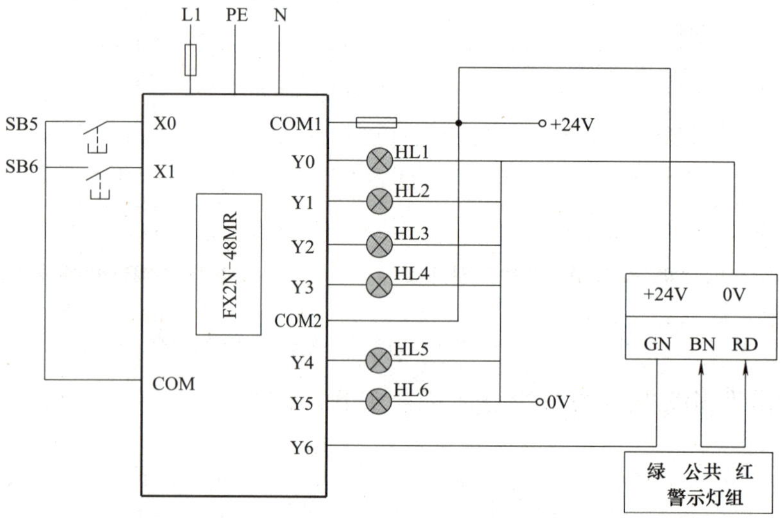

图 2-56　流水灯控制电路

1. 在 YL—235A 设备对应模块上选择电路需要的电器，并按照工艺要求，进行流水灯控制电路连接。

2. 按照下面的要求，编写 PLC 控制程序：

1）接通电源，如果电源正常供电，工作台上双色警示灯中红灯闪亮，断开电源后红灯熄灭。

2）按下启动按钮 SB5，流水灯控制电路启动运行，同时双色警示灯中的绿灯闪亮。按下停止按钮 SB6，流水灯控制电路停止运行，同时双色警示灯中的绿灯熄灭。

3）流水灯控制电路控制示意图如图 2-57 所示。流水灯控制电路启动以后，6 个指示灯按照 HL1→HL2→HL3→HL4→HL5→HL6 的顺序依次循环亮灭，每个灯亮 1s，即 0～1s 时 HL1 亮，1～2s 时 HL2 亮、HL1 灭，2～3s 时 HL3 亮、HL2 灭……，5～6s 时 HL6 亮、HL5 灭，6～7s 时 HL1 亮、HL6 灭，按照此规律循环往复运行。

4）任意时刻按下停止按钮 SB6，6 个指示灯均熄灭，系统恢复初始状态。

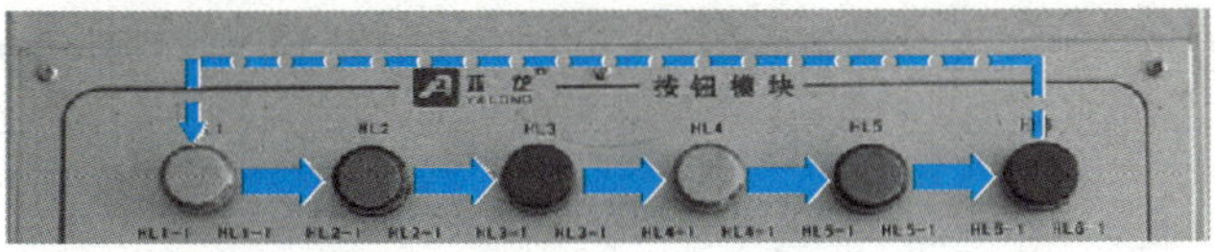

图 2-57　流水灯控制电路控制示意图

【任务目标】

1. 知道 PLC 控制系统电路连接的工艺要求，会根据电路图，按工艺要求连接 PLC 系统的电路。

2. 理解 MOV、MOVP 指令，知道其使用场合；理解梯形图编程方法，会应用梯形图编程方法编写控制程序。

3. 理解 ADD、ADDP、SUB、SUBP、CMP 等指令，能进行简单的应用。

4. 知道指令表编程方法，了解指令表程序与梯形图程序的转换方法。

【知识点解析】

知识 1　ADD、ADDP 加法指令

1. 加法指令的作用

加法指令的功能是将指定的两个源元件 S1（·）、S2（·）中的有符号数，进行二进制加法，然后将和送入指定的目标元件 D（·）中，每个数据的最高位作为符号位（0 为正，1 为负），运算是二进制代数运算，加法指令的使用要素如表 2-16 所示。

表 2-16　加法指令的使用要素

指令名称	助记符	指令代码位数	操作数			程序步
			S1(·)	S2(·)	D(·)	
加法	ADD、ADD(P)	FNC20 16/32	K、H、KnX、KnY、KnM、KnS、T、C、D、V、Z		KnX、KnY、KnM、KnS、T、C、D、V、Z	ADD、ADDP——7 步 DADD、DADDP——13 步

ADD 为 16 位连续执行型加法运算指令，ADDP 为 16 位脉冲执行型加法运算指令，DADD 为 32 位连续执行型加法运算指令，DADDP 为 32 位脉冲执行型加法运算指令。

2. ADD、ADDP 指令使用注意

1）ADD 为连续执行，在执行条件满足时，每一个扫描周期都要相加一次。ADDP 为脉冲执行，在执行条件满足时，只将加数和被加数做一次加法运算。

2）当一个源操作数和目标操作数为同一软元件时，建议采用脉冲执行型指令；否则每个扫描周期都执行一次，很难预知结果。

3. ADD、ADDP 指令使用示例

ADD、ADDP 指令使用示例如图 2-58 所示。

知识 2　SUB、SUBP 减法指令

1. 减法指令的作用

减法指令的功能是将指定的源元件 S1（·）中有符号数减去源元件 S2（·）中有符号数，结果差送入指定的目标元件 D（·）中，减法指令的使用要素如表 2-17 所示。

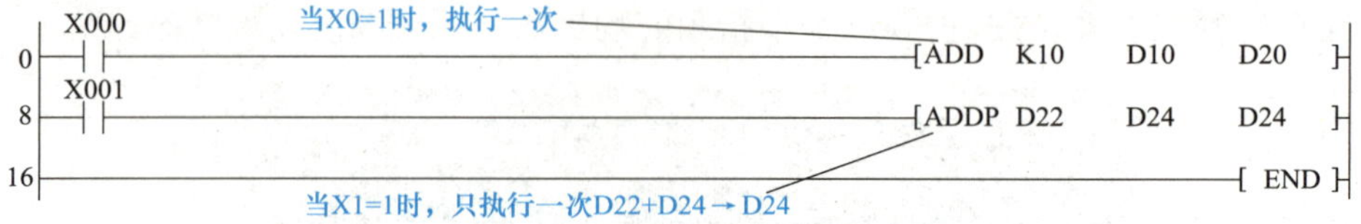

a) ADD、ADDP指令梯形图

连续执行	0	LD	X000		
	1	ADD	K10	D10	D20
	8	LD	X001		
脉冲执行	9	ADDP	D22	D24	D24
	16	END			

b) ADD、ADDP指令指令表

图 2-58　ADD、ADDP 指令使用示例

表 2-17　减法指令的使用要素

指令名称	助记符	指令代码位数	操作数			程序步
			S1(·)	S2(·)	D(·)	
减法	SUB、SUB(P)	FNC21 16/32	K、H、KnX、KnY、KnM、KnST、C、D、V、Z		KnY、KnM、KnS、T、C、D、V、Z	SUB、SUBP——7 步 DSUB、DSUBP——13 步

2. SUB、SUBP 指令使用注意

1）SUB 为连续执行，在执行条件满足时，每一个扫描周期都要相减一次。

2）SUBP 为脉冲执行，在执行条件满足时，只将加数和被加数做一次减法运算。

3. SUB、SUBP 指令使用示例

SUB、SUBP 指令使用示例如图 2-59 所示。

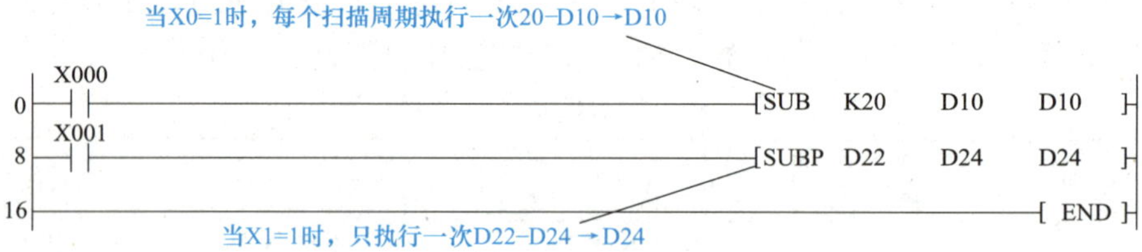

a) SUB、SUBP指令梯形图

连续执行	0	LD	X000		
	1	SUB	K20	D10	D10
脉冲执行	8	LD	X001		
	9	SUBP	D22	D24	D24
	16	END			

b) SUB、SUBP指令指令表

图 2-59　SUB、SUBP 指令使用示例

知识 3　CMP 比较指令

1. CMP 比较指令的作用

CMP 比较指令的功能是将指定的两个源软元件 S1（·）、S2（·）中的数进行代数比较，然后将比较结果送到目标软组件 D（·）中。比较指令的使用要素如表 2-18 所示。

表 2-18　比较指令的使用要素

指令名称	助记符	指令代码位数	操作数			程序步
			S1(·)	S2(·)	D(·)	
比 较	CMP、CMP(P)	FNC10 16/32	K、H、KnX、KnY、KnM、KnS、T、C、D、V、Z		Y、M、S	CMP、CMPP——7 步 DCMP、DCMPP——13 步

比较结果有三种情况：大于、等于和小于。比较指令的基本格式如图 2-60 所示。

2. CMP 指令说明

1）CMP 指令可以比较两个 16 位二进制数，也可以比较两个 32 位二进制数，在作 32 位操作时，使用前缀（D）：（D）CMP ［S1·］［S2·］［D·］。

2）CMP 指令的脉冲操作方式，使用后缀（P）：（D）CMP（P）［S1·］［S2·］［D·］，只有在驱动条件由 OFF→ON 时进行一次比较。

3）在不执行指令，须清除比较结果时，要用 RST 或 ZRST 复位指令。

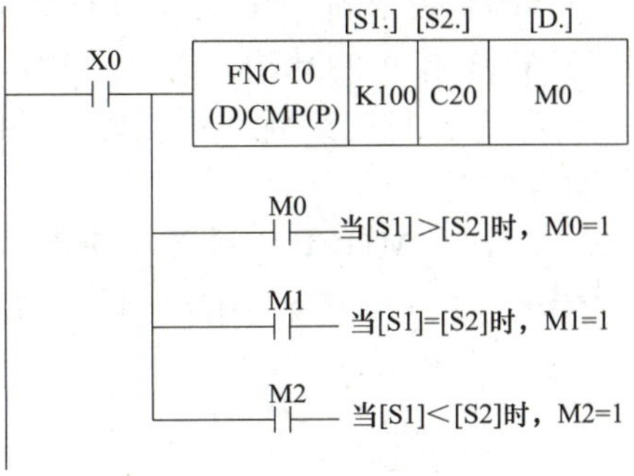

图 2-60 比较指令的基本格式

3. CMP 指令使用示例

CMP 指令使用示例如图 2-61 所示。

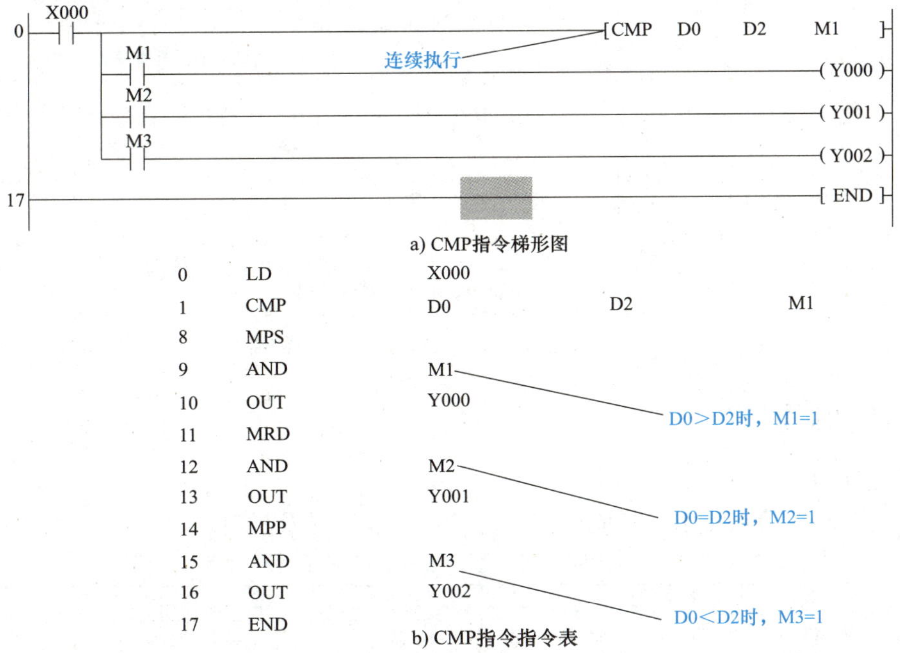

图 2-61 CMP 指令使用示例

知识 4 MOV、MOVP 传送指令

1. 传送指令的作用

传送指令的功能是将源操作数 S（·）的内容传送到指定的目标元件 D（·）中，且源操作数 S（·）的内容不变。传送指令的使用要素如表 2-19 所示。

表 2-19 传送指令的使用要素

指令名称	助记符	指令代码位数	操作数		程序步
			S(·)	D(·)	
传送	MOV、MOV(P)	FNC12 16/32	K、H、KnX、KnY、KnM、KnS、T、C、D、V、Z	KnY、KnM、KnS、T、C、D、V、Z	MOV、MOVP——5 步 DMOV、DMOVP——9 步

2. MOV、MOVP 指令使用注意

1）MOV 指令的 32 位方式：DMOV ［S·］［D·］。

2）MOV 指令的脉冲方式：MOVP ［S·］［D·］。

3）指令执行完成后，若执行条件触点恢复断开，目标元件 D（·）中的数据保持，不会自动清零。

3. MOV、MOVP 指令使用示例

MOV、MOVP 指令使用示例如图 2-62 所示。

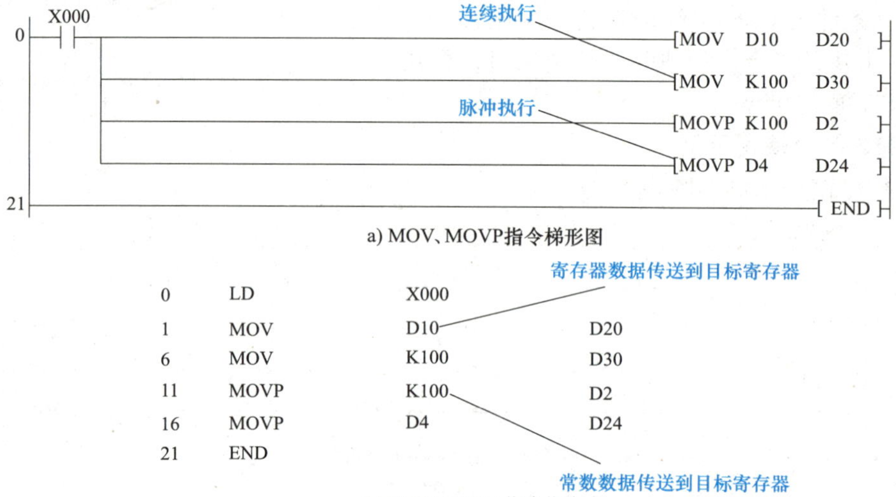

a) MOV、MOVP指令梯形图

b) MOV、MOVP指令指令表

图 2-62　MOV、MOVP 指令使用示例

【任务实施】

1. 清点器材

对照表 2-20，清点流水灯控制电路需要的设备、工具及材料

表 2-20　流水灯控制电路需要的设备、工具及材料（各组配备）

序号	名称	型号	数量	作用	检测
1	PLC 模块	FX2N-48MR	1 块	控制灯的运行	
2	按钮与指示灯模块	专配	1 个	提供 DC 24V 电源、操作按钮及指示灯	
3	双色警示灯组	LTA0205 双色	1 个	电源警示与运行指示	
4	安全插接线	专配	若干	电路连接	
5	端子接线排	专配	1 个	提供设备线路连接安全插孔	
6	扎带	ϕ120mm	若干	电路连接工艺	
7	斜口钳或者剪刀		1 把	剪扎带	
8	电源模块	专配	1 个	提供三相五线电源	
9	计算机	安装有编程软件	1 台	用于编写、下载程序等	
10	220V 电源连接线	专配	2 条	供按钮与指示灯模块和 PLC 模块用	

2. 硬件电路连接、检测与绑扎

（1）根据任务，分析作出输入/输出 I/O 分配表　如表 2-21 所示。

表 2-21　输入/输出 I/O 分配表

输入			输出		
输入元件	功能作用	输入继电器	输出元件	控制对象	输出继电器
SB5	启动按钮	X0	HL1	指示灯 1	Y0
SB6	停止按钮	X1	HL2	指示灯 2	Y1
			HL3	指示灯 3	Y2
			HL2	指示灯 4	Y3
			HL3	指示灯 5	Y4
			HL2	指示灯 6	Y5
			绿色警示灯	运行指示	Y6

（2）根据 PLC 外部接线图进行电路连接

1）完成 PLC 输入电路的连接，在按钮与指示灯模块上完成 SB5、SB6 与 PLC 的连接，请参照任务二。

2）完成 PLC 输出电路的连接，示意图如图 2-63 所示。按照给定电路和接线要求，在断开电源设备电源的情况下，分别进行按钮与指示灯模块指示灯、桌面上的警示灯与 PLC 连接。

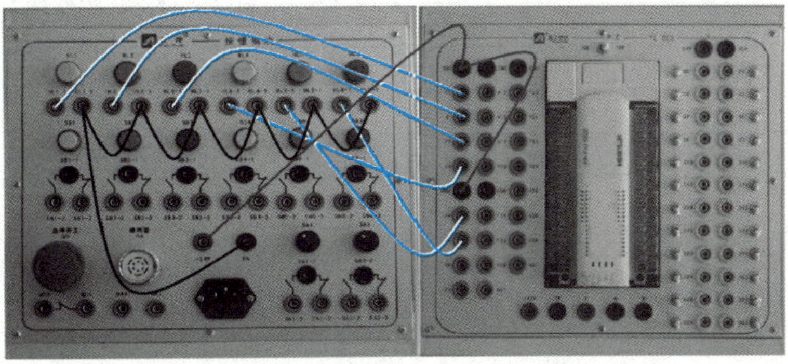

图 2-63　指示灯与 PLC 的连接示意图

（3）电路检测　用万用表认真检查输入、输出电路连接，避免出现短路等现象。请参照任务一。

（4）线路捆扎　当电路连接、检测后，对线路进行绑扎。请参照任务一。

3. 程序编写与下载

首先，分析并录入程序。流水灯控制系统的运行标志位设为 M0，系统运行后，绿色警示灯闪亮，说明绿色警示灯和系统运行标志位均为自锁控制，其控制梯形图及对应的指令表如图 2-64 所示。

利用特殊辅助继电器 M8013 产生周期为 1s 的时钟脉冲，设 D20 寄存器的初始值为 0，利用加法指令在时钟脉冲的作用下，每接收一次脉冲信号使 D20 寄存器自动加 1。利用比较指令，控制 HL1 ~ HL6 对应的标志位 M3、M6、M9、M12、M15、M18。其控制梯形图及对应的指令表如图 2-65 所示。

HL1 ~ HL6 对应的标志位 M3、M6、M9、M12、M15、M18 线圈得电时，其常开触点闭

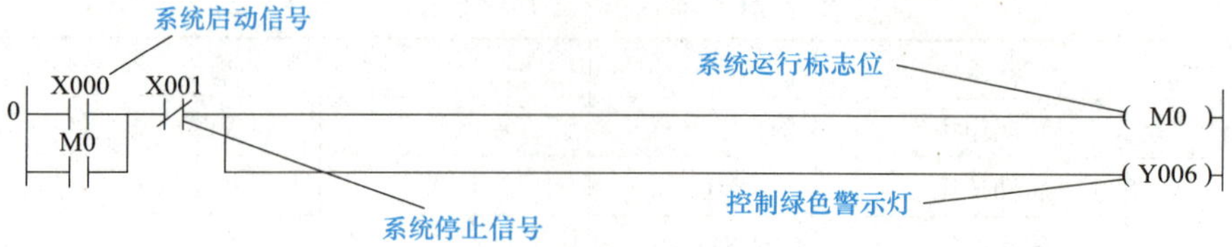

a) 运行标志位与绿色警示灯控制梯形图

0	LD	X000
1	OR	M0
2	ANI	X001
3	OUT	M0
4	OUT	Y006

b) 运行标志位与绿色警示灯控制指令表

图 2-64　运行标志位与绿色警示灯控制梯形图及对应的指令表

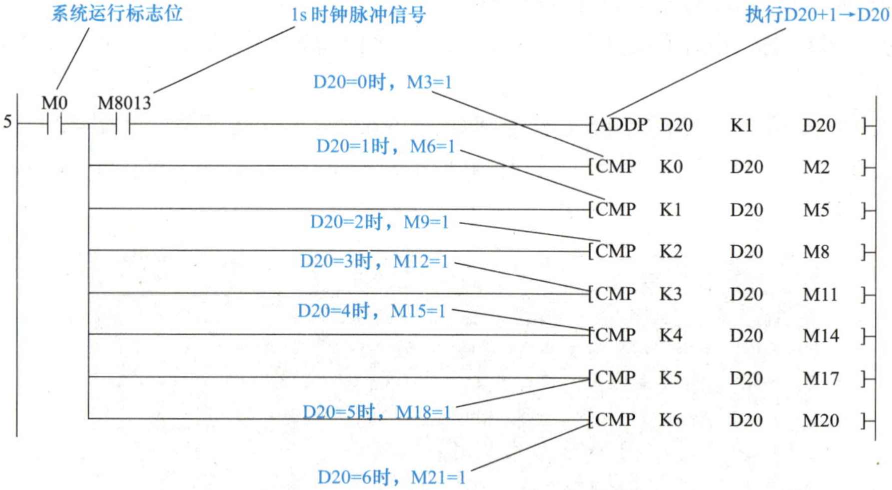

a) 指示灯对应的标志位控制梯形图

5	LD	M0		
6	MPS			
7	AND	M8013		
8	ADDP	D20	K1	D20
15	MPP			
16	CMP	K0	D20	M2
23	CMP	K1	D20	M5
30	CMP	K2	D20	M8
37	CMP	K3	D20	M11
44	CMP	K4	D20	M14
51	CMP	K5	D20	M17
58	CMP	K6	D20	M20

b) 指示灯对应的标志位控制指令表

图 2-65　指示灯对应的标志位控制梯形图及对应的指令表

合，对应 PLC 的 Y0 ~ Y5 线圈得电。当 D20 寄存器的当前值累加到 6 时，利用 SUBP 指令使 D20 寄存器清零，实现循环往复运行。其控制梯形图及对应的指令表如图 2-66 所示。

当按下停止按钮 SB6 或者起动按钮 SB5 时，使 D20 寄存器清零，使得每次启动流水灯控制系统后，总是从 HL1 开始运行流水灯系统。其控制梯形图及对应的指令表如图 2-67 所示。

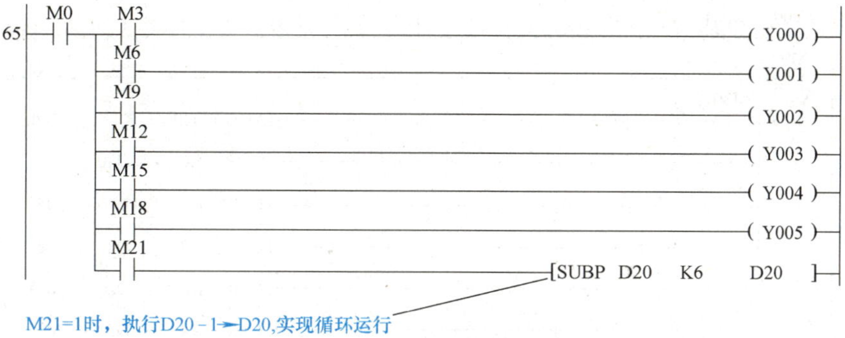

a) 指示灯输出及循环运行控制梯形图

65	LD	M0			
66	MPS				
67	AND	M3			M3=1时，Y0=1,HL1点亮
68	OUT	Y000			
69	MRD				
70	AND	M6			M6=1时，Y1=1,HL2点亮
71	OUT	Y001			
72	MRD				
73	AND	M9			M9=1时，Y2=1,HL3点亮
74	OUT	Y002			
75	MRD				
76	AND	M12			M12=1时，Y3=1,HL4点亮
77	OUT	Y003			
78	MRD				
79	AND	M15			M15=1时，Y4=1,HL5点亮
80	OUT	Y004			
81	MRD				
82	AND	M18			M18=1时，Y5=1,HL6点亮
83	OUT	Y005			
84	MPP				
85	AND	M21			
86	SUBP	D20	K6	D20	

b) 指示灯输出及循环运行控制梯形图

图 2-66　指示灯输出及循环运行控制梯形图

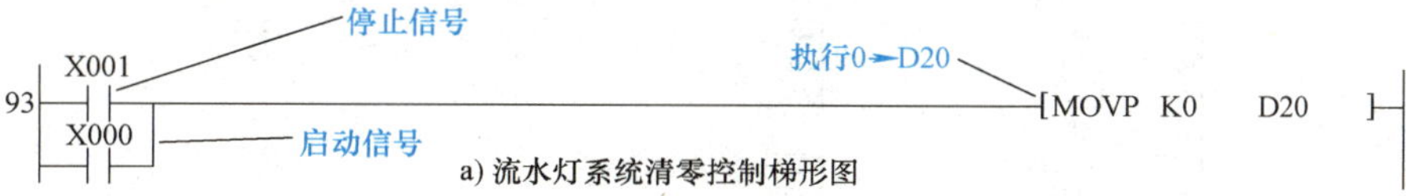

a) 流水灯系统清零控制梯形图

93	LD	X001	
94	OR	X000	
95	MOVP	K0	D20

b) 流水灯系统清零控制指令表

图 2-67　流水灯系统清零控制梯形图及对应的指令表

全部任务梯形图及对应的指令表如图 2-68 所示。

然后，对编写程序进行转换、修改并保存文件。

最后，完成 PLC 程序的写入。通过 RS—232 通信连接线，确保计算机串口与 PLC 已经

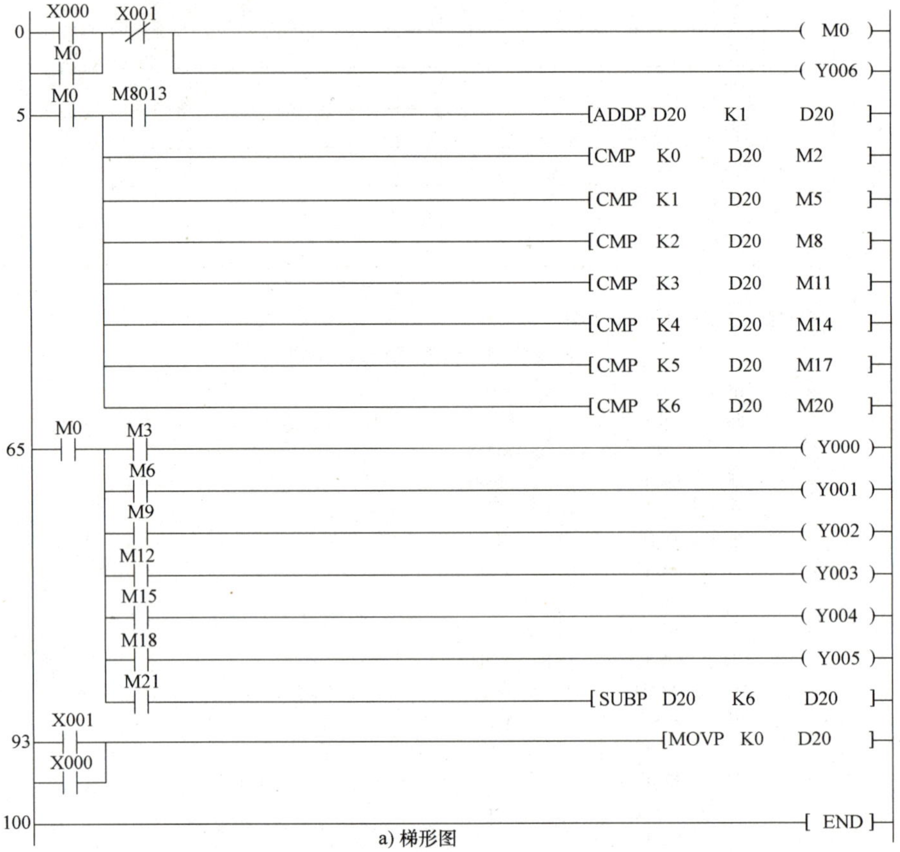

a) 梯形图

0	LD	X000		
1	OR	M0		
2	ANI	X001		
3	OUT	M0		
4	OUT	Y006		
5	LD	M0		
6	MPS			
7	AND	M8013		
8	ADDP	D20	K1	D20
15	MPP			
16	CMP	K0	D20	M2
23	CMP	K1	D20	M5
30	CMP	K2	D20	M8
37	CMP	K3	D20	M11
44	CMP	K4	D20	M14
51	CMP	K5	D20	M17
58	CMP	K6	D20	M20
65	LD	M0		
66	MPS			
67	AND	M3		
68	OUT	Y000		
69	MRD			
70	AND	M6		
71	OUT	Y001		
72	MRD			
73	AND	M9		
74	OUT	Y002		
75	MRD			
76	AND	M12		
77	OUT	Y003		
78	MRD			

b) 指令表

图 6-68　全部任务梯形图及对应的指令表

79	AND	M15		
80	OUT	Y004		
81	MRD			
82	AND	M18		
83	OUT	Y005		
84	MPP			
85	AND	M21		
86	SUBP	D20	K6	D20
93	LD	X001		
94	OR	X000		
95	MOVP	K0	D20	
100	END			

b) 指令表（续）

图 6-68　全部任务梯形图及对应的指令表（续）

正常连接，在 PLC 已经上电的情况下，单击“在线”菜单中的“PLC 写入”或者单击常用操作工具栏中的“PLC 写入”按钮，将编写好的程序正确写入 PLC 中。

4. 调试与运行

程序正确写入 PLC 后可运行，进入监控状态，进行调试，将调试情况记入表 2-22。

1）设备通电后，但没有启动流水灯时，观察红色警示灯是否闪亮，如果闪亮则进行下一步；若红色警示灯熄灭则检查接线是否正确。

2）按下启动按钮 SB5 后，观察绿色警示灯是否闪亮，如果闪亮则进行下一步调试；如果绿色警示灯熄灭则检查接线及控制程序是否正确。

3）按下启动按钮 SB5 后，观察流水灯是否按照要求运行，点亮顺序是否正确，每个灯的点亮时间是否正常，6 个指示灯是否实现循环闪亮。

4）按下停止按钮 SB6 后，观察流水灯是否熄灭，从监控状态中观察 D20 寄存器是否清零。

5）再次按下启动按钮 SB5 后，观察流水灯系统是否仍然能正常启动。

6）检查电气连接是否存在安全隐患，是否美观大方。

表 2-22　调试与运行记录

情况	状态	双色警示灯		HL1 ~ HL6 运行情况
		红灯	绿灯	
SB5 按钮	不按下			
	按下			
SB6 按钮	不按下			
	按下			

5. 实训场地现场清理

实训完后，将对所操作设备进行复位、还原。拆除安全插接线、整理工位、清点工具、清扫现场卫生，并填写设备使用登记表。

【评价与反思】

表 2-23　任务检测与分析

检测项目	评分标准	分值	学生自评	小组评分	教师评分
电路连接	正确进行电路连接、工艺合理	20			
程序编辑	能熟练输入编辑、修改梯形图程序	10			
上电指示	红色警示灯的闪亮、熄灭符合要求	5			
运行指示	绿色警示灯的闪亮、熄灭符合要求	5			

（续）

检测项目	评分标准	分值	学生自评	小组评分	教师评分
起动操作	起动后能运行	15			
循环运行	能实现循环运行	10			
停止操作	按下 SB6 能停止流水灯系统	10			
系统复位	寄存器可以复位，再次按下启动按钮后能够正常启动	10			
团队协作	小组协调、合作	5			
职业素养	工具使用与摆放、工位插接线拆取与整理、清洁等	10			
总分		100			

【问题探究】

1. 如果用按钮 SB3 作为流水灯控制电路的暂停按钮，用按钮 SB4 作为继续运行按钮，如何连接电路，程序应该如何编写？

2. 如果要实现流水灯循环运行 10 个周期后自动停止，同时也可以使用 SB6 停止按钮实现手动停止，程序应该如何编写？

【知识拓展】

一、MUL、MULP 乘法指令

1. 乘法指令的作用

乘法指令的功能是将指定的两个源软元件 S1（·）、S2（·）中的数，进行二进制有符号数乘法，然后将相乘的积送入指定的目标元件 D（·）中。乘法指令的使用要素如表 2-24 所示。

表 2-24　乘法指令的使用要素

指令名称	助记符	指令代码位数	操作数			程序步
			S1（·）	S2（·）	D（·）	
乘法	MUL、MUL(P)	FNC22 16/32	K、H、KnX、KnY、KnM、KnS、T、C、D、V、Z		KnY、KnM、KnS、T、C、D	MUL、MULP——7 步 DMUL、DMULP——13 步

2. MUL、MULP 指令使用注意

1）16 位乘法运算，两个源操作数均为 16 位，其乘积以 32 位的形式送到指定目标，低 16 位在指定目标元件，高 16 位在下一个元件，采用 MUL 指令。例如：当 D0 = 9，D2 = 8 时，（D5，D4） = 72，最高位为符号位。

2）32 位乘法运算，两个源操作数均为 32 位，其乘积以 64 位的形式送到指定目标，采用 DMUL 指令。例如，当（D1，D0）= 238，（D3，D2）= 189 时，（D7，D6，D5，D4）= 44982，最高位为符号位。

3）MULP 为 16 位乘法指令的脉冲执行方式，DMULP 为 32 位乘法指令的脉冲执行方式，在执行条件满足时，只执行一次。

4）MUL 和 DMUL 分别为 16 位乘法指令和 32 位乘法指令的连续执行方式，在执行条件满足时，每一个扫描周期都要执行一次。

3. MUL、MULP 指令使用示例

MUL、MULP 指令使用示例如图 2-69 所示。

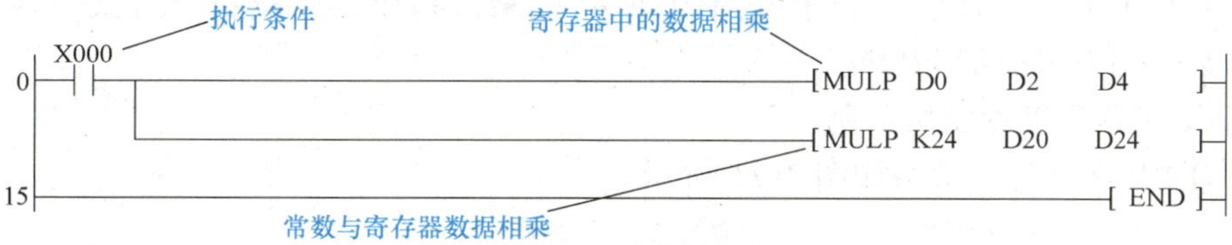

a) MUL、MULP指令梯形图

0	LD	X000		
1	MULP	D0	D2	D4
8	MULP	K24	D20	D24
15	END			

b) MUL、MULP指令指令表

图 2-69　MUL、MULP 指令使用示例

二、DIV、DIVP 除法指令

1. 除法指令的作用

除法指令的功能是将指定的两个源软元件 S1（·）、S2（·）中的数，进行二进制有符号数除法，商和余数放到以［D］为首地址的目标软组件中。除法指令使用要素如表 2-25 所示。

表 2-25　除法指令的使用要素

指令名称	助记符	指令代码位数	操作数			程序步
			S1(·)	S2(·)	D(·)	
除法	DIV、DIV(P)	FNC23 (16/32)	K、H、KnX、KnY、KnM、KnS、T、C、D、V、Z		KnY、KnM、KnS、T、C、D	DIV、DIVP——7 步 DDIV、DDIVP——13 步

2. DIV、DIVP 指令使用注意

1）16 位除法运算，两个源操作数均为 16 位，其商和余数也是 16 位，商送到［D］指定的目标元件，余数送到［D］的下一个元件，采用 DIV 指令。例如：当［D0］=19，［D2］=3 时，［D4］=6，［D5］=1。

2）32 位除法运算，两个源操作数均为 32 位，其商和余数也是 32 位数据，采用 DDIV 指令。32 位除法运算举例如图 2-70 所示。

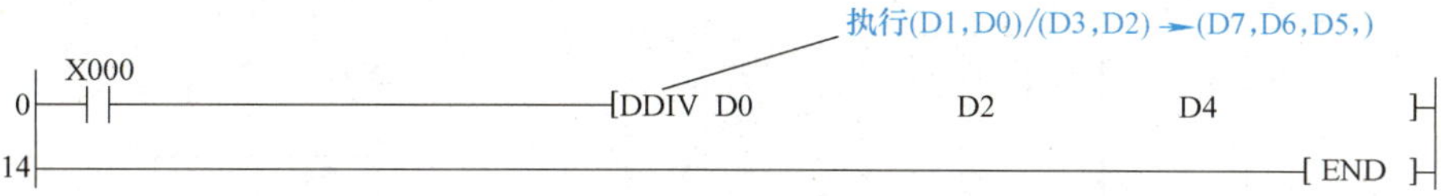

图 2-70　32 位除法运算举例

运算结果：商在［D5、D4］中，余数在［D7、D6］中。

例如，当（D1，D0）=1880，（D3，D2）=11 时，（D5，D4）=170，（D7，D6）=10。

商和余数的最高位是符号位。被除数或余数中有一个为负数时，商为负数。被除数为负数时，余数为负数。

3）DIVP 为 16 位除法指令的脉冲执行方式，DDIVP 为 32 位除法指令的脉冲执行方式，在执行条件满足时，只执行一次。

4）DIV 和 DDIV 分别为 16 位乘法指令和 32 位乘法指令的连续执行方式，在执行条件满足时，每一个扫描周期都要执行一次。

3. DIV、DIVP 指令使用示例

DIV、DIVP 指令使用示例如图 2-71 所示。

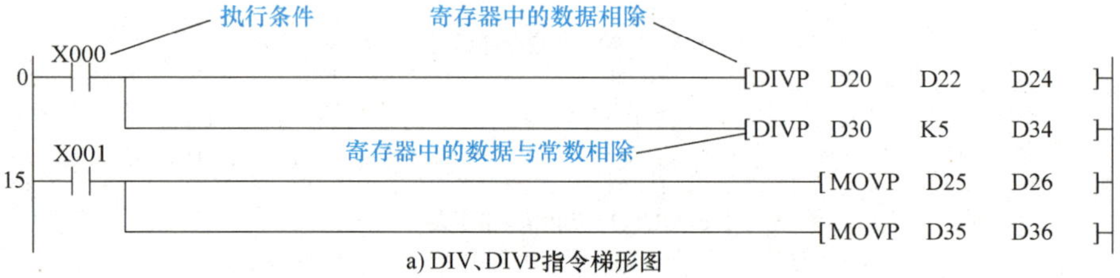

a) DIV、DIVP指令梯形图

0	LD	X000		
1	DIVP	D20	D22	D24
8	DIVP	D30	K5	D34
15	LD	X001		
16	MOVP	D25	D26	
21	MOVP	D35	D36	

b) DIV、DIVP指令指令表

图 2-71　DIV、DIVP 指令使用示例

任务五　彩灯控制电路连接与编程

【任务描述】

请根据图 2-72 所示的 PLC 外部接线电路进行操作：

1. 在 YL-235A 设备对应模块上选择电路需要的电器，并按照工艺要求，进行彩灯控制电路连接。

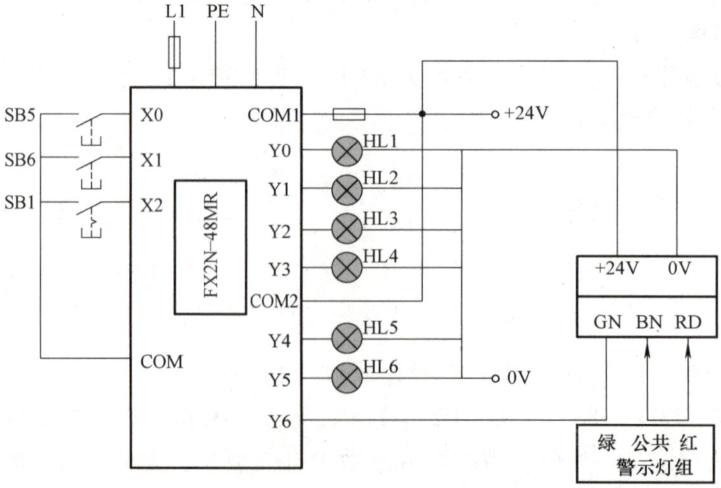

图 2-72　彩灯控制电路

2. 按照下面的要求，编写 PLC 控制程序：

1）接通电源，如果电源正常供电，工作台上双色警示灯中红灯闪亮，断开电源后红灯熄灭。

2）按下起动按钮 SB5，彩灯控制系统起动运行，同时双色警示灯中的绿灯闪亮。按下停止按钮 SB6，彩灯控制电路停止运行，同时双色警示灯中的绿灯熄灭。

3）按下暂停按钮 SB1，彩灯系统暂停，6 个指示灯保持按下暂停按钮之前的状态，暂停按钮 SB1 复位后，6 个指示灯从暂停之前的状态继续开始运行。

4）彩灯控制电路起动以后，6 个指示灯按照 HL1→HL2→HL3→HL4→HL5→HL6 的顺序依次自动全亮，即 1s 时 HL1 亮，2s 时 HL2 亮，3s 时 HL3 亮……，6s 时 HL6 亮，6 个指示灯全亮后再按照 HL6→HL5→HL4→HL3→HL2→HL1 的顺序依次自动全部熄灭，每个灯熄灭的时间间隔为 1s。按照此规律循环往复运行。

5）起动按钮 SB5 兼做运行中复位按钮，运行过程中，当按下 SB5 按钮时，彩灯控制电路重新从 HL1 开始运行。

6）任意时刻按下停止按钮 SB6，6 个指示灯均熄灭，系统恢复初始状态。

【任务目标】

1. 知道 PLC 控制系统电路连接的工艺要求，会根据电路图，按工艺要求连接 PLC 系统的电路。

2. 理解 MOV、MOVP 指令，知道其使用场合；理解梯形图编程方法，会应用梯形图编程方法编写控制程序。

3. 理解 INC、INCP、DEC、DECP、CMP 等指令，能进行简单的应用。

4. 知道指令表编程方法，了解指令表程序与梯形图程序的转换方法。

【知识点解析】

知识 1INC、INCP 加 1 指令

1. 加 1 指令的作用

加 1 指令的功能是将指定的目标元件 D（·）中的二进制数自动加 1，并将结果存放在原目标元件 D（·）中。加 1 指令的使用要素如表 2-26 所示。

表 2-26 加 1 指令的使用要素

指令名称	助记符	指令代码位数	操作数 D(·)	程序步
加 1	INC、INC(P)	FNC 24 (16/32)	KnY、KnM、KnS T、C、D、V、Z	INC、INCP——3 步 DINC、DINCP——5 步

2. INC、INCP 指令使用注意

1）INC 为 16 位连续执行指令，INCP 为 16 位脉冲执行指令。

2）DINC 为 32 位连续执行指令，DINCP 为 32 位脉冲执行指令。

3）若为脉冲执行方式，则当执行条件满足时，执行一次加 1 运算；若用连续指令时，每个扫描周期加 1。在应用中一般用脉冲执行方式。

4）INC 指令最常用于循环次数、变址操作等情况中。

3. INC、INCP 指令使用示例

INC、INCP 指令使用示例如图 2-73 所示。

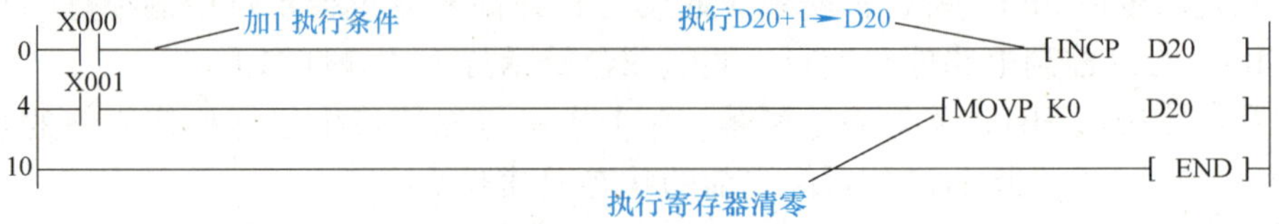

a) INC、INCP指令梯形图

0	LD	X000	
1	INCP	D20	
4	LD	X001	
5	MOVP	K0	D20
10	END		

b) INC、INCP指令指令表

图 2-73　INC、INCP 指令使用示例

将图 2-72 中的程序下载到 PLC 中以后，进入监控状态，寄存器 D20 的初始值为 0，当 X000 常开触点闭合时，执行结果如图 2-74 所示。

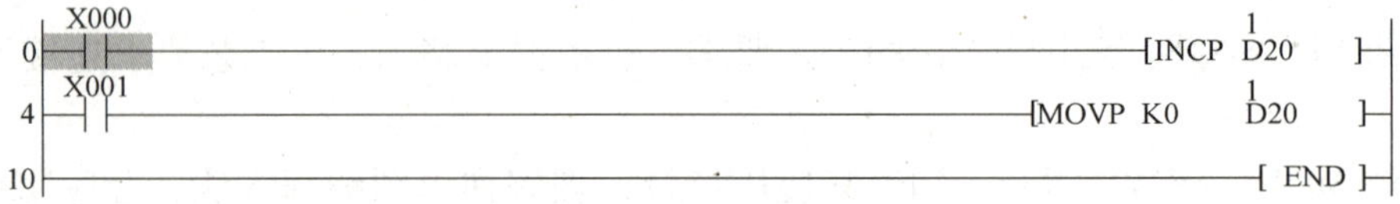

图 2-74　控制程序运行效果监控 1

当 X000 常开触点断开后再次闭合时，执行结果如图 2-75 所示。

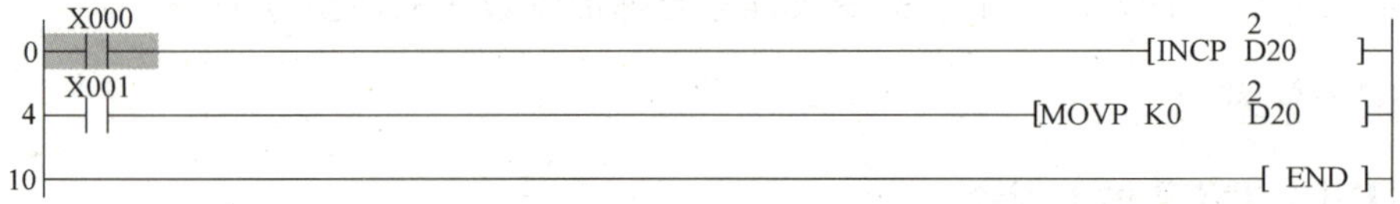

图 2-75　控制程序运行效果监控 2

当 X000 常开触点断开后，寄存器数据保持，不清零，如图 2-76 所示。

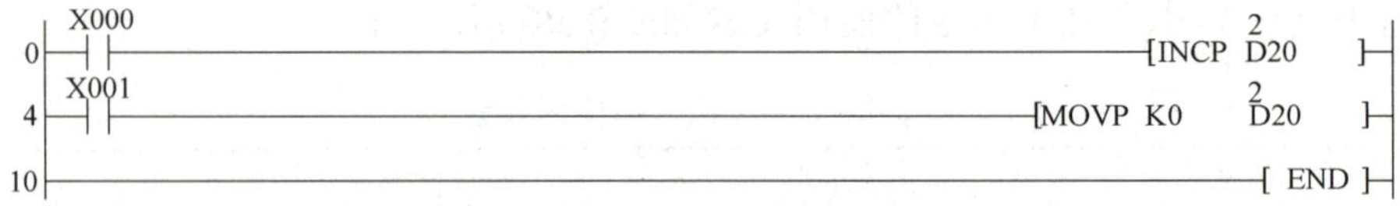

图 2-76　执行条件断开后寄存器数据保持

可以通过 MOVP 传送指令使寄存器清零，当 X001 常开触点闭合时，将数据 K0 传送到寄存器 D20 中，使得 D20 清零，如图 2-77 所示。

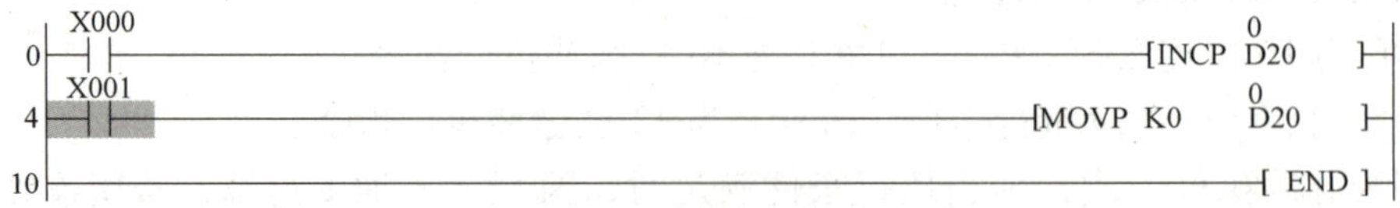

图 2-77　利用传送指令复位清零

知识 2DEC、DECP 减 1 指令

1. 减 1 指令的作用

减 1 指令的功能是将指定的目标元件 D（·）中的二进制数自动减 1，并将结果存放在原目标元件 D（·）中。减 1 指令的使用要素如表 2-27 所示。

表 2-27　减 1 指令的使用要素

指令名称	助记符	指令代码位数	操作数 D(·)	程序步
减 1	DEC、DEC(P)	FNC 25 16/32	KnY、KnM、KnS T、C、D、V、Z	DEC、DECP——3 步 DDEC、DDECP——5 步

2. DEC、DECP 指令使用注意

有关 DEC、DECP 指令使用注意同 INC 指令，此处不再做详细说明。

3. DEC、DECP 指令使用示例

DEC、DECP 指令使用示例如图 2-78 所示。

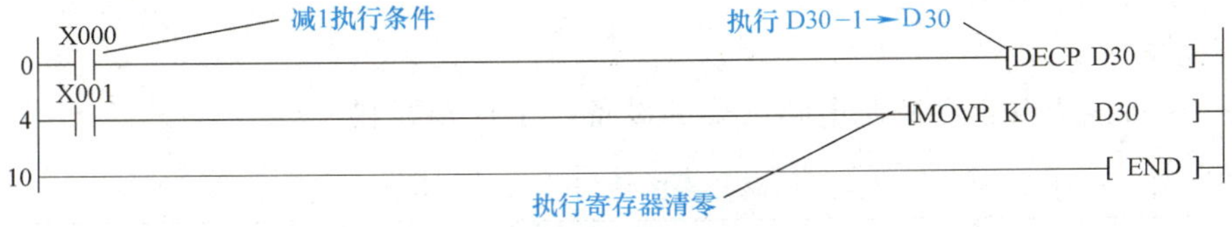

a) DEC、DECP指令梯形图

```
0     LD      X000
1     DECP    D30
4     LD      X001
5     MOVP    K0      D30
10    END
```

b) DEC、DECP指令指令表

图 2-78　DEC、DECP 指令使用示例

将图 2-78 中的程序下载到 PLC 中以后，进入监控状态，通过“FXGP_WIN-C”软件菜单栏上的“监控/测试”→“改变当前值”，向寄存器 D30 中写入数据 K100，如图 2-79 所示。

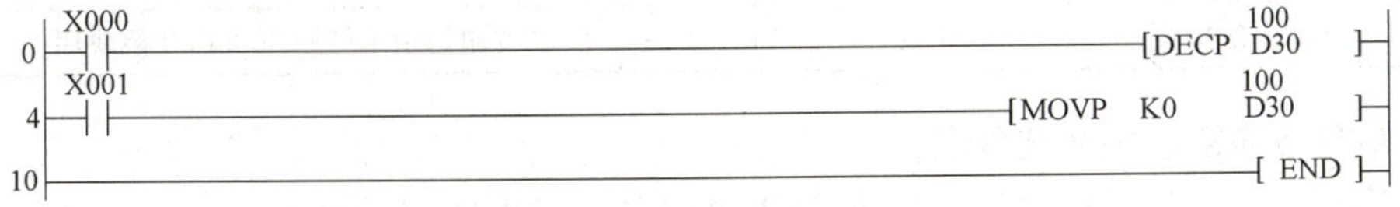

图 2-79　向寄存器写入数据

当 X000 常开触点闭合时，运行效果如图 2-80 所示。

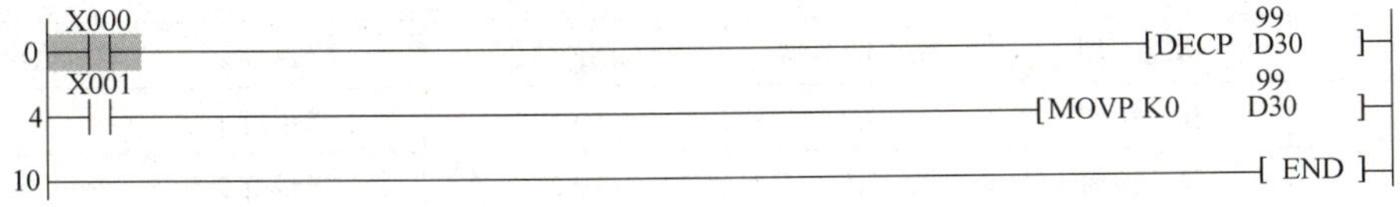

图 2-80　控制程序运行效果监控

当 X000 常开触点再次断开时，目标寄存器 D30 中的数据不清零，如图 2-81 所示。

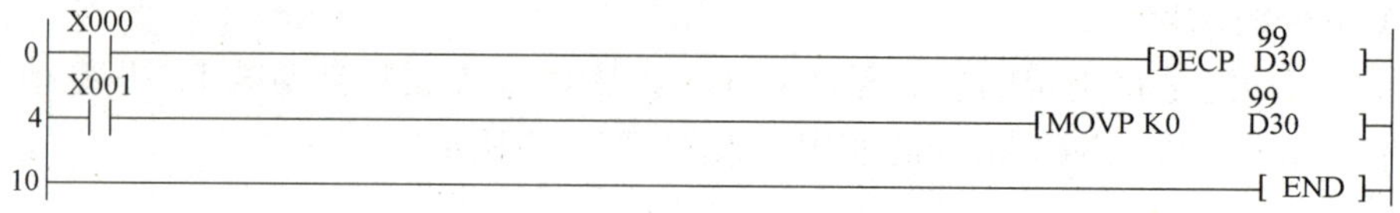

图 2-81　执行条件断开后寄存器数据保持

可以通过 MOVP 传送指令使寄存器清零，当 X001 常开触点闭合时，将数据 K0 传送到寄存器 D30 中，使得 D30 清零，如图 2-82 所示。

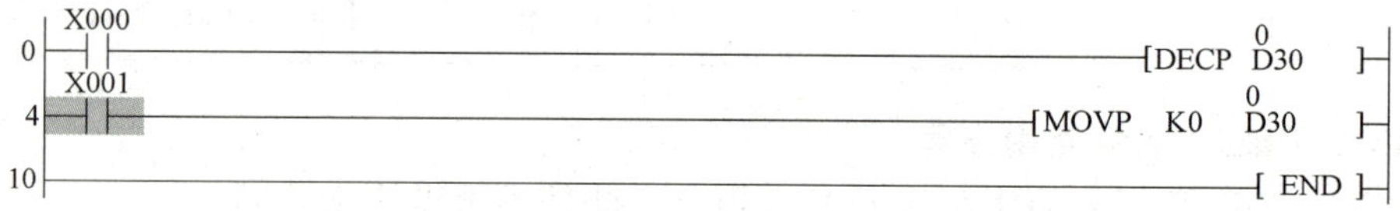

图 2-82　利用传送指令复位清零

【任务实施】

1. 清点器材

对照表 2-28，清点彩灯控制电路需要的设备、工具及材料

表 2-28　彩灯控制电路需要的设备、工具及材料（各组配备）

序号	名　称	型号	数量	作　　用	检测
1	PLC 模块	FX2N-48MR	1 块	控制灯的运行	
2	按钮与指示灯模块	专配	1 个	提供 DC 24V 电源、操作按钮及指示灯	
3	双色警示灯组	LTA0205 双色	1 个	电源警示与运行指示	
4	安全插接线	专配	若干	电路连接	
5	端子接线排	专配	1 个	提供设备线路连接安全插孔	
6	扎带	ϕ120mm	若干	电路连接工艺	
7	斜口钳或剪刀		1 把	剪扎带	
8	电源模块	专配	1 个	提供三相五线电源	
9	计算机	安装有编程软件	1 台	用于编写、下载程序等	
10	220V 电源接线	专配	2 条	供按钮与指示灯模块和 PLC 模块用	

2. 硬件电路连接、检测与绑扎

（1）根据任务，分析作出输入输出 I/O 分配表　如表 2-29 所示。

表 2-29　I/O 分配表

输入			输出		
输入元件	功能作用	输入继电器	输出元件	控制对象	输出继电器
SB5	起动按钮	X0	HL1	指示灯 1	Y0
SB6	停止按钮	X1	HL2	指示灯 2	Y1
SB1	暂停按钮	X2	HL4	指示灯 3	Y2

（续）

输入			输出		
输入元件	功能作用	输入继电器	输出元件	控制对象	输出继电器
			HL4	指示灯 4	Y3
			HL5	指示灯 5	Y4
			HL6	指示灯 6	Y5
			绿色警示灯	运行指示	Y6

（2）根据 PLC 外部接线图进行电路连接

1）完成 PLC 输入电路的连接，请参照任务二。

2）完成 PLC 输出电路的连接，按照给定电路和接线要求，在断开电源设备电源的情况下，分别进行按钮与指示灯模块指示灯、桌面上的警示灯与 PLC 连接。最后，实现绿色警示灯与 PLC 输出端的连接，此时整个电路连接完成，请参照任务二。

（3）电路检测　用万用表分别进行通电前、后检查，确保电路连接正确。请参照任务一。

（4）线路捆扎　当电路连接、检测后，对线路进行绑扎。请参照任务一。

3. 程序编写与下载

首先，分析并录入程序。彩灯控制系统的运行标志位设为 M0，系统运行后，绿色警示灯闪亮，说明绿色警示灯和系统运行标志位均为自锁控制，其控制梯形图及对应的指令表如图 2-64 所示。

按下停止按钮时，除了使运行标志位 M0 复位，还需要使 6 个彩灯标志位均复位，这样才可以使得按下停止按钮时 6 个彩灯均熄灭，可以利用 MOVP 传送指令编程实现。在彩灯系统运行过程中再次按下起动按钮 SB5 时，彩灯系统复位，重新从 HL1 开始运行，说明任意时刻按下 SB5 按钮，可以使得寄存器复位，可以利用 MOVP 传送指令编程实现，其控制梯形图及对应的指令表如图 2-83 所示

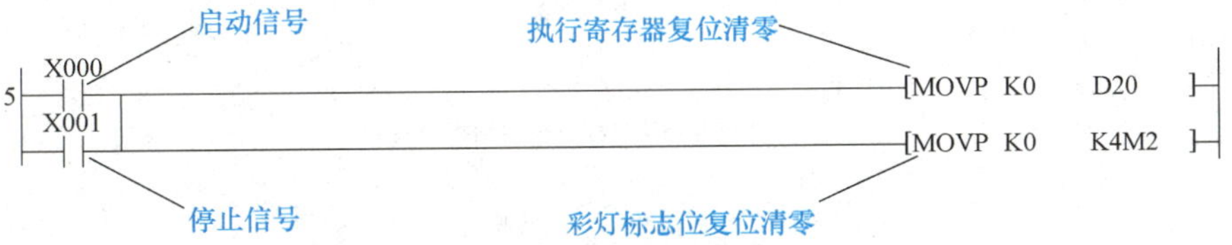

a) 停止复位及运行中复位控制梯形图

5	LD	X000	
6	OR	X001	
7	MOVP	K0	D20
12	MOVP	K0	K4M2

辅助继电器 M2～M17

b) 停止复位及运行中复位控制指令表

图 2-83　停止复位及运行中复位控制梯形图及对应的指令表

利用特殊辅助继电器 M8013 产生周期为 1s 的时钟脉冲，设 D20 寄存器的初始值为 0，利用加 1 指令在时钟脉冲的作用下，每接收一次脉冲信号使 D20 寄存器自动加 1；当 D20 = 7 时，断开加 1 指令，接通减 1 指令，每接收一次脉冲信号使 D20 寄存器自动减 1；当D20 = －1

时，再接通加 1 指令，按此规律循环。利用比较指令，使 6 个指示灯标志位输出。其控制梯形图及对应的指令表如图 2-84 所示。

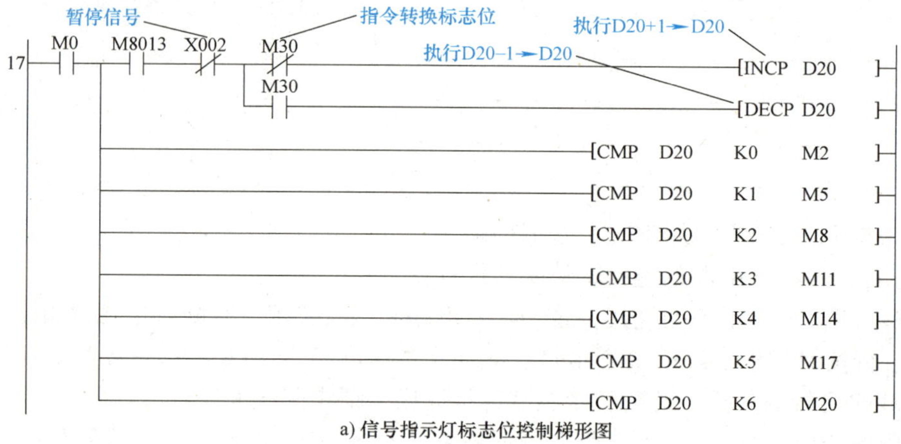

a) 信号指示灯标志位控制梯形图

17	LD	M0			
18	MPS				
19	AND	M8013			
20	ANI	X002			
21	MPS				
22	ANI	M30			
23	INCP	D20			
26	MPP				
27	AND	M30			
28	DECP	D20			
31	MPP				
32	CMP	D20	K0	M2	D20>0时，M2=1
39	CMP	D20	K1	M5	D20>1时，M5=1
46	CMP	D20	K2	M8	D20>2时，M8=1
53	CMP	D20	K3	M11	D20>3时，M11=1
60	CMP	D20	K4	M14	D20>4时，M14=1
67	CMP	D20	K5	M17	D20>5时，M17=1
74	CMP	D20	K6	M20	

b) 信号指示灯标志位控制指令表

图 2-84 信号指示灯标志位控制梯形图及对应的指令表

指示灯 HL1 ~ HL6 对应的标志位 M2、M5、M8、M11、M14、M17 线圈得电时，其常开触点闭合，对应 PLC 的 Y0 ~ Y5 线圈得电，其控制梯形图及对应的指令表如图 2-85 所示。

全部任务梯形图及对应的指令表如图 2-86 所示。

程序编制完成，对编写程序进行转换、修改并保存文件。

最后，完成 PLC 程序的写入。通过 RS—232 通信连接线，确保计算机串口与 PLC 已经正常连接。在 PLC 已经上电的情况下，单击“在线”菜单中的“PLC 写入”或者单击常用操作工具栏中的“PLC 写入”按钮，将编写好的程序正确写入 PLC 中。

4. 调试与运行

程序正确写入 PLC 后可进入监控状态，进行调试。将调试结果填入表 2-30。

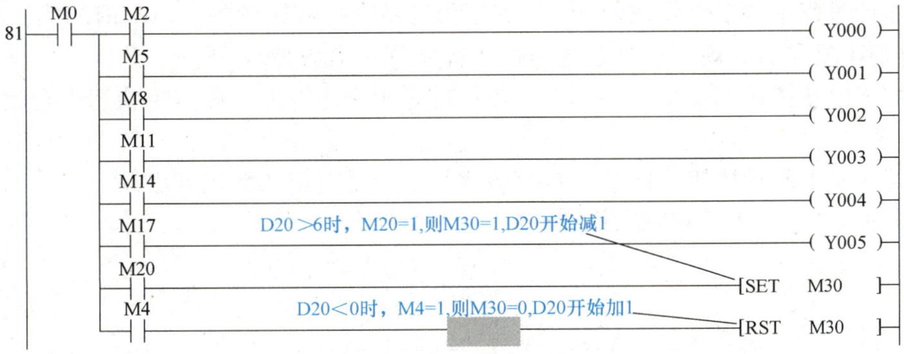

a) 指示灯输出及循环运行控制梯形图

	81	LD	M0
	82	MPS	
	83	AND	M2
	84	OUT	Y000
	85	MRD	
	86	AND	M5
	87	OUT	Y001
	88	MRD	
	89	AND	M8
	90	OUT	Y002
	91	MRD	
	92	AND	M11
	93	OUT	Y003
	94	MRD	
	95	AND	M14
	96	OUT	Y004
	97	MRD	
	98	AND	M17
	99	OUT	Y005
置位，使M30=1	100	MRD	
	101	AND	M20
	102	SET	M30
	103	MPP	
复位，使M30=0	104	AND	M4
	105	RST	M30

b) 指示灯输出及循环运行控制指令表

图 2-85 指示灯输出及循环运行控制梯形图及对应的指令表

1）设备通电后，但没有启动程序时，观察红色警示灯是否闪亮，如果闪亮则进行下一步，若红色警示灯熄灭则检查接线是否正确。

2）按下起动按钮 SB5 后，观察绿色警示灯是否闪亮，如果闪亮则进行下一步，若绿色警示灯熄灭则检查接线及控制程序是否正确。

3）按下起动按钮 SB5 后，观察彩灯是否按照要求运行，点亮顺序是否正确，每个灯的点亮时间是否正常，6 个指示灯是否实现依次全亮，依次全灭并循环运行。

4）运行过程中再次按下 SB5 起动按钮，观察彩灯系统是否复位并从 HL1 重新开始点亮。

5）运行过程中按下暂停按钮 SB1，观察彩灯系统是否保持按下 SB1 前的状态不再变化，暂停按钮 SB1 复位后，观察彩灯系统是否从暂停前的状态继续运行。

6）按下停止按钮 SB6 后，观察 6 个彩灯灯是否全部熄灭，从监控状态中观察 D20 寄存器是否清零。

7）再次按下起动按钮 SB5 后，观察流水灯系统是否仍然能正常启动。

8）检查电气连接是否存在安全隐患，是否美观大方。

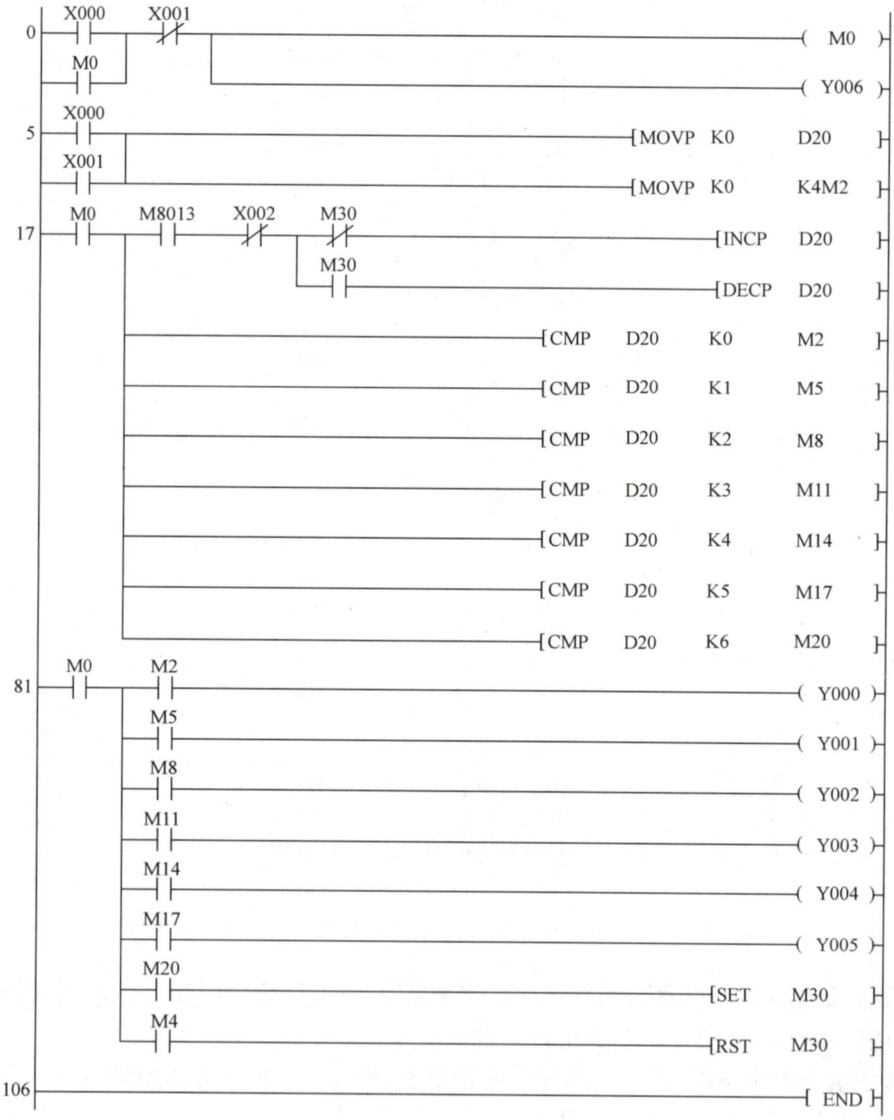

a) 任务梯形图

图 2-86　全部任务的梯形图及对应的指令表

```
0    LD    X000
1    OR    M0
2    ANI   X001
3    OUT   M0
4    OUT   Y006
5    LD    X000
6    OR    X001
7    MOVP  K0    D20
12   MOVP  K0    K4M2
17   LD    M0
18   MPS
19   AND   M8013
20   ANI   X002
21   MPS
22   ANI   M30
23   INCP  D20
26   MPP
27   AND   M30
28   DECP  D20
31   MPP
32   CMP   D20   K0    M2
39   CMP   D20   K1    M5
46   CMP   D20   K2    M8
53   CMP   D20   K3    M11
60   CMP   D20   K4    M14
67   CMP   D20   K5    M17
74   CMP   D20   K6    M20
81   LD    M0
82   MPS
83   AND   M2
84   OUT   Y000
85   MRD
86   AND   M5
87   OUT   Y001
88   MRD
89   AND   M8
90   OUT   Y002
91   MRD
92   AND   M11
93   OUT   Y003
94   MRD
95   AND   M14
96   OUT   Y004
97   MRD
98   AND   M17
99   OUT   Y005
100  MRD
101  AND   M20
102  SET   M30
103  MPP
104  AND   M4
105  RST   M30
106  END
```

b) 指令表

图 2-86 全部任务的梯形图及对应的指令表（续）

表 2-30 调试与运行记录

情况	状态	双色警示灯组		HL1、HL2、HL3……HL6 运行情况
		红灯	绿灯	
SB5 按钮	不按下			
	按下			
SB6 按钮	不按下			
	按下			
SB1 开关	按下			
	复位			

5. 实训场地现场清理

实训完后，将对所操作设备进行复位、还原，拆除安全插接线、整理工位、清点工具、清扫现场卫生，并填写设备使用登记表。

【评价与反思】

表 2-31　任务检测与分析

检测项目	评分标准	分值	学生自评	小组评分	教师评分
电路连接	正确进行电路连接、工艺合理	20			
程序编辑	能熟练输入编辑、修改梯形图程序	10			
上电指示	红色警示灯的闪亮、熄灭符合要求	5			
运行指示	绿色警示灯的闪亮、熄灭符合要求	5			
起动操作	起动后能运行	10			
运行复位	运行过程中再次按下 SB 5，能使彩灯系统复位，从 HL1 重新开始运行	5			
循环运行	能实现循环运行	10			
停止操作	按下 SB6 能停止彩灯系统	10			
系统复位	寄存器可以复位，停止后再次按下启动按钮后能够正常启动	10			
团队协作	小组协调、合作	5			
职业素养	工具使用与摆放、工位插接线拆取与整理、清洁等	10			
总分		100			

【问题探究】

1. 该彩灯控制系统灯与灯亮灭间隔为 1s，若调整彩灯亮灭间隔为 1min，或者 100ms 该如何编程实现？

2. 如何将任务四中的流水灯控制效果与任务五中的彩灯控制效果结合起来？即按下起动按钮 SB5 后，先进行流水灯，流水灯运行一个周期后紧接着开始运行彩灯效果，彩灯效果运行一个周期后再开始运行流水灯效果，以此规律循环运行。SB6 为停止按钮，SB1 为暂停按钮。试编制相应程序。

【知识拓展】

一、ZCP 与 ZCPP 区间比较指令

1. 区间比较指令的作用

区间比较指令将某个指定的源数据［S·］与一个区间的数据进行代数比较，［S1·］和［S2·］分别为区间的下限和上限，比较结果送到目标操作数［D·］中，［D·］由 3 个连续的标志位软元件组成。区间比较指令的使用要素如表 2-32 所示。

表 2-32 区间比较指令的使用要素

指令名称	助记符	指令代码位数	操作数		程序步
			S1(·)、S2(·)、S(·)	D(·)	
区间比较	ZCP ZCP(P)	FNC11 16/32	K、H、KnX、KnY、KnM、KnS、T、C、D、V、Z	Y、M、S	ZCP、ZCPP——9 步 DZCP、DZCPP——17 步

区间比较指令的基本格式如图 2-87 所示。

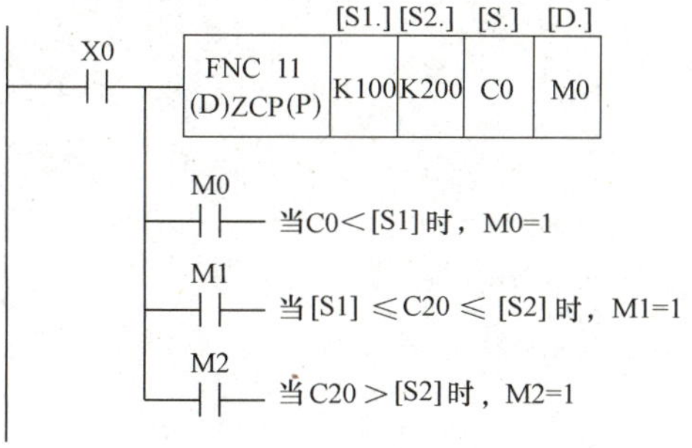

图 2-87 区间比较指令的基本格式

2. ZCP、ZCPP 乘法指令使用注意

1）源［S1·］的内容比源［S2·］的内容要小，如果［S1·］比［S2·］大，则［S2·］被看作与［S1·］一样大。

2）ZCP 指令的 32 位方式：(D) ZCP［S1·］［S2·］［S3·］［D·］。

3）ZCP 指令的脉冲方式：(D) ZCP (P)［S1·］［S2·］［S3·］［D·］。

有关 ZCP 指令操作数等注意事项同 CMP 指令。

3. ZCP 指令使用示例

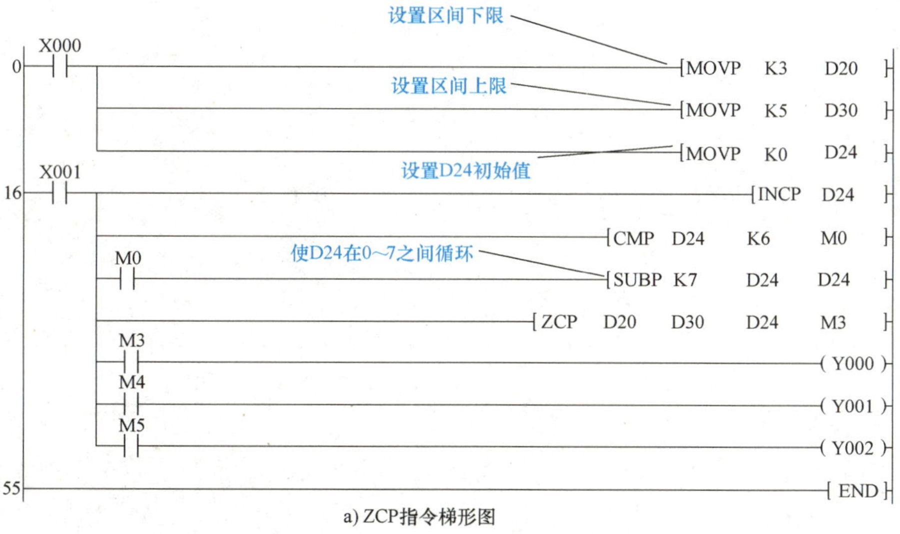

图 2-88 ZCP 指令使用示例

0	LD	X000			
1	MOVP	K3	D20		
6	MOVP	K5	D30		
11	MOVP	K0	D24		
16	LD	X001			
17	INCP	D24			
20	CMP	D24	K6	M0	
27	MPS				
28	AND	M0			
29	SUBP	K7	D24	D24	
36	MPP				
37	ZCP	D20	D30	D24	M3
46	MPS				
47	AND	M3			
48	OUT	Y000			
49	MRD				
50	AND	M4			
51	OUT	Y001			
52	MPP				
53	AND	M5			
54	OUT	Y002			
55	END				

b) ZCP指令指令表

图 2-88　ZCP 指令使用示例（续）

项目三

送料机构电路连接、检测与编程

项目描述

PLC 中的定时器（T）编程元件的功能相当于继电控制系统中的时间继电器，可以用来按时间原则控制电动机的起动、停止或其他生产电气设备的工作。计数器的基本功能就是统计数量，在实际应用中计数器常用来统计产量、控制加工工序、配料、产品包装等。因此，定时器和计数器是 PLC 控制系统中不可或缺的组成部分。

本项目以定时器和计数器的类型、编程格式，其他相关的脉冲输出指令 PLS/PLF、置位指令 SET、复位指令 RST 及区间复位指令 ZRST 等相关知识为主要学习内容，讲解 PLC 编程指令的使用，并依托 YL—235A 光机电一体化实训装置的送料机构部分，进行 PLC 控制电路连接、编程与调试实训，完成相关的知识与技能的学习。

任务一　送料机构电路的连接与编程

【任务描述】

请根据图 3-1 所示的 PLC 外部接线电路进行操作：

1. 在 YL—235A 送料机构、按钮与指示灯模块、三菱 FX2N-48MR PLC 模块上选择电路需要的电器，并按照工艺要求进行送料装置控制电路的连接。

2. 按照下面的任务要求，编写 PLC 控制程序，并在 YL—235A 实训装置上进行实验调试，实现任务要求的功能。

任务要求：按下起动按钮 SB5 后，若物料盘上的出口传感器检测有物料，则送

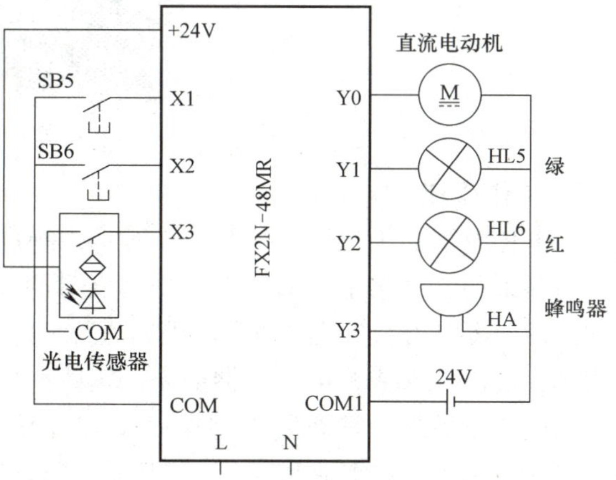

图 3-1　送料机构电路的连接

料电动机不起动，同时，红色警示灯 HL6 长亮。若物料盘上的出口传感器检测无物料，则送料电动机转动，驱动物料转盘旋转送料，同时，红色警示灯 HL6 不亮、绿色运行指示灯 HL5 长亮，当出料口传感器检测到物料后停止送料，绿色运行指示灯 HL5 灭、红色警示灯 HL6 长亮。如果送料电动机运行 20s 后，出料口传感器仍没检测到有物料输送到位，则说明送料机构已经无物料或故障，这时要电动机停止运行并报警，报警要求为红色警示灯 HL6 按亮一秒熄灭一秒的规律闪烁指示，同时，报警器（蜂鸣器）报警，直到按下复位按钮 SB6 才停止报警。在故障排除后，按下起动按钮 SB5 重新开始工作。

【任务目标】

1. 知道 YL—235 光机电一体化实训装置送料机构的组成、结构，知道实现送料机构控制线路连接所需要的电器，会识读电路图并按工艺要求连接 PLC 系统的电路。

2. 理解定时器的类型、指令的格式，理解 PLC 中定时器的基本使用方法；会分析任务、编写延时接通、延时断开应用程序，调试定时器应用程序。

3. 知道梯形图程序、指令表、时序图之间的对应关系。会分析 PLC 梯形图程序和根据时序图编写梯形图程序并调试。

【知识点解析】

知识 1　认识光电传感器

1. 外形

出料口光电传感器的外形如图 3-2 所示。

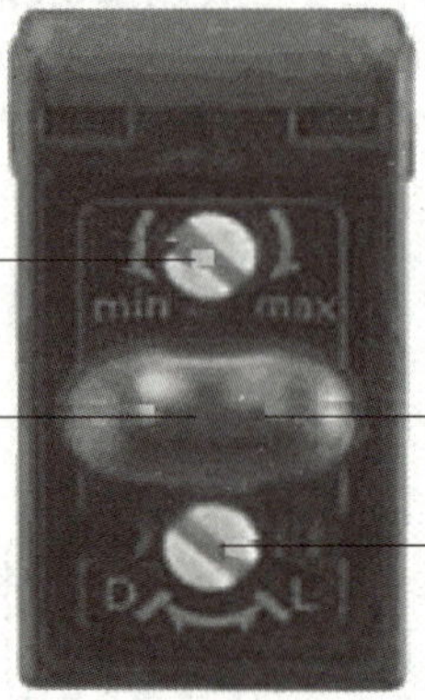

图 3-2　出料口光电传感器

2. 工作原理

光电传感器的工作原理如图 3-3 所示，漫反射式光电传感器是利用光照射到被测物体上后反射回来的光线来工作的，由于物体反射的光线为漫射光，故称为漫反射式光电传感器。它的光发射器与光接收器处于同一侧位置，且为一体化结构。在工作时，光发射器始终发射检测光，若漫反射式光电传感器前方一定距离内没有物体，则没有光被反射到接收器，漫反射式光电传感器处于常态而不动作；反之若漫反射式光电传感器的前方一定距离内出现物体，只要反射回来的光强度足够，则接收器接收到足够的漫射光就会使漫反射式光电传感器动作而改变输出的状态。

3. 接线方法

漫反射式光电传感器的接线如图 3-4 所示。

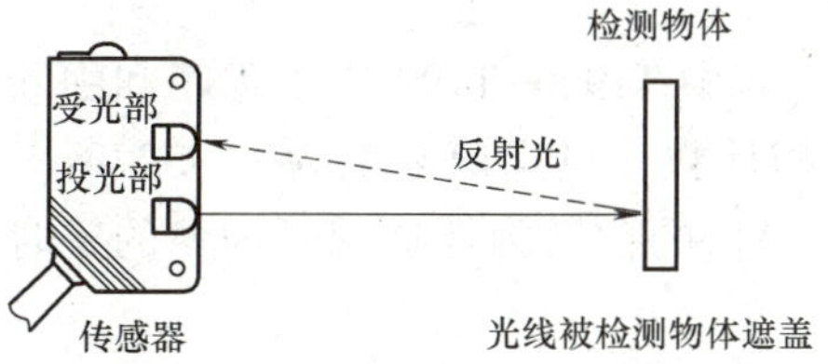

图 3-3 光电传感器的工作原理

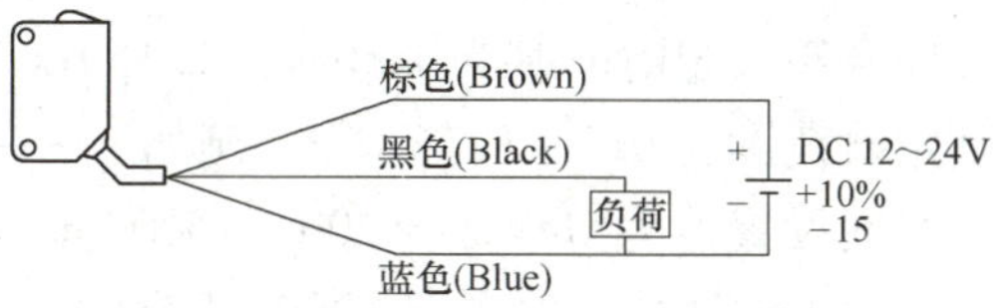

图 3-4 漫反射式光电传感器接线图

知识 2 认识编程元件——定时器

1. PLC 定时器的特点

PLC 中的定时器（T）相当于继电控制系统中的通电延时时间继电器。所不同的是它可以提供无限对的常开、常闭延时触点。大多数 PLC 的定时器均为接通延时定时器，即定时器线圈通电后开始延时，待定时时间到，定时器的常开触点闭合、常闭触点断开。在定时器线圈断电时，定时器的所有触点立刻复位。

定时器可采用程序存储器内的十进制常数［K］作为定时设定值，也可在数据寄存器［D］的内容中进行间接设置。FX2N 系列 PLC 的定时器容量都为 32K（即时间设定值 K 的设置范围为 1 ~ 32767，计时时间范围为 0.001 ~ 3276.7s），如表 3-1 所示。

表 3-1 FX2N 系列 PLC 中定时器［T］的地址编号及类型

定时器类型	计 时 时 基			
	100ms 通用型	10ms 通用型	1ms 积算型	100ms 积算型
地址编号	T0 ~ T199	T200 ~ T245	T246 ~ T249	T250 ~ T255
计时范围	0.1 ~ 3276.7 s	0.01 ~ 327.67 s	0.001 ~ 32.767 s	0.1 ~ 3276.7 s

2. 定时器编程格式

定时器编程格式如图 3-5 所示。

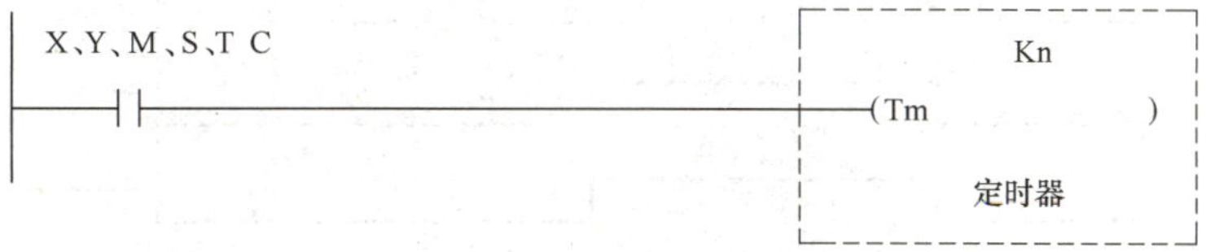

图 3-5 定时器编程格式

注：1）定时器指令之前必须连接触点类指令。

2）定时器中各符号的含义。

T——定时器；

m——定时器的地址号；

K——十进制；

n——定时设置值（用户设定的延时时间）。

3. 定时器的类型

FX2N 系列中定时器可分为通用定时器、积算定时器二种。它们是通过机内 1ms、10ms、

100ms 等不同规格的时钟脉冲累加计时的。当定时器满足计时条件时开始计时，当它的当前计数值与设定值（用户设定的数值）相等时，定时器的输出触点动作。

（1）通用定时器

1）100ms 通用定时器（T0 ~ T199），共有 200 点，其中 T192 ~ T199 为子程序和中断服务程序专用。定时时基为 100ms，即对 100 ms 时钟累积计数，设定值范围为 1 ~ 32767，所以其定时范围为 0.1 ~ 3276.7 s。例如：——（T1　K200）的含义为地址编号为 1 的定时器计时时间设置值为 100 ms × 200 = 20000ms = 20s

2）10ms 通用定时器（T200 ~ T245），共有 46 点，定时时基为 10ms，即对 10 ms 时钟累积计数，设定值范围为 1 ~ 32767，所以其定时范围为 0.1 ~ 327.67s。例如：——（T201　K200）的含义为地址编号为 201 的定时器计时时间设置值为 10ms × 200 = 2000ms = 2s

3）通用定时器指令程序举例。通用定时器的特点是不具备断电保持功能，即当输入信号断开或 PLC 断电时，定时器复位，计数值自动清零。如图 3-6 所示，当 X0 接通时，定时器 T0 从 0 开始对 100ms 时钟脉冲进行累积计数；当 T0 当前值与设定值 K100 相等时，定时器 T0 的常开触点 T0 接通，Y0 接通，经过的时间为 100ms × 100 = 10s；当 X0 断开时定时器 T0 复位，当前值变为 0，其常开触点断开，Y0 也随之断开。若外部电源断电或输入电路断开，定时器也将自动复位。

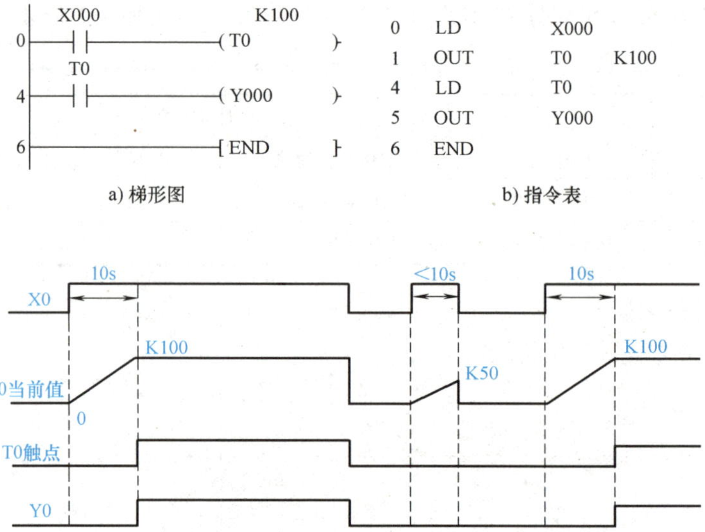

a) 梯形图　　b) 指令表

c) 时序图

图 3-6　通用定时器举例

（2）积算定时器

1）1ms 积算定时器（T246 ~ T249），共有 4 点，定时时基为 1ms，即对 1 ms 时钟累积计数，设定值范围为 1 ~ 32767，所以其定时范围为 0.1 ~ 32.767s。

2）100ms 积算型定时器（T250 ~ T255），共有 6 点，定时时基为 100ms，即对 100 ms 时钟累积计数，设定值范围为 1 ~ 32767，所以其定时范围为 0.1 ~ 3276.7s。

3）积算定时器工作原理。积算定时器的特点是具备断电保持功能。即定时过程中如果

PLC 断电或定时器线圈断开，积算定时器将保持当前的计数值（当前值），当电源恢复或定时器线圈再次接通后继续累积计数，即积算定时器具有保持当前值的功能，所以要使当前值变为0，必须通过复位指令［RST］才能清零。如图3-7所示，当X1接通时，定时器T250的当前值从0开始对100ms时钟脉冲进行累积计数，当X1经 t_1 时间后断开（当前值为K50），计数值累积未达到设定值K150，其计数的当前值保持在K50。当X1再次接通后，T250从保持的当前值（K50）开始继续累积，经过 t_2 时间，当前值达到设定值K150时，T250的触点接通，Y1接通。整个过程累的时间为 $t_1+t_2=100\text{ms}\times150=15\text{s}$。当X2接通，定时器复位，当前值复位为0，T250触点复位、Y1复位。

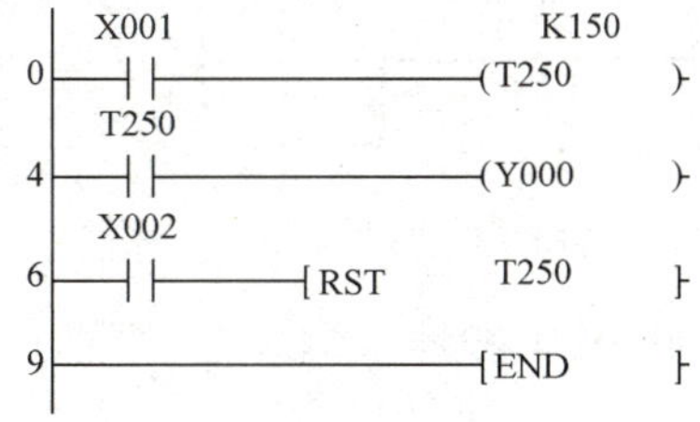

a) 梯形图

0	LD	X001	
1	OUT	T250	K150
4	LD	T250	
5	OUT	Y000	
6	LD	X002	
7	RST	T250	
9	END		

b) 指令表

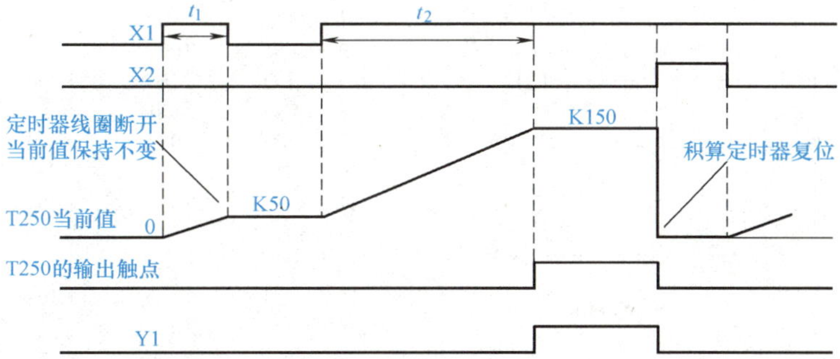

c) 时序图

图3-7　积算定时器举例

知识3　定时器的断电延时控制

三菱FX2N系列的定时器是通电延时型定时器，在控制中当需要使用断电延时的定时器时，就需要通过编程变换才能实现。可用图3-8所示程序实现，当X1接通时，X1的常开触点闭合，常闭触点断开，Y0动作并自锁，T0不动作；而当X1断开后，X1的常开触点断开，常闭触点闭合，因为Y0的自锁作用，Y0仍保持接通，T0由于X1的常闭触点闭合而接通，开始定时，定时10s后，T0的常闭触点断开，Y0和T0同时断开，实现了输入信号断开后，延时断开的目的。

知识4　定时器的应用编程

1. 延时闭合/断开电路控制的编程

图3-9所示为延时闭合/断开电路的控制程序，其中有两个定时器T0和T1，用于延时闭合和延时断开。当X0闭合时，T0得电开始计时，10s后，T0的常开触点闭合，Y0得电并自锁。当X0断开时，其常闭触点复位闭合，T1得电开始计时，5s后，T1的常开触点断开，Y0线圈解除自锁并断电停止。

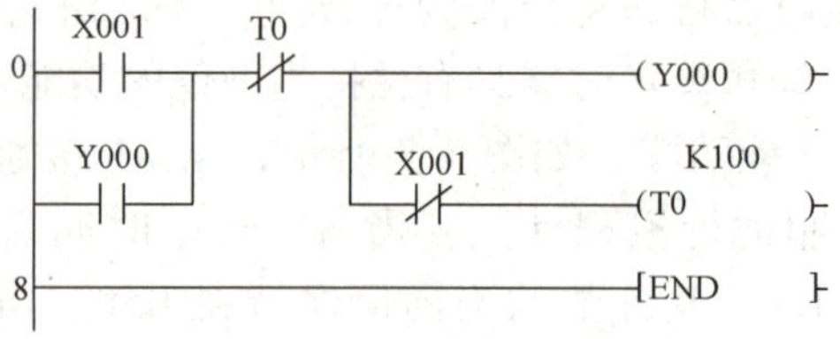

a) 梯形图

0	LD	X001
1	OR	Y000
2	ANI	T0
3	OUT	Y000
4	ANI	X001
5	OUT	T0 K100
8	END	

b) 指令表

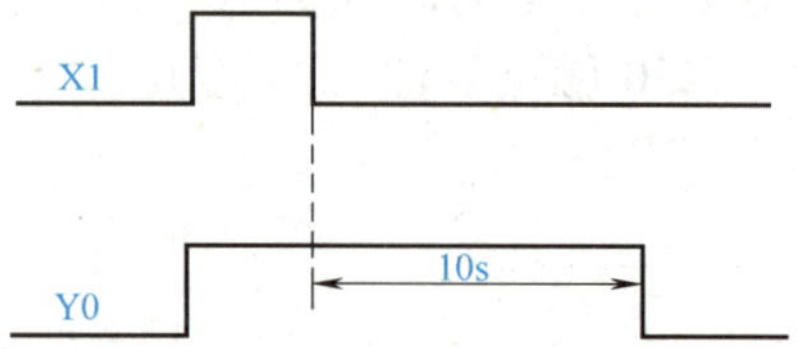

c) 时序图

图 3-8 断电延时定时器

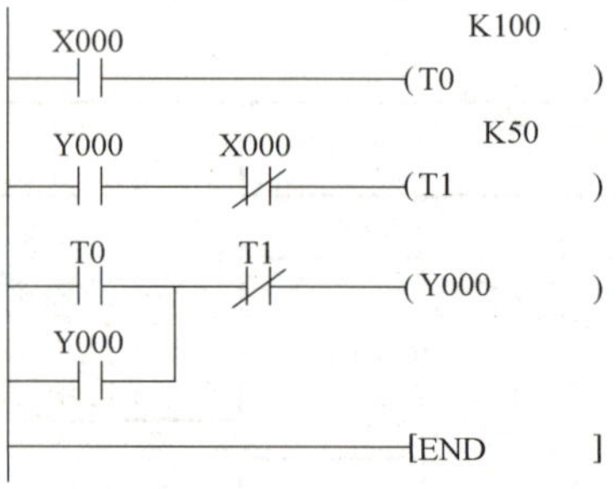

a) 梯形图

0	LD	X001	
1	OR	Y000	
2	ANI	T0	
3	OUT	T250	K150
6	ANI	X001	
7	OUT	T0	K100
10	LD	X000	
11	OUT	T0	K100
14	LD	Y000	
15	ANI	X000	
16	OUT	T1	K50
19	LD	T0	
20	OR	Y000	
21	ANI	T1	
22	OUT	Y000	
23	END		

b) 指令表

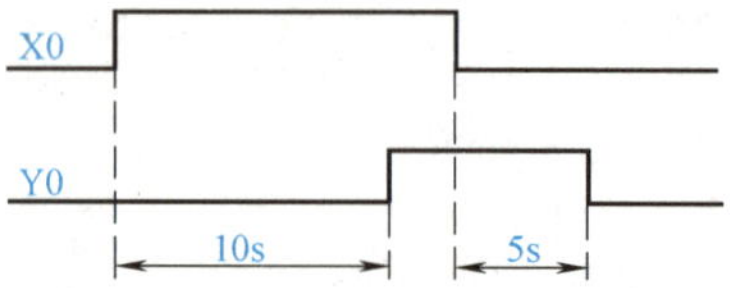

c) 时序图

图 3-9 延时闭合/断开电路的控制程序

2. 定时器设定值的扩展

PLC 的定时器有一定的时间设置范围，如果需要定时时间超过可设定范围，可以通过几个定时器串联，达到扩展设定值的目的。图 3-10 所示为定时器的定时扩展程序。图中通过两个定时器的串联使用，可以实现延时 1300s。定时时间由 T0 和 T1 的设定值之和决定。当 X0 闭合，T0 开始计时，当到达 800s 时，T0 的常开触点闭合，使得 T1 得电开始计时，再延时 500s 后，T1 常开触点闭合，Y0 得电输出，最终 Y0 得到 1300s 的延时输出。

3. 方波信号发生器程序的编程

方波信号发生器在控制过程中经常要用到，用定时器能够编制产生方波信号的方波信号发生器程序。图 3-11 所示为方波信号发生器程序。当 X0 接通、T0 开始计时，当到达 1s

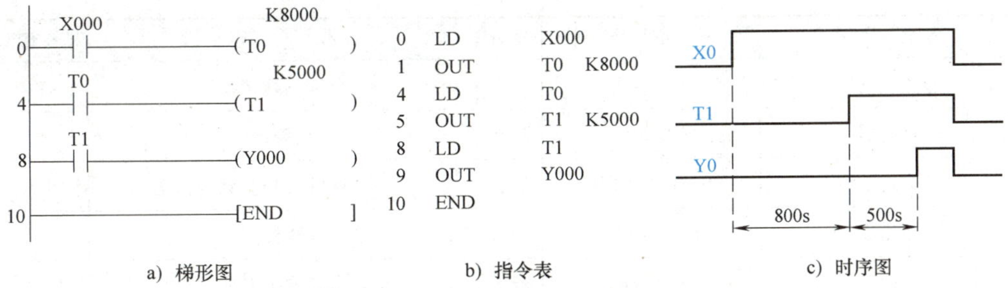

图 3-10　定时器的定时扩展

时，T0 的常开触点闭合，使得 Y0 得电输出，同时，T1 得电开始计时，延时 1s 后，T1 常开触点断开，T0 线圈断电并复位，之后 T0 常开触点断开复位，Y0 线圈断电复位，同时，T1 线圈断电复位后，T1 的常闭触点又重新闭合，重复上述过程。最终 Y0 输出为接通 1s 断开 1s 的方波信号，如果 Y0 外接指示灯，指示灯就会产生亮 1s 灭 1s 的闪烁效果。

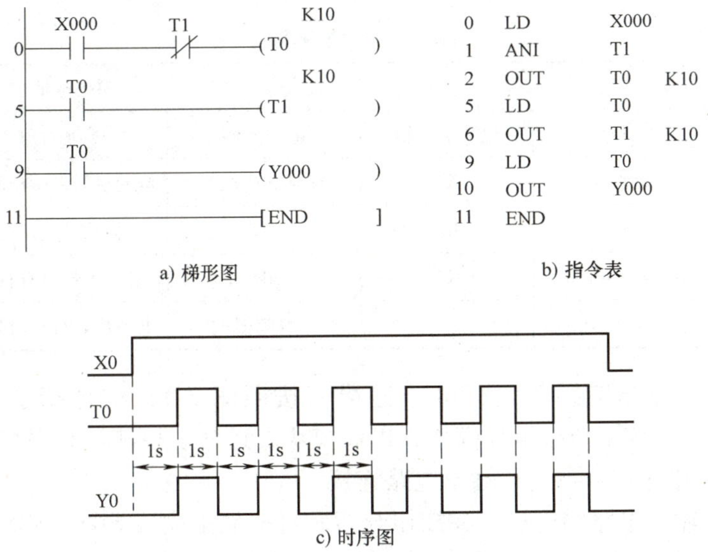

图 3-11　方波信号发生器程序

【任务实施】

1. 清点器材

对照下表 3-2，清点送料机构电路需要的设备、工具及材料。

表 3-2　送料机构电路所需设备、工具及材料

序号	名　称	型　号	数量	作　用	检测
1	PLC 模块	FX2N-48MR	1 块	控制系统的运行	
2	按钮与指示灯模块	专配	一块	提供电源、按钮和指示灯	
3	光电传感器	E3Z-L	1 个	检测物料	

（续）

序号	名　称	型号	数量	作　　用	检测
4	直流电动机	DC 24V	1 个	驱动物料转盘	
5	蜂鸣器	DC 24V	1 个	报警用	
6	数据通信线	RS—232 数据线	1 条	实现计算机与 PLC 数据传送	
7	万用表	FM—47 型	一只	电路检测	
8	扎带	ϕ120mm	若干	电路连接工艺	
9	安全插接线	红、绿、黄、黑	若干	电路插接用	
10	电源模块	专配	一块	提供三相五线电源	
11	220V 电源连接线	专配	2 条	供按钮模块和 PLC 模块用	

2. 硬件电路连接、检测与绑扎

（1）根据任务，作出输入/输出 I/O 分配表　如表 3-3 所示。

表 3-3　I/O 分配表

输入地址			输出地址		
输入元件	功能作用	输入继电器	输出元件	控制对象	输出继电器
SB5	起动按钮	X1	直流电动机 M	电动机转动输出转矩	Y0
SB6	停止按钮	X2	HL5	显示系统运行	Y1
光电传感器	检测物料到位	X3	HL6	显示出料口有物料	Y2
			蜂鸣器	电动机运行超时报警	Y3

（2）根据 PLC 外部接线图进行电路连接　按照图 3-1，结合端子接线布置图（图 1-17），将电源模块、按钮与指示灯模块、PLC 模块、送料、检测机构及接线端子排连接起来，先进行输入电路连接，再进行输出电路连接。

1）完成 PLC 输入电路的连接，在按钮与指示灯模块上完成 SB5、SB6 与 PLC 连接，请参照项目二。光电传感器的 3 根信号线分别通过接线端子上 34、35 和 36 号插孔进行连接。用一绿色安全插接线的一端插入 PLC 输入端的 X3 插孔，另一端插入接线端子的 36 号插孔，完成光电传感器输入端与 PLC 连接。再用一红色安全插接线的一端插入 PLC 输入端的 24V 插孔，另一端插入接线端子的 34 号插孔，完成光电传感器正极与 PLC 的连接；再用一黑色安全插接线的一端插入 PLC 输入端的 COM 插孔，另一端插入接线端子的 35 号插孔，完成光电传感器 COM 端与 PLC 的 COM 的连接。

2）完成 PLC 输出电路的连接。直流电动机、HL5、HL6、蜂鸣器与 PLC 连接，参照连接示意图，如图 3-12 所示。

连接电动机时，用一黄色安全插接线将端子接线排 6 号插孔与 PLC 模块上 Y0 插孔连接；用一黑色安全插接线实现端子接线排 7 号插孔与按钮模块的 0 V 插孔连接；用一红色安全插接线连接按钮模块 +24V 电源插孔与 PLC 输出端的 COM1 插孔。

连接 HL5、HL6 时，分别将黄色安全插接线实现 PLC 输出端的 Y1、Y2 与 HL5-2、HL6-

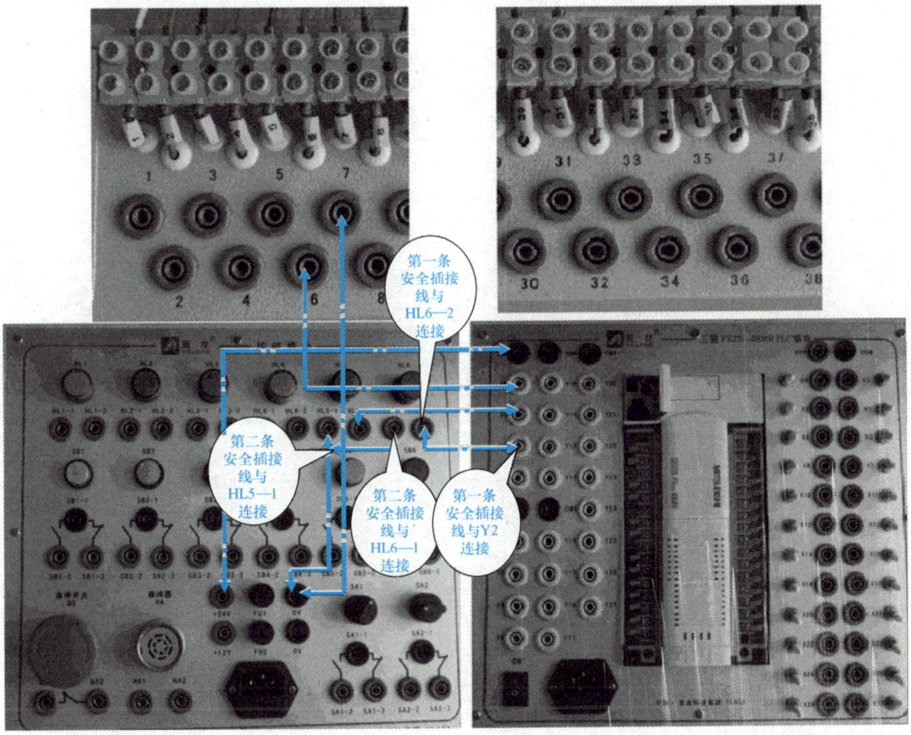

图 3-12 直流电动机、HL5、HL6、蜂鸣器与 PLC 连接

2 插孔连接。用黑色安全插接线实现插入 HL5-1、HL6-1 插孔和按钮与指示灯模块 0V 电源插孔串连。

蜂鸣器 HA 与 PLC 的连接。用一黄色安全插接线实现蜂鸣器 HA 左侧孔与 PLC 输出 Y3 连接；黑色安全插接线实现蜂鸣器 HA 右侧孔与按钮与指示灯模块 0V 插孔相连。

（3）电路检测 电路连接完成后，认真作好通电前、后检测，确保电路连接正常，没有开路和短路情况。请参照项目二。

（4）线路捆扎 当电路连接、检测后，对线路进行绑扎。请参照项目二。

3. 程序编写与下载

完成本任务的参考梯形图如图 3-13 所示。阅读控制程序，理解程序编写思路。利用计算机 FX 软件编写、录入程序、转换并写入 PLC，操作的方法和步骤请参考项目二。

4. 调试与运行

将 PLC 模块上的 RUN/STOP 开关拨到 RUN 的位置，此时 PLC 模块右侧的程序 RUN 指示灯会亮。通过操作按钮与指示灯模块上的按钮，观察 PLC 的中间的 LED 运行指示灯和按钮与指示灯模块上的 HL5、HL6 和圆盘直流电动机的工作情况，并将观察的结果填入表 3-4中。

5. 实训场地现场清理

实训完后，将对所操作设备进行复位、还原。拆除安全插接线、整理工位、清点工具、清扫现场卫生，并填写设备使用登记表。

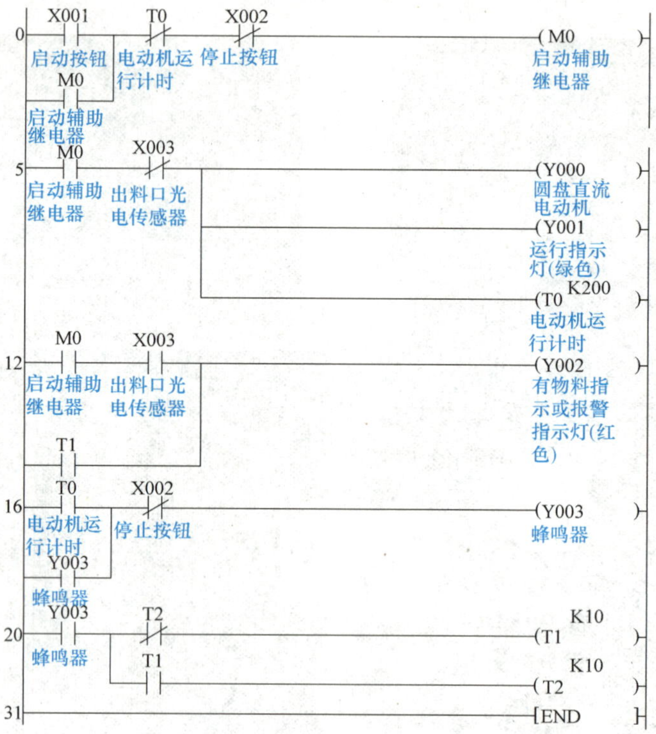

图 3-13　梯形图形程序

表 3-4　送料机构运行与 PLC 的 LED 灯显示情况记录表

按钮	按钮状态	光电传感器感应物料情况	圆盘直流电动机是否转动	HL5 亮灭情况	HL6 亮灭情况	HA 鸣叫情况
SB5 按钮	不按下	有物料				
	按下	有物料				
	不按下	无物料				
	按下	无物料				
SB6 按钮	不按下	有物料				
	按下	有物料				
	不按下	无物料				
	按下	无物料				

【评价与反思】

表 3-5　任务检测与分析

检测项目	评分标准	分值	学生自评	小组评分	教师评分
电路连接	正确进行电路连接、工艺合理	30			
软件启动	正确启动编程软件	10			
程序输入	能进行梯形图程序输入	10			

（续）

检测项目	评分标准	分值	学生自评	小组评分	教师评分
程序编辑	会编辑修改梯形图程序	10			
文件操作	能进行程序转换、存盘、写入等操作	10			
起动运行	会起动运行操作	5			
运行调试	会调试、修改程序	10			
团队协作	小组协调、合作	5			
职业素养	工具使用与摆放、设备复位情况及工位清洁等	10			
总分		100			

【问题探究】

1. 如何调节送料机构中的光电传感器灵敏度？

2. 如果将送料机构控制程序中的 T1 和 T2 的触点位置对调，对系统运行有什么影响？

3. 如果要求报警时，红色警示灯（HL6）与绿色运行指示灯（HL5）以周期为 1s 交替闪烁（即红灯亮时绿灯熄灭、红灯熄灭时绿灯亮）的规律指示，程序应该如何编写？

【知识拓展】

用数据寄存器（D）和数据传送指令（MOV）设定定时器的定时值

实际生产中，延时时间有时要随着生产现场的实际需要而改变，这时就要通过其他办法来改变定时设定值，用数据寄存器（D）和数据传送指令（MOV）是常用的方法之一。

1. 数据寄存器 D

数据寄存器主要用于存储中间数据、需要变更的数据等。在进行输入/输出处理、模拟量控制、位置控制、计时或计数设定值设定时，需要用到许多数据寄存器和参数。数据寄存器有通用寄存器（D0～D199 共 200 个）、断电保持数据寄存器（D200～D511 共 312 个）、特殊数据寄存器（D8000～D8255 共 256 个）、文件数据寄存器（D1000～D2999 共 2000 个）。

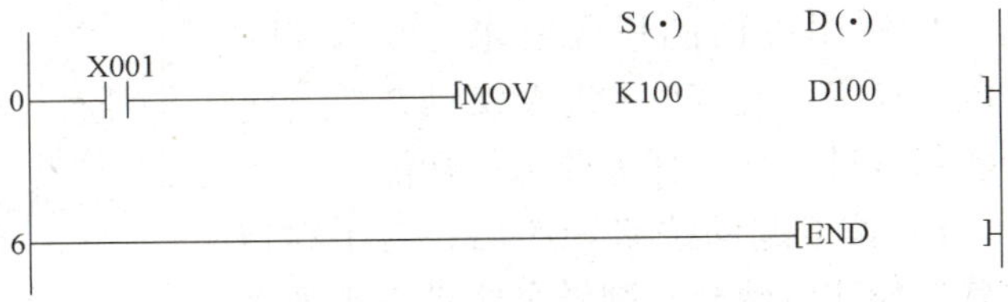

图 3-14　数据传送指令 MOV 编程格式

说明：S（·）适用软元件：K、H、KnX、KnY、KnM、KnS、T、C、D、V、Z
D（·）适用软元件：KnY、KnM、KnS、T、C、D、V、Z。

2. 数据传送指令 MOV 的用法

数据传送指令 MOV 是将源操作数 S（·）内的数据传送到指定的目标操作元件 D（·）中。即［S］到［D］。当 X1 接通时，源操作数 K100 传送到目标元件 D100 中。此时当 X1 断开后，D100 里的数据不变。其编程格式如图 3-14 所示。

3. 应用举例

如图 3-15 所示，T0 的定时设置值由 D0 的内容决定。当 X1 接通时，将 K20 传送到目标元件 D0 中，D0 的内容变为 K20，此时，T0 的定时设置值也就为 K20，若 X3 保持接通时间达到 2s，当前值等于设定值时，T0 的常开触点闭合，Y0 输出。同理，当 X2 接通时，将

K50 传送到目标元件 D0 中，此时，T0 的定时设置值就为 K50。由此可知，定时器的定时值可以在系统运行过程中通过数据寄存器和数据传送指令改变定时器的定时值，满足实际应用的需要。需要注意的是：一个数据寄存器写入数据时，无论原来该寄存器中存储的内容是什么，都将被后写入的数据所覆盖，即 D0 的内容取决于 X1 和 X2 哪个是最后接通的。

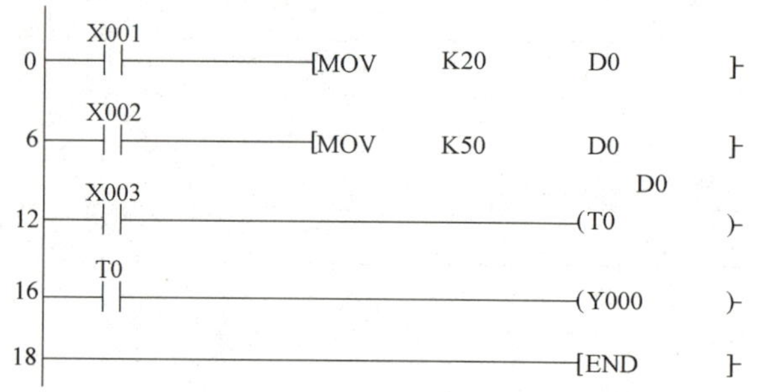


```
0   LD    X001
1   MOV   K20   D0
6   LD    X002
7   MOV   K50   D0
12  LD    X003
13  OUT   T0    D0
16  LD    T0
17  OUT   Y000
18  END
```

图 3-15　用数据寄存器（D）和数据传送指令（MOV）设定定时器的定时值

任务二　搅拌、送料机构电路的连接与编程

【任务描述】

请根据图 3-16 所示的 PLC 外部接线电路进行操作

1. 在 YL—235A 光机电一体化实训装置的送料机构、按钮与指示灯模块、三菱 FX2N-48MR 模块、电源模块上选择本电路需要的电器，并按照工艺要求，进行搅拌、送料装置控制电路的连接。

2. 按照下面的任务要求，编写 PLC 控制程序，并在 YL—235A 实训装置上进行实验调试，实现任务要求的功能。

1）按下起动按钮 SB5 后，若出料口传感器检测有物料，则转盘驱动直流电动机不起动，同时，红色警示灯（HL6）按照周期为 1s 的规律闪烁，指示出料口有物料。

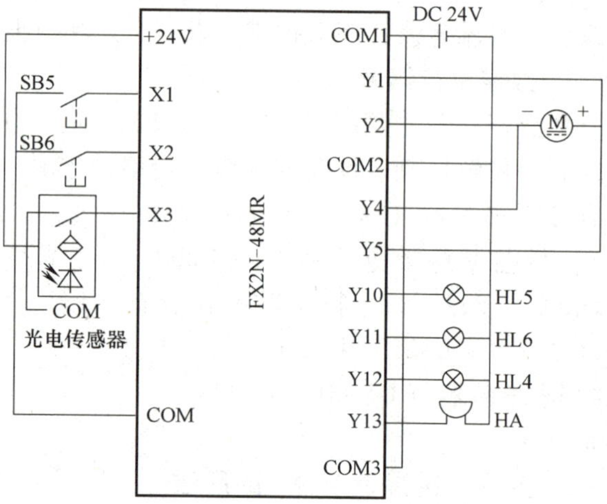

图 3-16　搅拌、送料机构 PLC 控制线路接线图

2）若出料口传感器检测无物料，则对物料盘内的物料进行搅拌加工，要求直流电动机正向和反向转动搅拌物料各 10s，电动机转向改变时要间隔 2s。要求红色警示灯不亮、电动机正转时只有绿色指示灯（HL5）长亮，反转时只有黄色指示灯（HL4）长亮，指示正在进行物料搅拌。按照此规律搅拌 3 次后停止搅拌，2s 后送料电动机正转，驱动物料转盘旋转送料，同时，红色警示灯不亮、绿色指示灯按照周期为 1s 的规律闪烁。

3）当出料口传感器检测到物料后停止送料，电动机停止转动，绿色运行指示灯灭、红灯按照周期为1s的规律闪烁。当出料口物料被送走后，物料转盘再旋转搅拌，重复上述的搅拌、送料过程，送料达到5次后，系统自动停止工作。

4）如果送料电动机运行70s后，出料口传感器仍没检测到有物料输送到位，则说明送料机构已经无物料或故障，这时要停机并报警，要求绿色警示灯（HL5）和红色警示灯（HL6）按亮1s熄灭1s的规律交替闪烁指示，同时，报警器（蜂鸣器）报警，直到按下停止按钮SB6才停止报警，红色警示灯熄灭、蜂鸣器停止。在故障排除后，按下起动按钮SB5重新开始工作。

【任务目标】

1. 知道YL—235A光机电一体化实训装置送料机构的工作方式，理解PLC控制系统电路，会按照电路图和工艺要求正确连接线路。

2. 理解PLC计数器C、脉冲输出指令PLS/PLF、置位指令SET、复位指令RST及区间复位指令ZRST等的编程格式，能够应用这些指令进行梯形图程序编写。

3. 会根据任务书，阅读、分析、理解任务要求，制定I/O分配表，并绘制PLC控制系统的电路图。进行物料混合装置的搅拌、送料等PLC控制系统的电路连接，编写、调试物料混合装置的PLC控制程序和调试。

【知识点解析】

知识1　认识编程元件——计数器

1. PLC计数器的特点

PLC中的计数器（C）在程序中用作计数控制。主要功能就是对指定输入端子的输入脉冲或其他继电器逻辑组合的脉冲进行计数，达到计数器的设定值时，计数器的触点动作（常开触点闭合、常闭触点断开）。输入脉冲要求有一定的宽度，确保可靠触发计数，计数发生在输入脉冲的上升沿。计数设定值可以通过常数K（十进制数）或H（十六进制数）直接设定，也可在数据寄存器［D］的内容中进行间接设置。FX2N系列PLC的计数器可分为通用计数器和高速计数器两大类，这里主要介绍通用计数器的应用。

2. 通用计数器的类型

通用计数器可分为16位增计数型计数器和32位增/减型双向计数器。其地址编号及类型如表3-6所示。

表3-6　FX2N系列PLC中计数器（C）的地址编号及类型

计数器类型	普通用途	断电保持型
16位增计数型计数器 （1～32767）	C0～C99 共100点	C100～C199 共100点
32位增/减型双向计数器 （－2147483648～＋2147483647）	C200～C219 共20点	C220～C234 共15点

3. 通用计数器编程格式

通用计数器编程格式如图3-17所示。

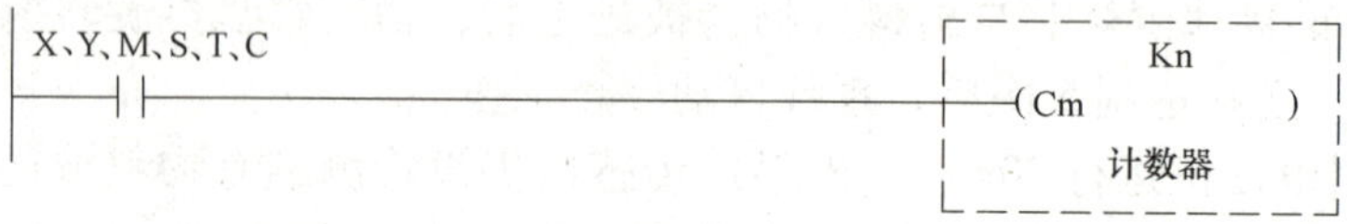

图 3-17 通用计数器编程格式

注：1）计数器指令之前必须连接触点类指令。
2）计数器中各符号的含义。
C——计数器；
m——计数器的地址号；
K——十进制数；
n——设定值（用户设定的计数值）。

4. 16 位增计数型通用计数器（C0 ~ C99）

这类计数器为递加计数，共 100 点，计数值设定范围为 1 ~ 32767，使用前应先对设定值进行设定。当输入信号（上升沿）个数累加到等于设定值时，计数器的触点动作，常开触点闭合、常闭触点断开。计数器触点的复位，需要用复位指令（RST）驱动触点复位。如图 3-18 所示，X11 为计数输入，每当 X11 接通一次，计数器当前值增加 1，当计数器当前值等于设定值 5 时，计数器 C0 的输出常开触点闭合，Y0 被接通。此后即使输入信号 X11 继续输入计数信号，计数器的当前值也保持不变。当复位输入 X10 接通时，执行 RST 复位指令，计数器复位，C0 的输出触点也复位，Y0 被断开。

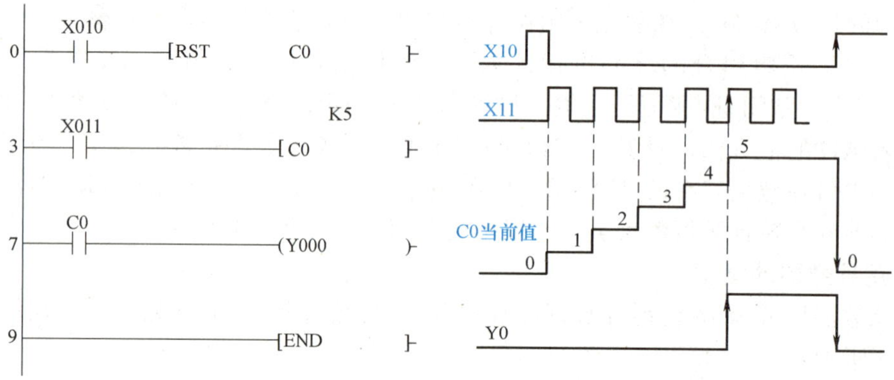

a) 梯形图　　b) 时序图

图 3-18 16 位增计数型通用计数器

5. 16 位增计数断电保持型通用计数器（C0 ~ C99）

这类计数器也是递加计数，共 100 点，与上述计数器不同的是，此类计数器在计数过程中，若 PLC 系统因某种原因断电，计数器的计数当前值保持不变，不会自动复位清零，当系统再次得电，PLC 重新运行后，计数值将在断电前的当前值基础上继续累加。而非断电保持型计数器在 PLC 断电后，当前值自动清零。如图 3-19 所示。

6. 计数器的编程应用示例

（1）计数器实现延时控制　如图 3-20 所示，当 X15 接通，M2 常开触点闭合，M8012

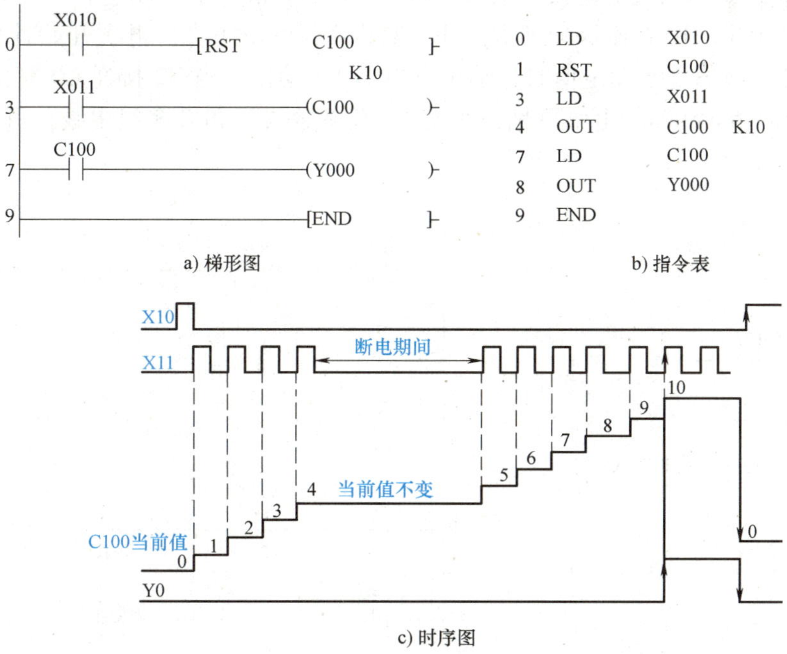

图 3-19　16 位增计数断电保持型通用计数器

开始工作，产生 100ms 的时钟脉冲触发计数器 C0 计数，当前值等于设定值时，C0 常开触点闭合，输出继电器 Y5 动作。当 X16 接通、C0 复位时，Y5 获得延时：18000 × 0.1s × 10 = 18000s。

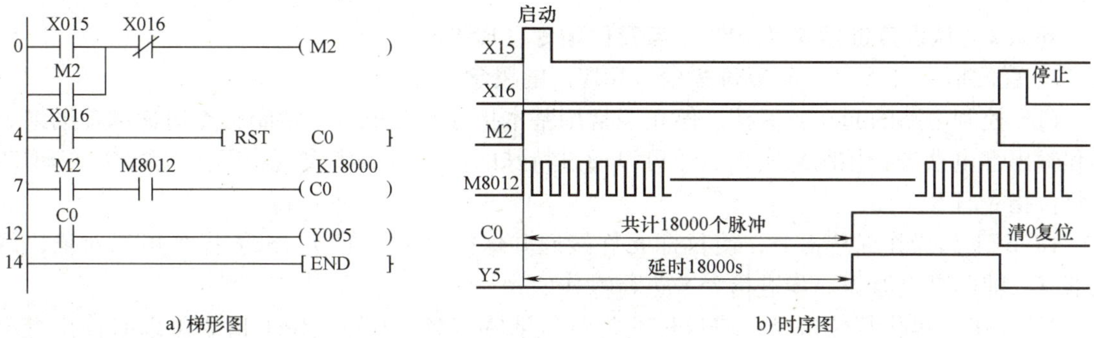

图 3-20　计数器与时钟脉冲 M8012 配合实现延时控制

（2）计数器串级延时应用　如图 3-21 所示，当 X15 接通，M2 常开触点闭合，M8012 开始工作，产生 100ms 的时钟脉冲触发计数器 C0 计数，当前值等于设定值时，C0 常开触点闭合，C1 当前值加 1，而 C0 复位，重新开始计数，依此循环。当 C1 的当前值等于设定值时，输出继电器 Y1 动作。当 X16 接通 C1 复位。Y1 获得延时：18000 × 0.1s × 10 = 18000s = 5h。由此可见，改变 C 参数或多组 C 串级，可组成不同需要的延时。C0 和 C1 串级后，最大延时可达：32767 × 0.1s × 32767 = 29824.34h = 1242.68 天。

（3）计数器与定时器串级延时应用　如图 3-22 所示，当 X1 接通，M2 常开触点闭合，

T0开始计时，当T0当前值等于设定值（1000）时，T0常开触点闭合，C0当前值加1，同时T0常闭触点断开，T0线圈断电复位，T0常闭触点重新闭合，再次开始计数，依此规律循环。当C0的当前值等于设定值时，输出继电器Y5动作，当X2接通C0复位。Y5获得延时：1000×0.1s×6=600s。由此可见，改变T、C参数或T和C多组串级，可组成不同需要的延时。

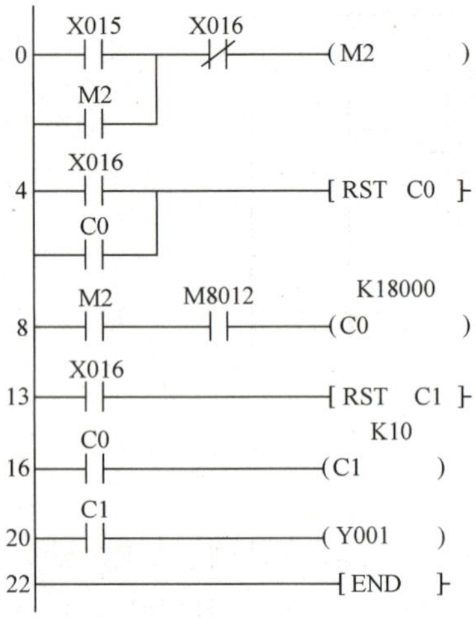

图3-21　计数器串级延时应用

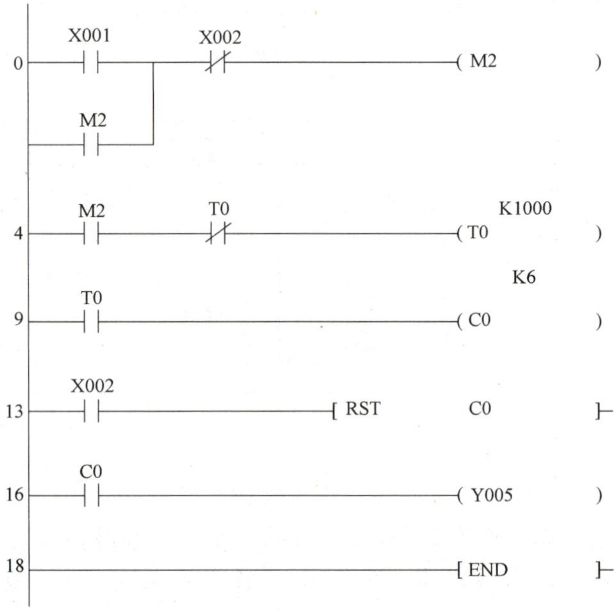

图3-22　计数器与定时器串级延时应用

知识2　认识置位指令（SET）与复位指令（RST）

1. 置位指令（SET）与复位指令（RST）的概念

PLC控制电路的起动、保持、停止经常用基本指令常开触点、常闭触点对内部辅助继电器和输出继电器进行控制来实现。还可以通过特殊的基本指令来实现，即置位指令（SET）与复位指令（RST）。

1）SET为操作保持指令，使目标元件接通并保持（置“1”）。SET指令可以对输出继电器Y、辅助继电器M、步进指令S进行操作。

2）RST为操作复位指令，使目标元件复位清零（置“0”）。RST指令可以对输出继电器Y、辅助继电器M、步进指令S、定时器T、计数器C、数据寄存器D、变址寄存器V和Z的内容进行清零操作。RST指令也用于积算型定时器T246～T255和计数器C的当前值的复位和触点复位。

3）对同一操作软元件，SET、RST可以多次使用，不限次数，但最后执行者有效。

2. 置位指令（SET）与复位指令（RST）的应用

SET、RST指令的使用如图3-23所示，图中的X0触点闭合时，Y0被置位，Y0得电且处于保持接通状态，之后，当X0断开或再次接通对Y0也不起作用。Y0得电的状态一直保持到X1触点闭合，即复位信号RST起作用，才能使Y0停止。由此可知，使用置位指令编程时，置位指令和复位指令应当成对出现。

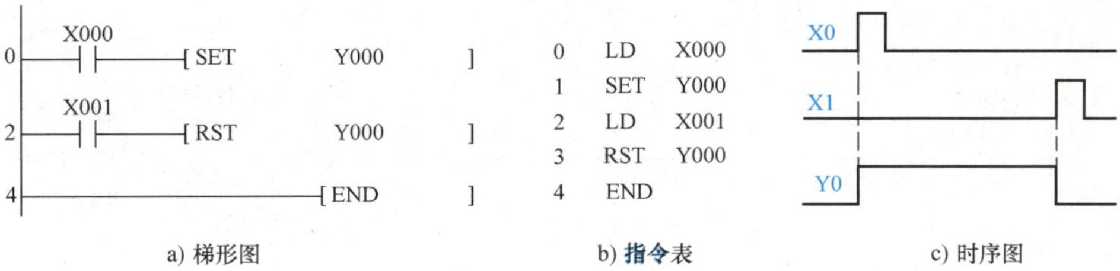

图 3-23　SET、RST 指令的应用

知识 3　认识脉冲输出指令（PLS/PLF）

1. 脉冲输出指令（PLS/PLF）用法

脉冲输出指令又称为微分脉冲输出指令，可分为上升沿微分指令（PLS）和下降沿微分指令（PLF）。

1）上升沿微分指令（PLS）：在输入信号的上升沿（0→1）产生一个扫描周期的脉冲输出。

2）下降沿微分指令（PLF）：在输入信号的下降沿（1→0）产生一个扫描周期的脉冲输出。

3）PLS 和 PLF 指令操作的目标元件为输出继电器 Y 或辅助继电器 M（不包括特殊辅助继电器）

4）当 PLC 从 RUN 转到 STOP 状态，然后又从 STOP 转到 RUN 状态时，其输入信号仍为 ON，“PLS　M0”指令将输出一个脉冲。

2. 脉冲输出指令（PLS/PLF）的应用

如图 3-24 所示，PLS 指令使 M0 在 X0 信号由 OFF→ON 时刻动作，M0 产生单个脉冲，脉冲脉宽为一个扫描周期。PLF 指令使 M1 在 X0 信号由 ON→OFF 时刻动作，M1 产生单个脉冲，脉冲脉宽为一个扫描周期。脉冲输出指令常常用于需要对输入信号的脉宽进行处理的程序中，例如：分频器、对高度位置不断变化的液体的液位进行位置检测时使用等。

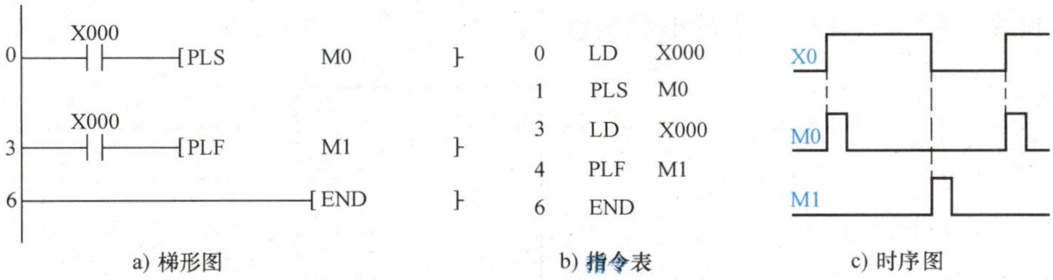

图 3-24　脉冲输出指令（PLS/PLF）

知识 4　认识区间复位指令（ZRST）

ZRST 是区间复位指令。其功能为将目标操作数［D1］、［D2］指定的元件号区间内的同类元件成批复位，目标操作数可以是位元件 Y、M、S 或字元件 T、C、D。程序的执行过程如图 3-25 所示，当 PLC 每次开机通电时，PLC 内部特殊继电器 M8002 自动产生一个初始脉冲，驱动区间复位指令 ZRST 可将 M0～M100 之间的共 101 个 M 成批复位。

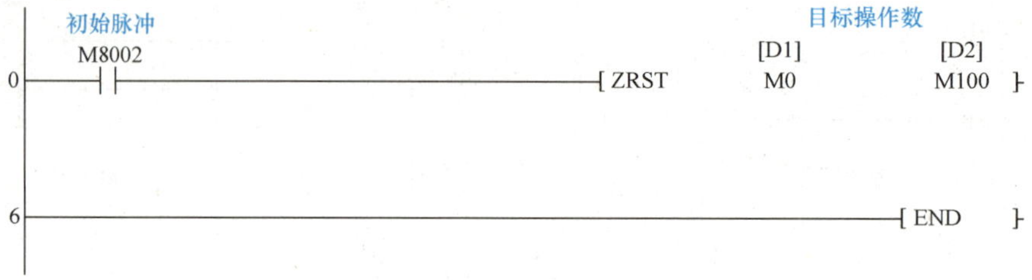

图 3-25　区间复位指令（ZRST）

注意：1）［D1］和［D2］指定的必须是同一类元件。

2）［D1］的元件号应小于［D2］的元件号。如果［D1］的元件号大于［D2］的元件号，则只有［D1］指定的元件被复位。

知识 5　直流电动机正反转的 PLC 控制方式

搅拌是生产中常用的一道工序，其基本功能就是对一种或多种物料进行均匀的混合加工。搅拌装置工作方式通常有正向、反向两个搅拌动作。要改变直流电动机转动方向，只要改变输入直流电源的极性，就是使输入直流电动机的直流电源的正、负极性对调即可。在继电控制中通常用继电器控制来实现电源极性的变换，如图 3-26a 所示。当 KA1 触头闭合时 A 端为"＋"、B 端为"－"，设定为电动机正转；当 KA2 触头闭合时 A 端为"－"、B 端为"＋"，输入电源极性作了变换，则电动机反转。在 YL－235 光机电一体化实训装置中，要模拟搅拌生产过程，同样要变换圆盘直流电动机输入直流电源极性，但不是用继电器，而是要用 PLC 来控制，其接线如图 3-16 所示。从图中可以知道，电路的连接使用了两组输出端子来实现直流电源极性的变换，采用这种连接方式是依据 FX2N －48MR 是继电器输出、有触点的交、直流负载两用 PLC。其内部等效电路如图 3-26b 所示。当 Y1 与 Y4 置位时，设电动机正转，电流流向为 电源"＋"→COM1→Y1→B→M→A→Y4 →COM2→"－"；当 Y2 与 Y5 置位时，则电动机反转，电流流向为"＋"→COM1→Y2→A→M→B→Y5→COM2→"－"，由此变换输入直流电动机的电源极性。

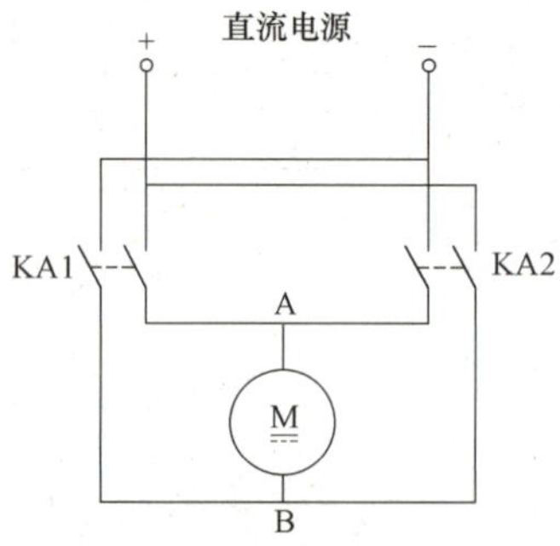

a) 继电器控制直流电动机正反转

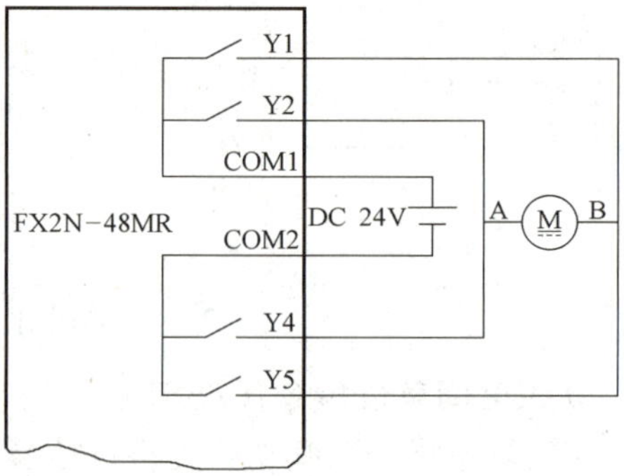

b) PLC 控制直流电动机正反转的内部等效电路

图 3-26　直流电动机正反转控制

【任务实施】

1. 清点器材

对照表3-7，清点搅拌、送料装置电路需要的设备、工具及材料。

表3-7　搅拌、送料装置电路需要的设备、工具及材料

序号	名　称	型号	数量	作　用
1	PLC 模块	专配 FX2N—48MR	1 块	控制系统的工作运行
2	按钮与指灯模块	专配	一块	提供电源、按钮和指示灯
3	光电传感器	E3Z-L	1 个	检测物料
4	直流电动机	DC 24V	1 个	驱动物料转盘
5	蜂鸣器	DC 24V	1 个	报警用
6	数据通信线	RS—232 数据线	1 条	实现计算机与 PLC 数据传送
7	万用表	FM—47 型	一只	电路检测
8	扎带	ϕ120mm	若干	电路连接工艺
9	剪刀		一把	工艺整形
10	电源模块	专配	一块	提供三相五线电源
11	220V 电源连接线	专配	2 条	供按钮模块和 PLC 模块用

2. 硬件电路连接、检测与绑扎

（1）根据任务，作出输入输出 I/O 分配表　如表3-8所示。

表3-8　I/O 分配表

<table>
<tr><th colspan="3">输入地址</th><th colspan="4">输出地址</th></tr>
<tr><th>输入元件</th><th>功能作用</th><th>输入继电器</th><th>输出元件</th><th colspan="2">控制对象</th><th>输出继电器</th></tr>
<tr><td rowspan="4">SB5</td><td rowspan="4">起动按钮</td><td rowspan="4">X1</td><td rowspan="4">直流电动机 M</td><td rowspan="4">电动机转动输出转矩</td><td rowspan="2">正转</td><td>Y1</td></tr>
<tr><td>Y4</td></tr>
<tr><td rowspan="2">反转</td><td>Y2</td></tr>
<tr><td>Y5</td></tr>
<tr><td>SB6</td><td>停止按钮</td><td>X2</td><td>HL5</td><td colspan="2">显示电动机正转</td><td>Y10</td></tr>
<tr><td>光电传感器</td><td>检测物料到位</td><td>X3</td><td>HL6</td><td colspan="2">显示出料口有物料</td><td>Y11</td></tr>
<tr><td></td><td></td><td></td><td>HL4</td><td colspan="2">显示电动机反转</td><td>Y12</td></tr>
<tr><td></td><td></td><td></td><td>蜂鸣器</td><td colspan="2">电动机运行超时报警</td><td>Y13</td></tr>
</table>

（2）根据 PLC 外部接线图进行电路连接　根据 PLC 外部接线图，在断开设备电源情况下，根据 YL—235A 光机电一体化实训装置各模块的元件编号标注，结合图1-17，先进行输入电路连接，再进行输出电路连接。

1）完成 PLC 输入电路的连接。请参照任务一。

2）完成 PLC 输出电路的连接。第一步，完成直流电动机与 PLC 连接及电源的连接，如图3-27所示。用两条黄色安全插接线的一端串接后插入 PLC 输出端的 Y1 插孔，一线另一

端插入接线端子的6号插孔，另一线一端插入PLC输出端的Y5插孔；另外用两条安全插接线一端串联后插入PLC输出端的Y2插孔，一线另一端插入接线端子的7号插孔，另一线一端插入PLC输出端的Y4插孔；用一红色安全插接线的一端插入按钮模块的+24V电源插孔，另一端插入PLC输出端的COM1插孔；再用一黑色安全插接线的一端插入按钮与指示灯模块的0V电源插孔，另一端插入PLC输出端的COM2插孔。

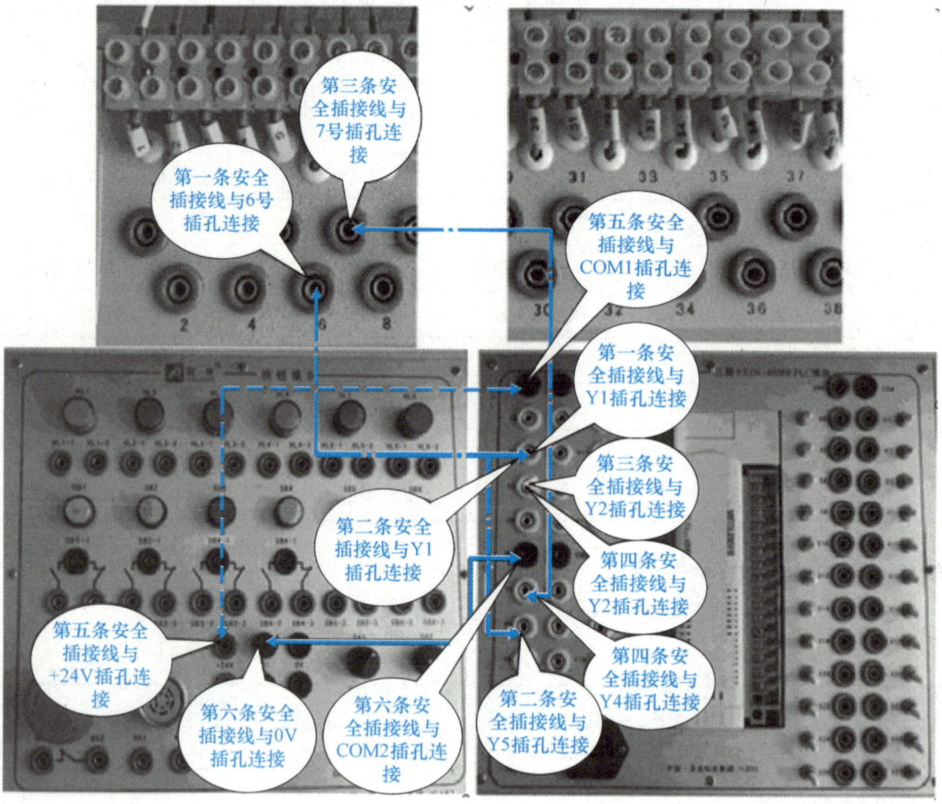

图3-27　直流电动机与PLC连接及电源的连接

第二步，完成HL4、HL5、HL6、蜂鸣器与PLC的连接。请参照任务一。

（3）电路的检测　用万用表对电路进行通电前和通电后检查，以保证电路连接正确，务必保证电动机连接电路的正确性，请参照项目二。

（4）线路捆扎　当电路连接、检测后，对线路进行绑扎。请参照项目二。

3. 程序编写与下载

根据任务要求，利用计算机安装的FX软件进行编辑程序、转换并写入PLC，操作的方法和步骤请参考项目二。参考梯形图如图3-28所示。

4. 调试与运行

将PLC模块上的RUN/STOP开关拨到RUN的位置，此时PLC模块右侧的程序RUN指示灯会亮。通过操作按钮与指示灯模块上的按钮，观察PLC的中间的LED运行指示灯和按钮与指示灯模块上的HL4、HL5、HL6和圆盘直流电动机的工作情况，并将观察的结果填入表3-9中。

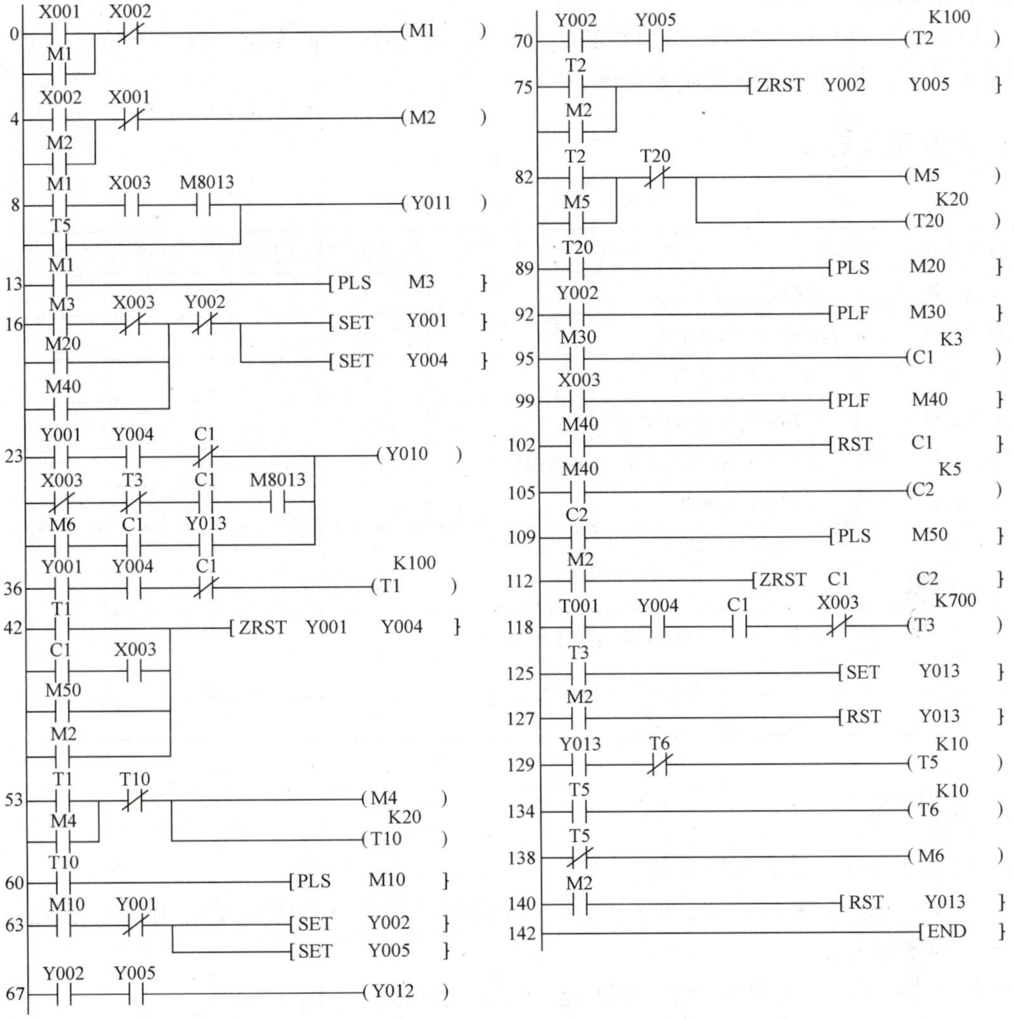

图 3-28 搅拌、送料机构控制梯形图参考程序

表 3-9 搅拌、送料机构运行与 PLC 的 LED 灯显示情况记录表

按钮	按钮状态	PLC 状态（RUN/STOP）	PLC 面板灯	HL4 亮灭情况	HL5 亮灭情况	HL6 亮灭情况	HA 鸣叫情况	圆盘直流电动机是否转动
SB5 按钮	不按下	STOP 状态						
	不按下	RUN 状态						
	按下	STOP 状态						
	按下	RUN 状态						
SB6 按钮	不按下	STOP 状态						
	不按下	RUN 状态						
	按下	STOP 状态						
	按下	RUN 状态						

5. 实训场地现场清理

实训完后，将对所操作设备进行复位、还原。拆除安全插接线、整理工位、清点工具、清扫现场卫生，并填写设备使用登记表。

【评价与反思】

表 3-10 任务检测与分析

检测项目	评分标准	分值	学生自评	小组评分	教师评分
电路连接	正确进行电路连接、工艺合理	30			
软件启动	正确启动编程软件	10			
程序输入	能进行梯形图程序输入	10			
程序编辑	会编辑修改梯形图程序	10			
文件操作	能进行程序转换、存盘、写入等操作	10			
起动运行	会起动运行操作	5			
运行调试	会调试、修改程序	10			
团队协作	小组协调、合作	5			
职业素养	工具使用与摆放、设备复位情况及工位清洁等	10			
总分		100			

【问题探究】

1. 直流电动机怎样实现正反转？
2. 在 YL—235A 实训装置上进行搅拌、送料装置实验，直流电动机为什么要采用如图 3-16 所示的连接方式？
3. 图 3-28 所示参考程序中的 ZRST 指令可以用其他指令代替吗？
4. 请你根据任务的要求，试用其他指令和方式编写控制程序。

【知识拓展】

一、双向计数器

FX2N 系列 PLC 有 35 个双向计数器，共有 35 点，即 C200 ~ C234，其中 C200 ~ C219（共 20 点）为通用型，C220 ~ C234（共 15 点）为断电保持型。32 位双向计数器的计数范围为 -2147483648 ~ +2147483647（10 进制常数）。所谓双向计数是指计数的方向，即是加计数器还是减计数器，分别由特殊辅助继电器 M8200 ~ M8234 来设定，如 C200 与 M8200、C201 与 M8201 对应的特殊辅助继电器被置 ON 时，为减计数器，反之，置 OFF 时则为加计数器。

计数器的设定值与 16 位计数器一样，可直接用常数 K 或间接用数据寄存器 D 的内容作为设定值。在间接设定时，要用编号紧连在一起的两个数据计数器。

如图 3-29 所示，X12 用来控制 M8200，X12 闭合时为减计数方式。X13 为复位信号，其常开触点闭合时 C200 被复位。X14 为计数输入，C200 的设定值为 5（可正、可负）。设 C200 置为增计数方式（M8200 为 OFF），当 X14 计数输入由 4 累加到 5 时，计数器的输出触点动作，Y1 接通。当前值大于 5 时计数器仍为 ON 状态。只有当前值由 5 变为 4 时，计数器才变为 OFF。只要当前值小于 4，则输出则保持为 OFF 状态。复位输入 X13 接通时，计数器的当前值为 0，输出触点也随之复位。

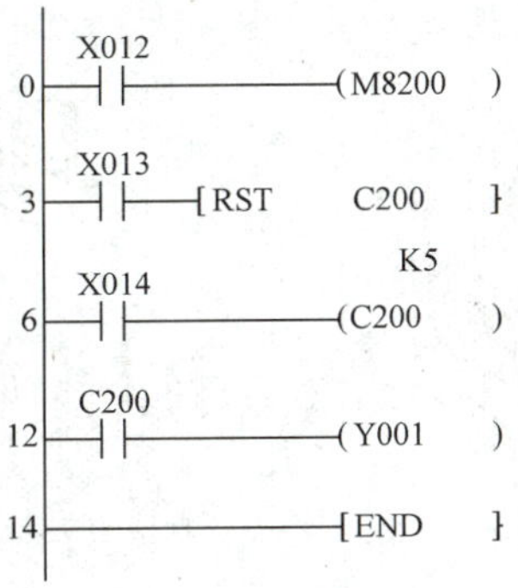

a) 梯形图

0	LD	X012
1	OUT	M8200
3	LD	X013
4	RST	C200
6	LD	X014
7	OUT	C200 K5
12	LD	C200
13	OUT	Y001
14	END	

b) 语句表

图 3-29 双向计数器

需要注意的是如果当前值为 +2147483647 时进行加计数，则计数值变为 -2147483648，同理，如果由 -2147483648 减计数，则计数值变为 +2147483647，这种动作方式称为环形或循环计数。

二、高速计数器

高速计数器是指那些能对频率高于扫描同期的输入脉冲进行计数的计数器。通常一个计数器的输入信号的最高频率不能高于 7kHz 或 107kHz。FX2N 系列 PLC 有 21 个高速计数器，即 C235 ~ C255。计数范围为 -2147483648 ~ +2147483647 或 0 ~ 2147483647。适用于高速计数器能同时被应用的输入端只有 6 个，即 X0 ~ X5（其中 X0、X2、X3 最高频率为 10kHz，X1、X4、X5 最高频率为 7kHz），X0 ~ X7 不能重复使用，即某一个输入端已被某个高速计数器占用，它就不能再用于其他高速计数器，也不能用做它用，其他端子不能对高速脉冲信号进行处理。X6、X7 也是高速输入端，但只能用作启动信号，不能用于高速计数。

高速计数器是近中断原则运行的，因此它独立于扫描周期，选定计数器的线圈应以连续方式驱动，以表示这个计数器及有关输入连续有效，而不能用普通计数器那样用产生脉冲信号的端子驱动高速计数器。计数器用的越少，则可计数频率就越高。不同的类型的计数器可以同时使用，但它们的输入端不能共用。

高速计数器可分为三类：

（1）单相单计数输入高速计数器 这类高速计数器可分为无启动/复位端单相单计数输入高速计数器（C235 ~ C240）和带启动/复位端单相单计数输入高速计数器（C241 ~ C245），其触点动作与 32 位增/减计数器相同，可进行增或减计数（取决于 M8235 ~ M8245 的状态）。

（2）单相双计数输入高速计数器（C246 ~ C250） 这类高速计数器具有二个输入端，一个为增计数输入端，另一个为减计数输入端。利用 M8246 ~ M8250 的 ON/OFF 动作可监控 C246 ~ C250 的增记数/减计数动作。

（3）双相高速计数器（C251 ~ C255） A 相和 B 相信号决定计数器是增计数还是减计数。当 A 相为 ON 时，B 相由 OFF 到 ON，则为增计数；当 A 相为 ON 时，若 B 相由 ON 到 OFF，则为减计数。

项目四

气动机械手搬运机构电路连接、检测与编程

项目描述

机械手是指能模仿人手和臂的某些动作功能，用于按固定程序抓取、搬运物件或操作工具的自动操作装置。机械手是最早出现的工业机器人，也是最早出现的现代机器人，它可代替人从事繁重劳动，以实现生产的机械化和自动化，同时它能在有害环境下操作，以保护人身安全，因而广泛应用于机械制造、冶金等行业。

本项目通过对气动机械手进行搬运工件的控制实训，学习气动机械手相关知识，学会机械手运行前调试；认识步进控制指令，初步掌握无分支步进控制程序的编制方法。

任务一　气动机械手搬运工件的电路连接与控制

【任务描述】

1. 请根据图 4-1 所示的电路，在 YL—235A 机械手、按钮与指示灯模块、三菱 FX2N-48MR PLC 模块上选择电路需要的电器，并按照工艺要求进行气动机械手搬运工件电路的连接。

2. 按照下面的任务要求，编写 PLC 控制程序，并在 YL—235A 实训装置上实验调试，实现任务要求的功能。

1）在起动前或正常停止后机械手必须停留在原位，也就是初始位置。机械手的初始位置是：机械手的悬臂气缸停留在左限位，悬臂气缸和手臂气缸的活塞杆均缩回，气爪处于松开状态。

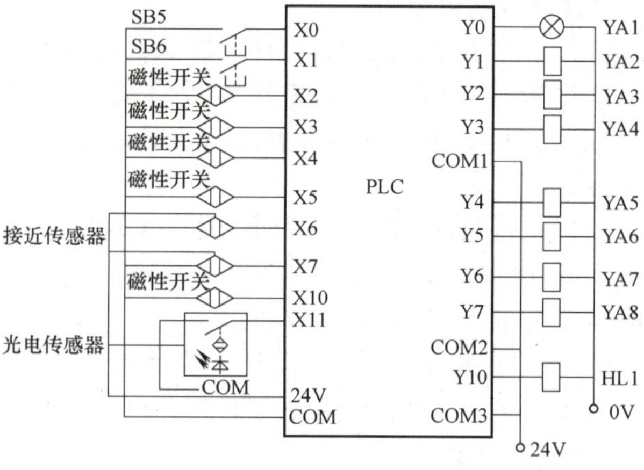

图 4-1　搬运机械手 PLC 控制线路的连接图

2）接通工作电源，按下起动按钮 SB5，指示灯 HL1 亮，进入准备状态，

当检测到物料台有工件后，机械手将按以下动作顺序搬运工件：悬臂气缸活塞杆伸出→伸出到前限位→传感器接到信号后手臂气缸活塞杆伸出→伸出到下限位后延时 1s 气爪夹紧→再延时 1s→手臂气缸的活塞杆缩回→缩回到上限位、传感器接到信号后悬臂气缸活塞杆缩回→缩回到后限位、传感器接到信号后旋转气缸驱动机械手右转→右转到右限位、传感器接到信号后悬臂气缸活塞杆伸出→伸出到前限位、传感器接到信号后手臂气缸活塞杆伸出→伸出到下限位后延时 1s 气爪松开→机械手臂的活塞杆缩回→缩回到上限位、传感器接到信号后悬臂气缸活塞杆缩回→缩回到后限位、传感器接到信号后旋转气缸驱动机械手左转→返回到初始位置，准备搬运下一个工件。

3）不按下停止按钮 SB6，机械手将按上述动作流程连续自动搬运工件；如果按下停止按钮 SB6，机械手在完成当前工件的搬运后，回到初始位置停止，指示灯 HL1 熄灭。

【任务目标】

1. 知道磁性开关和接近传感器，并会使用它们检测气缸的位置和机械手臂转动是否到位，与 PLC 配合实现气动机械手搬运工件。

2. 知道 PLC 控制系统电路要求，能根据线路连接图，按工艺要求连接 PLC 系统的电路。

3. 理解步进顺序控制指令、认识步进控制、状态继电器 S、步进触点和 STL、RET 指令。

4. 掌握工序流程图（功能图）、梯形图和指令表的互相转化，会使用无分支步进控制编程方法。

5. 理解机电设备的初始位置、气爪在抓取工件前后和放置工件前后有延时、机械手每个动作之间的转换都通过传感器的位置信号控制、停止信号的处理。

【知识点解析】

知识 1　无分支步进编程

步进编程的基本思路是：把复杂的控制过程分解成相对独立的多个工作步骤，对每一个工作步骤编制一段小程序，每一段小程序由一个特殊的常开触点——步进触点来控制，多个小程序有机结合，完成整个控制过程。这种编程方法称为步进指令编程，简称步进编程。

1. 工步及步进编程指令

步进控制的工作步骤称作一个工步，用流程图表示，如图 4-2 所示。这个流程图的含义是：在 S20 工步内驱动 Y5，直到 X3 闭合，才转移到 S21 工步。

由图 4-2 可见，步进控制每个工步包含控制元件、驱动负载、转移条件、转移目标 4 个内容。

1）控制元件：进入步进编程，放置步进触点，建立子母线。所用元件是步进接点，指令是 STL，梯形图符号是─┤STL├─或─▯ ▯─。

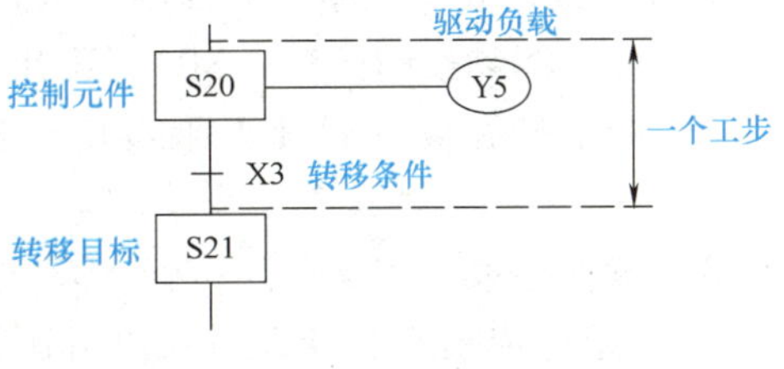

图 4-2　步进控制流程示意图

2）驱动负载：驱动线圈，完成相应动作。所用元件是线圈。

3）转移条件：提供结束本工步、向下一工步转移的条件。所用元件是触点，使用中有常开和常闭两种，如：X0 和$\overline{X0}$都可以用于转移条件，X0 用作转移条件时表示常开触点闭合时跳转到下一工步，$\overline{X0}$用作转移条件时表示常闭触点断开时跳转到下一工步。

4）转移目标：分断本工步的步进触点，闭合下一工步的步进触点。所用元件为步进触点，指令是 SET，梯形图符号是 -[　　]- 或 [SET|　]。

注意：在编程时，最后一工步必须要写入步进返回指令 RET，梯形图符号是 -[RET]- 或—[RET]。其作用是退出步进指令程序，返回到母线。

根据图 4-2 运用步进编程指令绘制梯形图如图 4-3 所示。

2. 状态继电器 S 和步进触点

步进控制要使用到状态继电器 S，FX2N 系列 PLC 中共有 900 个状态软元件，其中 S0～S9 用作初始状态，S10～S19 用作回原点状态，S20～S499 用作通用工作状态，S500～S899 用作断电保持型工作状态。各状态继电器的一个常开触点作为步进控制的步进触点，也就是所谓的控制元件，其他触点还可以当作普通触点使用。梯形图中放置步进触点只能用 STL 指令。

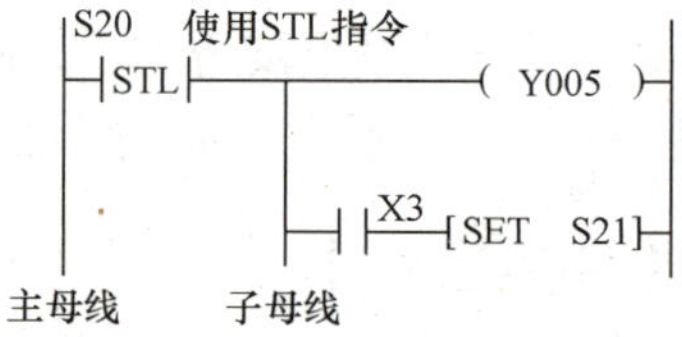

图 4-3　图 4-2 的步进梯形图的表示

3. 工序流程图的设计及其注意事项

在设计步进梯形图之前，一般先根据生产工序设计工序流程图。有多少个工序，对应梯形图多少个工步；每个工序内完成哪些任务，对应梯形图每个工步内有哪些驱动；每个工序完成的标志，对应梯形图每个工步的转移条件；某个工序结束后转到哪个工序，对应梯形图工步结束后的转移目标。在绘制工序流程图时应有下列注意事项。

1）两个步绝对不能直接相连，必须用一个转换将它们隔开。

2）两个转换也不能直接相连，必须用一个步将它们隔开。

3）工序流程图中的初始步不能少。

4）在连续循环工作方式时，应从最后一步返回下一个工作周期开始运行第一步。

4. 步进控制的自动进入待机、循环控制和紧急停止

在通电瞬间，利用特殊辅助继电器 M8002 的常开触点，进入待机工步。

利用通用辅助继电器的自锁控制，起动或停止步进控制的循环运行。

利用 M8034 禁止 PLC 输出，或者利用特殊辅助继电器 M8040 强制中断步进程序的转移，实现设备的紧急停止。

例 1：有一液压工作台，控制要求如下：

1）按下起动按钮 SB1（X0），工作台上升（Y2），同时打开照明灯（Y0）。

2）当上升到位以后（上限位传感器 X1），停止上升，照明灯仍然打开，使用者开始操作。

3）操作结束，按下关闭按钮 SB2（X2），工作台下降（Y1），照明灯关闭，下降到位以后（下限位传感器 X3），回到初始状态。

根据要求设计出工序流程图，如图 4-4 所示。再根据工序流程图编制出梯形图和指令表，如图 4-5 所示。

梯形图程序分析要点如下：

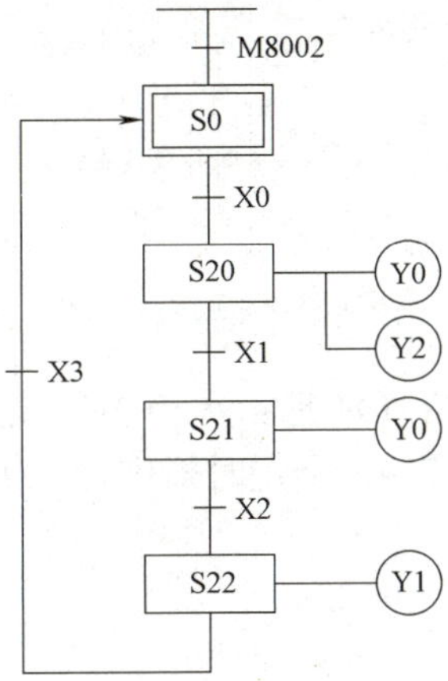

图 4-4　工序流程图

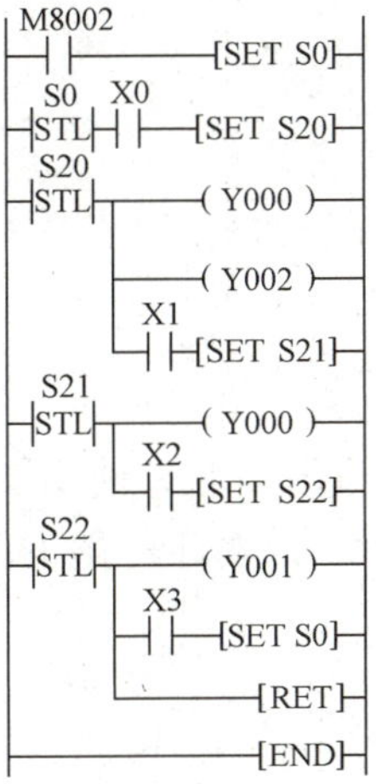

指令	元件
LD	M8002
SET	S0
STL	S0
LD	X0
SET	S20
STL	S20
OUT	Y0
OUT	Y2
LD	X1
SET	S21
STL	S21
OUT	Y0
LD	X2
SET	S22
STL	S22
OUT	Y1
LD	X3
SET	S0
RET	
END	

图 4-5　梯形图及指令表

0 ~ 2 步序：PLC 加点 M8002 瞬间吸放，其常开触点瞬间通断，以此为条件转向 S0 工步，进入待机状态。

S0 工步：以 X0 为条件，转向 S20 工步。

S20 工步：驱动 Y0 和 Y2，工作台上升，同时打开照明灯；以 X1 为条件，转向 S21 工步。

S21 工步：驱动 Y0，打开照明灯；以 X2 为条件，转向 S22 工步。

S22 工步：驱动 Y1，工作台下降；以 X3 为条件，转向 S0 工步，返回待机状态，结束步进程序。

观察工序流程图 4-4，整个控制过程中没有分支，把这样没有分支的步进控制，称为无分支步进控制，其编程也就称为无分支步进编程。

知识 2　步进编程说明

1）状态 S 不用于步进控制时，也可作一般的辅助继电器使用。此时其功能与辅助继电器一样，但作为辅助继电器使用时，不能提供步进接点（步进接点是可以产生一定步进动作的接点）。

2）输出的驱动方法：STL 内母线一旦写入 LD 或 LDI 指令后，对不需要触点的线圈就不能再编程，如图 4-6a 所示。若要编程，需变换成图 4-6b 所示。

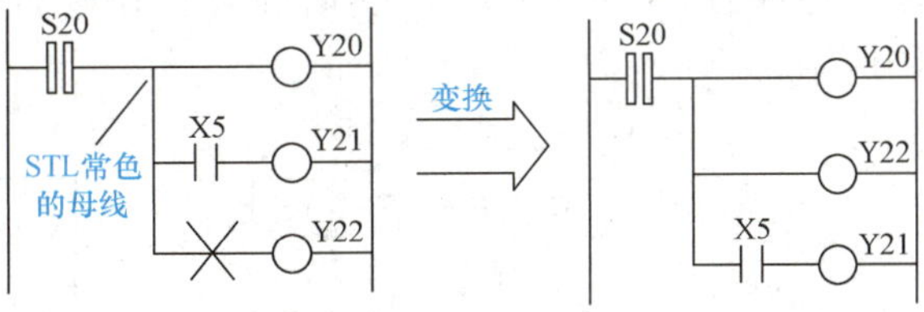

a) Y22不能编程　　b) Y22可以编程

图 4-6　输出的驱动方法

3）栈指令的位置。不能在 STL 内的母线处直接使用栈指令（MPS/MRD/MPP），须在 LD 或 LDI 指令后使用栈指令，如图 4-7 所示。

4）状态的转移方法。对于 STL 指令后的状态 S，OUT 指令和 SET 指令具有同样的功能，都将自动复位转移源和置位转移目标。但 OUT 指令用于向分离状态转移，而 SET 指令用于向下一个状态转移。如图 4-8 所示。

5）在不同的步进段，允许有重号的输出（注意：状态号不能重复使用）。如图 4-9a 所示，表示 Y2 在 S20 和 S21 两个步进段都接通，它与图 4-9b 等效。

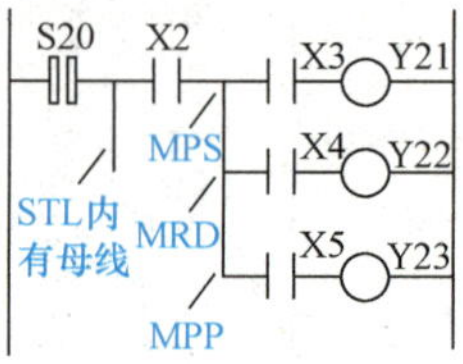

图 4-7　栈指令的位置

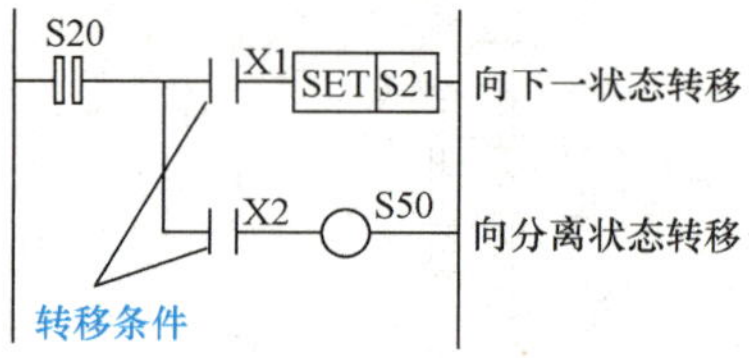

图 4-8　状态的转移

6）在不相邻的步进段，允许使用同一地址编号的定时器（注意：在相邻的步进段不能使用），如图 4-9b 所示。故对于一般的时间顺序控制，只需 2 ~ 3 个定时器即可。

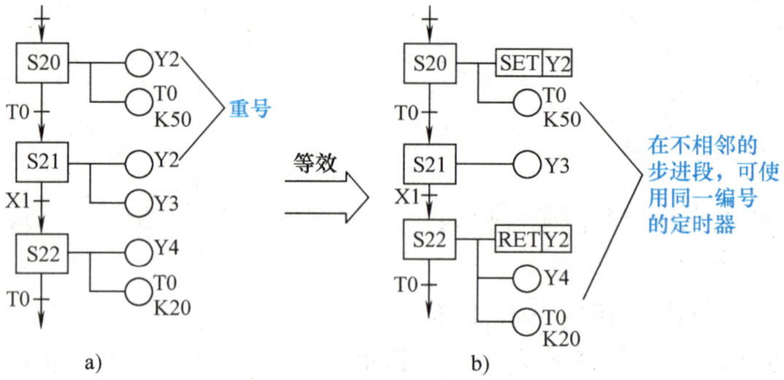

图 4-9　使用同一地址编号的定时器

7）若需要保持某一个输出，可以采用置位指令 SET，当该输出不需要再保持时，可采用复位指令 RST。

8）初始状态用双线框表示，通常用特殊辅助继电器 M8002 的常开触点提供初始信号。其作用是为启动作好准备，防止运行中的误操作引起的再次启动。

9）在步进控制中，不能用 MC 指令。

10）S 要有步进功能，必须要用置位指令（SET），才能提供步进接点，同时还可提供普通接点。

11）状态转移瞬间（一个扫描周期），由于相邻两个状态同时接通，对有互锁要求的输出，除在程序中应采取互锁措施外，在硬件上也应采取互锁措施，其实现方法如图 4-10所示 。

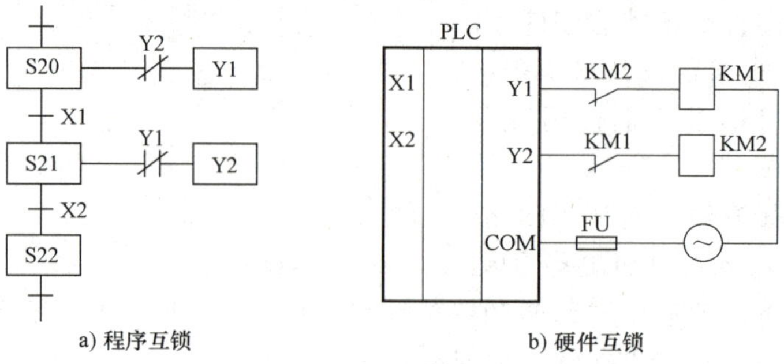

图 4-10　程序互锁硬件互锁

【任务实施】

1. 清点器材

对照表4-1，清点机械手搬运工件任务所需设备、工具及材料。

表4-1　机械手搬运工件任务所需设备、工具及材料

序号	名　称	型　号	数量	作　用
1	磁性开关	D—C73、D—Z73	各2个	手臂、悬臂限位
2	金属接近传感器	LJ12A3—4—Z/BX	2个	左右摆动限位
3	磁性开关	D—M9B	1个	气爪夹紧限位
4	光电传感器	E3Z—L	1个	物料检测
5	指示灯	HL1	1个	指示工作状态
6	机械手设备	YL235A	1套	动作
7	PLC模块	FX2N—48MR	1台	控制
8	数据通信线	RS—232数据线	1条	实现计算机与PLC数据传送
9	万用表	FM—47型	1只	电路检测
10	按钮与指示灯模块	专配	1块	提供电源、按钮和指示灯
11	扎带	ϕ120mm	若干	电路连接工艺
12	剪刀		1把	工艺整形
13	电源模块		1块	提供三相五线电源
14	220V电源连接线		2条	供按钮与指示灯模块和PLC模块用

2. 硬件电路连接、检测与捆扎

（1）根据任务，分析作出输入输出I/O分配表，如表4-2所示。

表4-2　I/O分配表

输　入		输　出	
起动按钮SB5	X0	悬臂伸出	Y0
停止按钮SB6	X1	悬臂缩回	Y1
悬臂气缸前限位传感器	X2	手臂下降	Y2
悬臂气缸后限位传感器	X3	手臂上升	Y3
手臂气缸下限位传感器	X4	向右摆动	Y4
手臂气缸上限位传感器	X5	向左摆动	Y5
旋转气缸左限位传感器	X6	气爪夹紧	Y6
旋转气缸右限位传感器	X7	气爪松开	Y7
气爪气缸夹紧限位传感器	X10	指示灯HL1	Y10
物料检测传感器	X11		

（2）根据 PLC 外部接线图进行线路连接

1）完成 PLC 输入电路的连接。根据任务要求，SB5、SB6 与 PLC 连接请参照前面的任务。由图 1-17 所示的 YL—235A 端子接线图可知，各传感器引线已经接到安装平台接线排的端子中的 37 ~ 52 号端子，只需与 PLC 的输入端子 X2 ~ X11 和端子排相连接。具体接法是 34、37、40 号端子通过红色安全插接线与 PLC 输入侧的 +24V 插孔相连，35、38、41、44、46、48、50、52 号端子通过黑色安全插接线与 PLC 输入侧的 COM 相连；36、39、42、43、45、47、49、51 号端子分别通过绿色安全插接线与 PLC 主机的输入端 X11、X6、X7、X2、X3、X5、X4、X10 相连。最终连接示意图如图 4-11 所示。

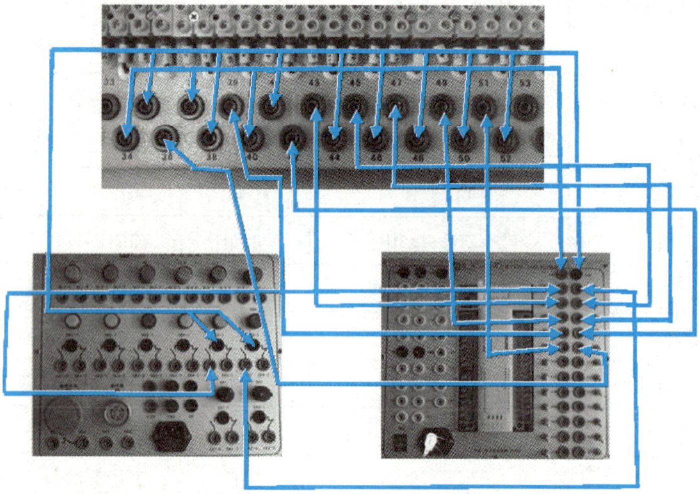

图 4-11　输入电路连线示意图

2）完成 PLC 输出电路的连接。输出端子连接示意图如图 4-12 所示。将 COM1、COM2、COM3 接到按钮与指示灯模块 24V 插孔，Y10 与 HL1-1 相连，HL1-2 与 0V 相连，用黑色短的插接线将端子排中 11、13、15、17、19、21、23、25 号端子连接在一起，并用黑色长的插接线引至按钮与指示灯模块上的电源 0V；再用黄色长的插接线将端子 10、12、14、16、

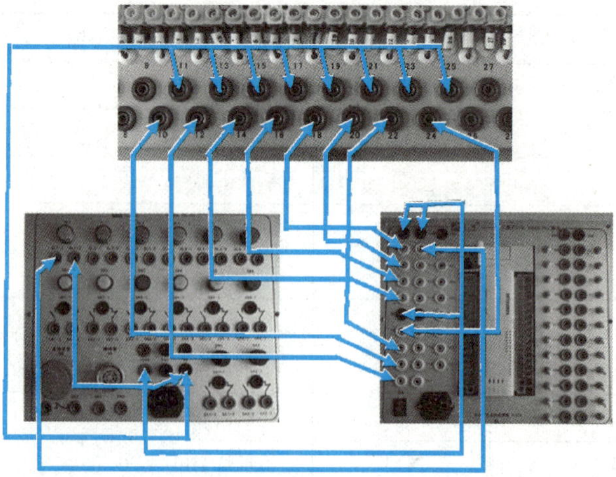

图 4-12　输出电路连线示意图

18、20、22、24 分别与 PLC 输出端 Y6、Y7、Y3、Y2、Y0、Y1、Y5、Y4 相连。

（3）电路检测

1）通电前检测，避免短路、连接不良等问题。通过给输出端 Y 提供电信号，观察机械手的动作，检测电磁阀线路的正确性。

2）未通气前，手动调节气缸，观察传感器是否检测到信号并传回到 PLC 输入端。

（4）线路捆扎　当电路连接、检测后，对线路进行绑扎。请参照项目二。

3. 程序编写与下载

1）根据任务，进行步的划分。本任务的工步包括 S0 初始位置→S10 物料检测→S20 伸出；下降→S21 延时；夹紧→S22 延时；上升；缩回；右转→S23 伸出；下降；延时；松开→S24 上升；缩回；左转→检测停止辅助几点判断返回到 S0 或是 S10。

2）作出工序流程图，如图 4-13 所示。

3）根据工序流程图（图 4-13），采用步进指令编程的方法，将整个工作任务的运行程序编制为梯形图，如图 4-14 所示。

4）利用 FX 软件录入程序、转换并写入 PLC。

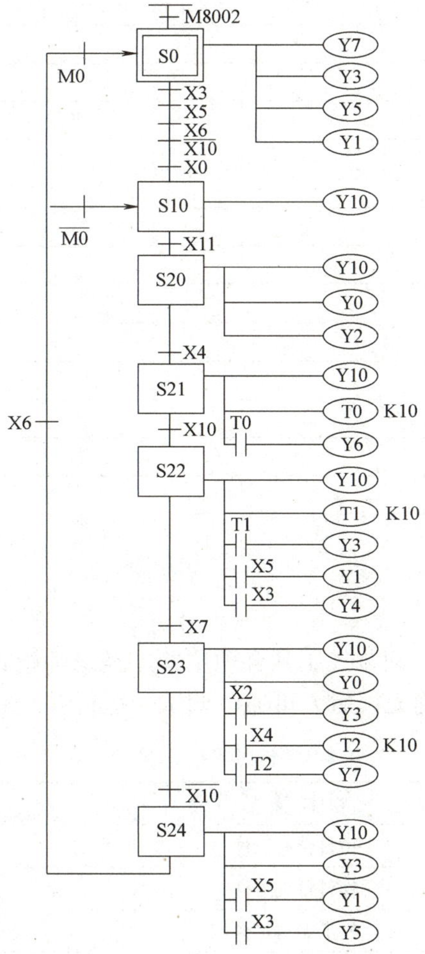

图 4-13　工序流程图

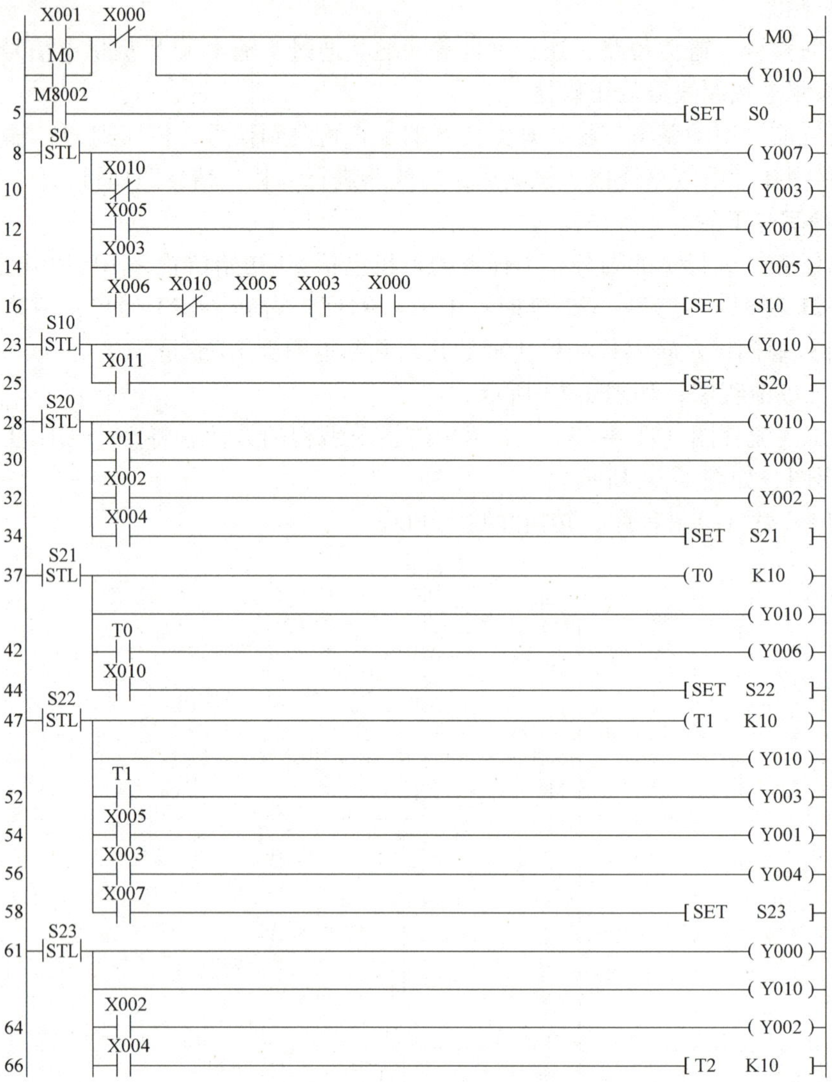

图 4-14　梯形图

4. 调试与运行

检查无误后，打开气源，调节气压到合理位置。经老师检查后方可进行调试。将编写的程序输入 PLC，检查接线正确无误后方可通电调试、运行并观察填表 4-3。

表 4-3　机械手搬运工件情况

按钮开关	物料情况	机械手动作情况
点动 SB5 按钮	物料台有工件	
	物料台无工件	
点动 SB6 按钮	气爪夹有工件	
	气爪上无工件	

5. 实训场地现场清理

实训完后，将对所操作设备进行复位、还原。拆除安全插接线、整理工位、清点工具、清扫现场卫生，并填写设备使用登记表。

【评价与反思】

表 4-4　任务检测与分析

检测项目	评分标准	分值	学生自评	小组评分	教师评分
电路连接	正确进行电路连接、工艺合理	30			
软件启动	正确启动编程软件	10			
程序输入	能进行梯形图程序输入	10			
程序编辑	会编辑修改梯形图程序	10			
文件操作	能进行程序转换、存盘、写入等操作	10			
起动运行	会起动运行操作	5			
运行调试	会调试、修改程序	10			
团队协作	小组协调、合作	5			
职业素养	工具使用与摆放、工位清洁等	10			
总分		100			

【问题探究】

1. 机械手在搬运物件过程中，物件有可能从气爪中脱落。应怎样防止物件从气爪中脱落?

2. 机械手搬运物件时，会有不同的动作顺序。如：悬臂伸出→手臂下降→抓取物件→手臂上升→悬臂缩回→机械手转动→悬臂伸出→放下物件。你还能说出其他搬运物件的动作顺序吗?

3. 突然断电时，气爪松开，物件会从气爪中脱落。如何防止这样的事件发生?

4. 寻求机械手搬运工件更高效的办法，比如悬臂伸出的同时手臂下降，悬臂缩回的同时手臂上升，尝试改变电路或编写程序。

【知识拓展】

1. 认识磁性开关

磁性开关以磁性方式检测气缸活塞的位置。磁性开关直接安装在气缸上，如图 4-15 所示，当活塞到达位置后发出控制信号；而当活塞离开后，切断信号。可以通过铝、黄铜或钢制外壳壁检测到活塞的环形磁铁，并给出触发信号，一般磁性开关和传感器磁环之间有动作范围，其中间位置一般为最高灵敏度位置，如图 4-16 所示。

YL—235A 光机电一体化实训装置的气动机械手使用了 3 种型号的磁性开关，分别是 SMC 公司的 D—C73、D—Z73 和 D—Y59B，如图 4-17 所示。其中 D—Z73 用于检测气动机械手的伸缩气缸的位置，D—C73 用于检测气动机械手提升气缸和推料气缸的位置，而 D—Y59B 用于检测气动机械手手爪抓紧与否。

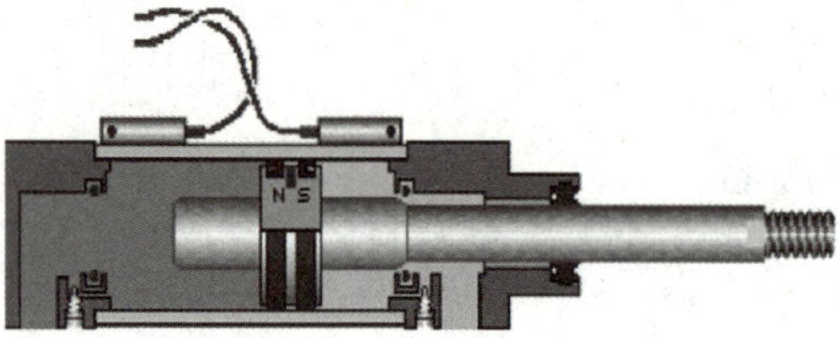

图 4-15　磁性开关的安装位置图

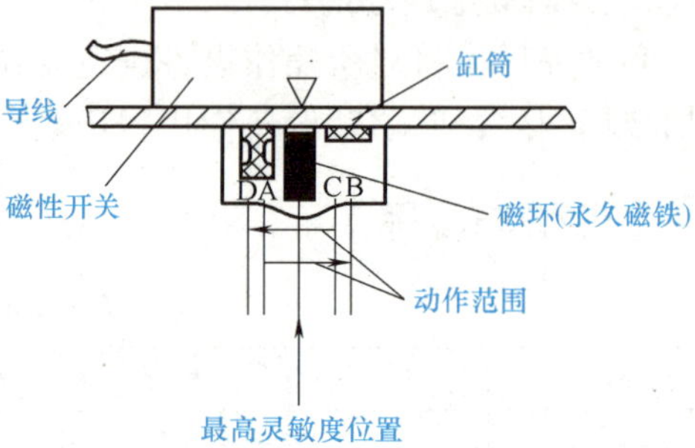

图 4-16　磁性开关和传感器磁环

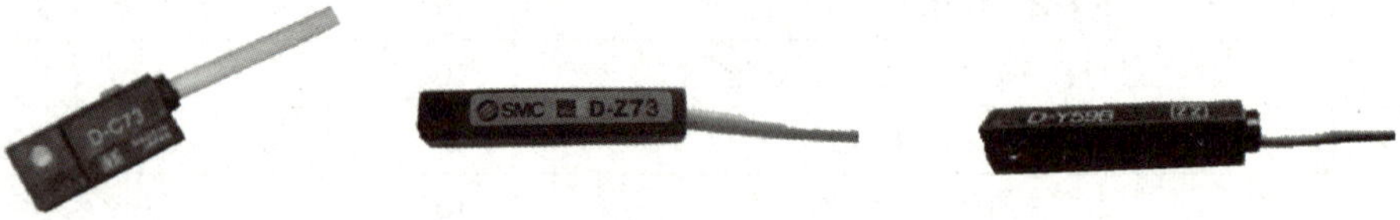

a) D—C73　　b) D—Z73　　c) D—Y59B

图 4-17　气动机械手上使用的 3 种磁性开关

磁性开关是用来检测气缸活塞位置的，即检测活塞的运动行程的。它可分为有触点式和无触点式两种。YL—235A 装置上用的磁性开关均为有触点式的。它是通过机械触点的动作进行开关的通（ON）和断（OFF）。

2. 工序流程图的类型

(1) 单流程结构　从头到尾只有一条路可走，称为单流程结构，如图 4-18 所示。

(2) 选择分支流程　若有多条路径，而只能选择其中一条路径来执行，这种分支方式称为选择分支，如图 4-19 所示。

(3) 并进分支与汇合流程　若有多条路径，且必须同时执行，这种分支的方式称为并进分支流程。在各条路径都执行后，才会继续执行下面的指令，像这种有等待功能的方式称之为并进汇合，如图 4-20 所示。

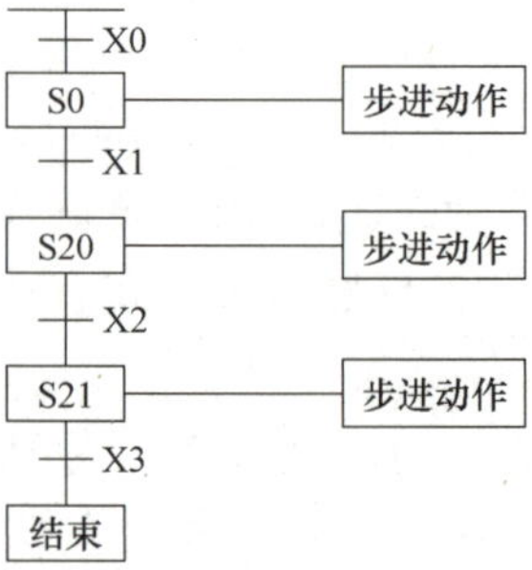

图 4-18　单流程结构

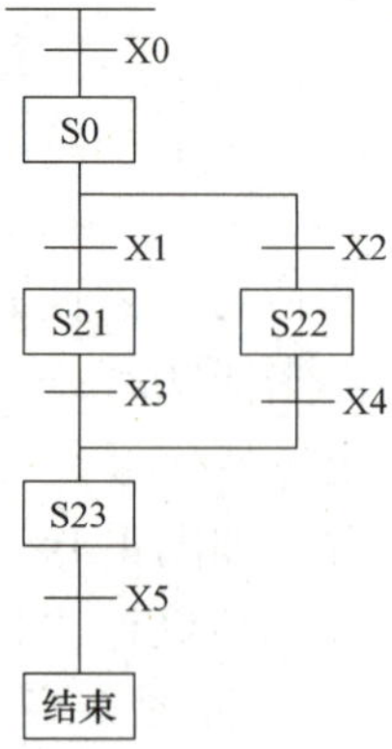

图 4-19　选择分支

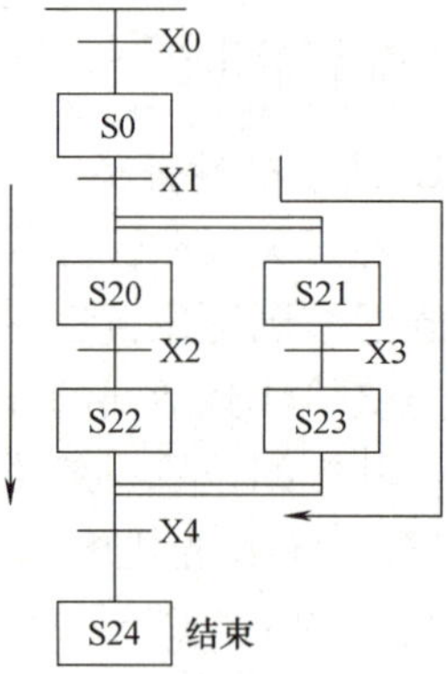

图 4-20　并进分支与汇合流程

（4）跳转流程　向下面状态的直接转移或向系列外的状态转移被称为跳转，用符号↓指向转移的目标状态，如图 4-21 所示。

（5）重复流程　向前面状态进行转移的流程称为重复。用↓指向转移的目标状态。使用重复流程可以实现一般的重复，也可以对当前状态复位，如图 4-22 所示。

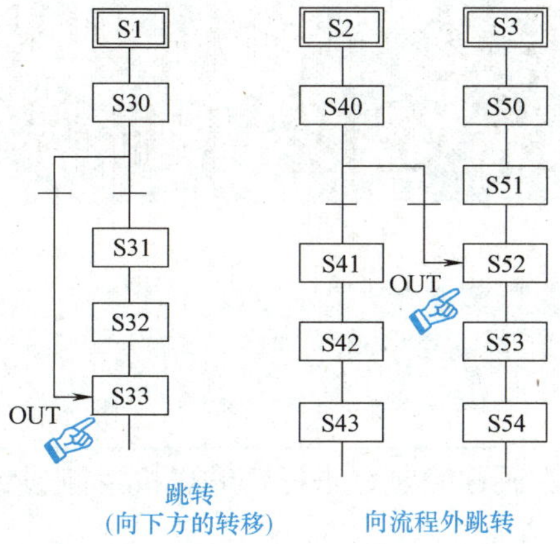

图 4-21　跳转流程

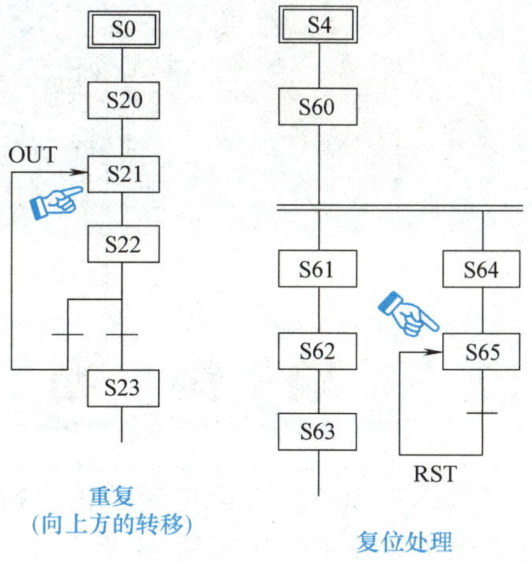

图 4-22　重复流程

项目五 带输送机传送、物料识别与分拣电路连接与编程

项目描述

带输送机是一种应用广泛的机电设备，电动机的调速控制是进行带输送机控制设计的过程中必须掌握的一项重要技术。

本项目以 YL—235A 光机电一体化设备中的带输送机为例，学会如何用传感器、PLC 和变频器等来实现带输送机的自动调速、物料识别与分拣控制。在完成这些工作任务的过程中，学习变频器的基本知识与参数设置，学习如何通过传感器判别物料性质及实现自动分拣的编程方法。

任务一 带输送机多速运行电路连接与编程

【任务描述】

图 5-1 所示为 YL—235A 光机电一体化实训装置上的物料传送及分拣机构，主要由带输送机和物料识别与分拣系统两部分组成。

请根据图 5-2 所示的带输送机电气控制电路图进行操作：

1. 在 YL—235A 设备对应模块上选择电路需要的电器，并按照工艺要求，进行带输送机多速运行电路连接。

2. 按照下面要求，编写程序，并在 YL—235A 装置上进行调试，实现任务要求的功能。

1）YL—235A 光机电一体化实训设备中带输送机中的三相交流异步电动机由变频器进行调速控制。

2）设备接通电源后，按下起动按钮

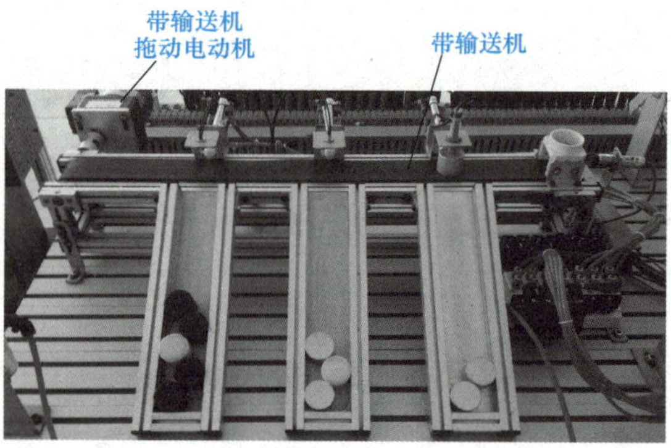

图 5-1 YL—235A 光机电一体化实训装置上的物料传送及分拣机构

SB5，带运输机以 20Hz 的速度正转起动，5s 后，带输送机为 40Hz 的速度正转；再过 5s，带输送机变为 10Hz 的速度正转；3s 后，带输送机变为 20Hz 的速度反转。

3）按下停止按 SB6，系统停止；停止后再次按下起动按钮 SB5 后，带输送机重复以上运行过程。（备注：带输送机运行加速时间为 2s，停止时间为 0.5s。）

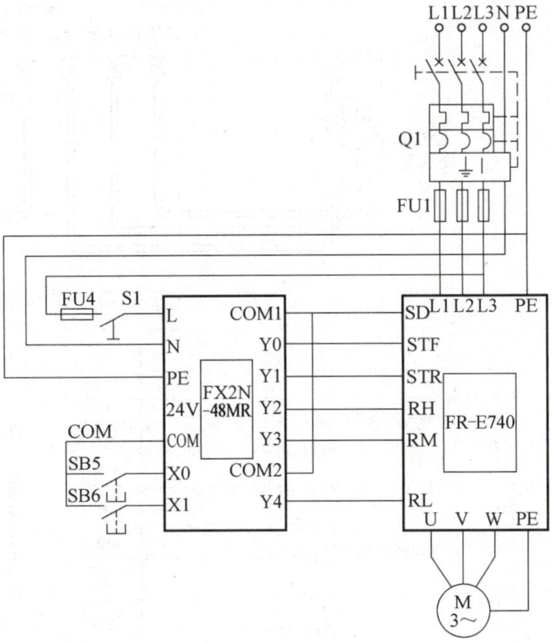

图 5-2　带输送机电气控制电路图

【任务目标】

1. 能根据电路图按工艺要求连接变频器控制带输送机的电路。
2. 会按照控制要求设置变频器参数。
3. 能按照任务要求编制带输送机三段速运行 PLC 控制程序。
4. 会进行设备调试，能解决调试中出现的电路连接及 PLC 程序问题，并能检查设备是否达到任务控制要求。

【知识点解析】

知识 1　认识三菱 FR—E740 变频器

三菱 FR—E740 变频器的外形和型号含义如图 5-3 所示。

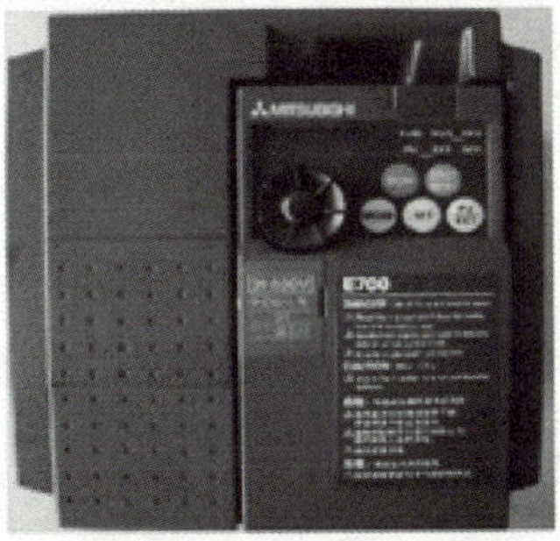

a) FR—E740变频器的外形

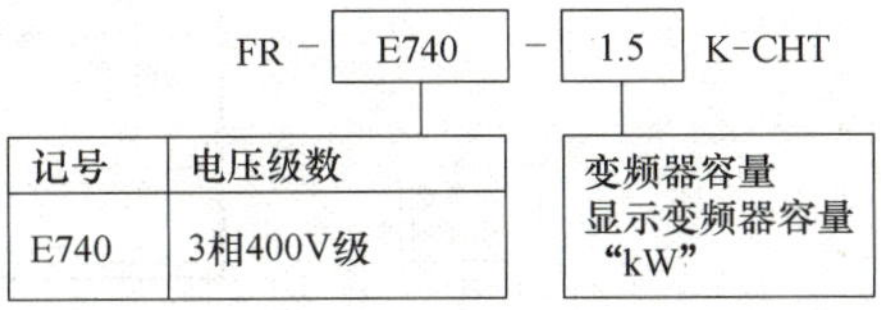

b) FR—E740变频器的型号含义

图 5-3　FR—E740 系列变频器

1. 变频器基本接线

（1）主电路接线　主电路接线时，电源输入端送入 380V 交流电压，三相电源线必须连接至变频器的输入端 R/L1、S/L2、T/L3，绝对不能直接接在变频器输出端 U、V、W，否则会损坏变频器。三相电动机接到变频器的输出端 U、V、W。如图 5-4 所示。

（2）控制回路端子接线　图 5-5 所示为　FR—E740 变频器控制电路端子功能介绍，可

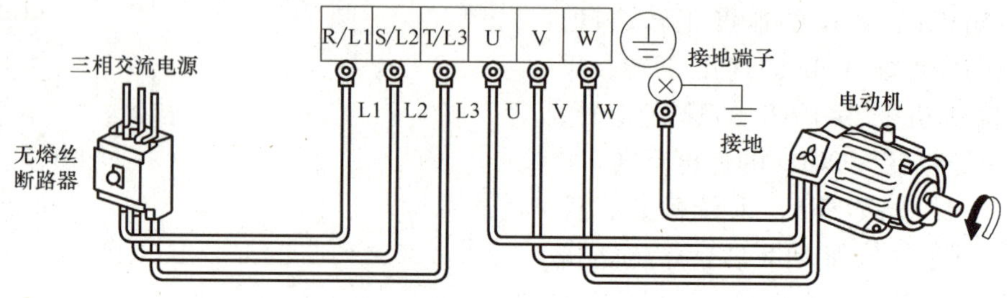

图 5-4　主电路电源和电动机与变频器的连接

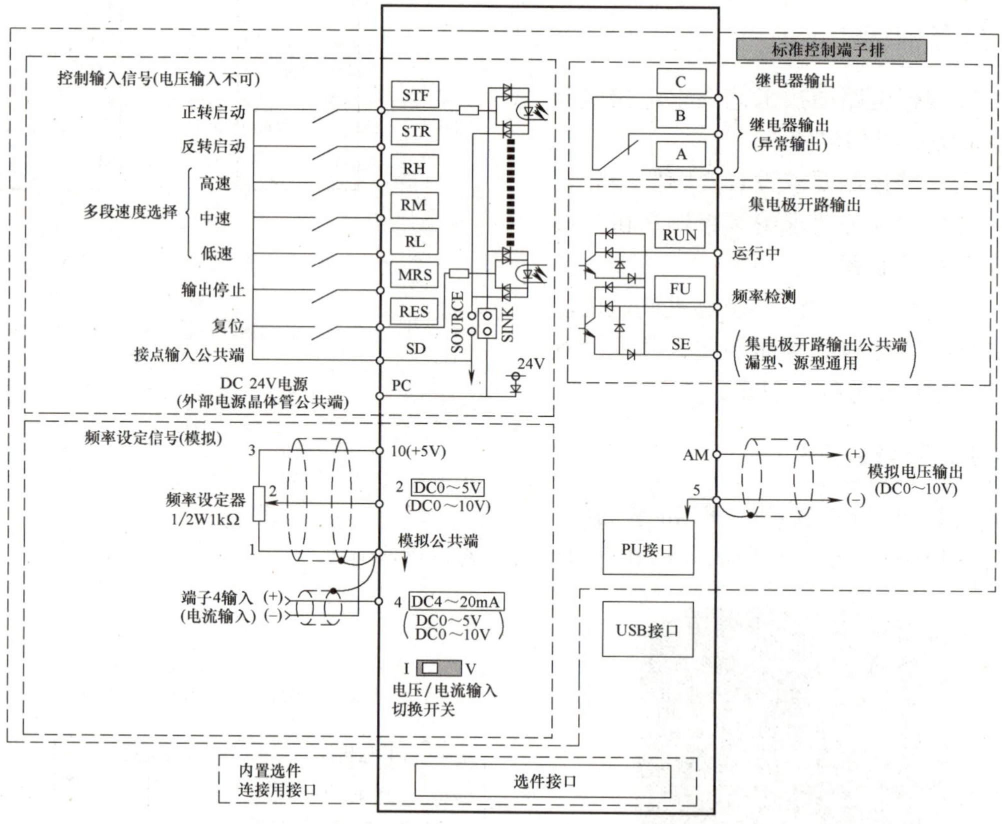

图 5-5　FR—E740 变频器控制电路端子功能介绍

根据系统的控制要求进行接线。

（3）基本操作面板介绍　YL—235A 光机电一体化实训设备中三菱 FR—E740 变频器连接的各端子均引出到变频器模块的面板上。FR—E740 变频器基本操作面板如图 5-6 所示。

1）M 旋钮：用于改变频率、参数的数值，顺时针增大数值，逆时针减少数值。

2）模式切换键（MODE）：用于切换各设定模式。

3）设定确定键（SET）：各种数值变更后的确定。

4）运行模式切换键（PU/EXT）：用于切换 PU/外部运行模式。

5）起动指令键（RUN）：在 PU 模式下，按此键起动运行。

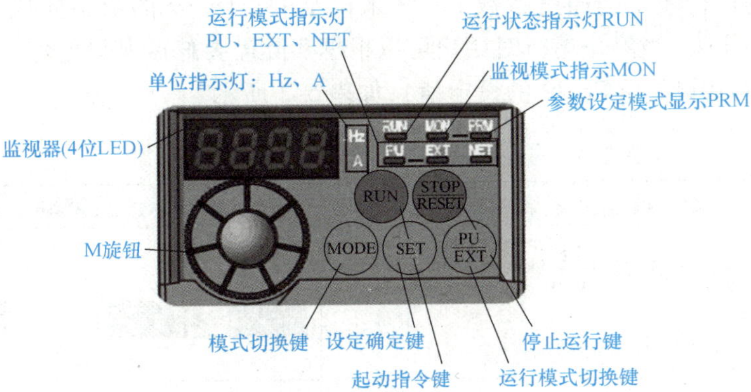

图 5-6　FR—E740 变频器基本操作面板

6）停止运行键（STOP）：在 PU 模式下，按此键停止运行。

（4）变频器的运行模式与参数　变频器的控制中必须考虑的两个问题是起动信号由谁给出（控制面板还是外部开关）、频率更改命令以什么方式改变（M 旋钮 + SET 键、外部按钮还是通信）。变频器常用参数如表 5-1 所示。

表 5-1　变频器常用参数

参数号	名　称	功　　能
Pr. 1	输出频率上限	此参数设定变频器输出给电动机的最高频率，使电动机的工作频率在额定频率以下，可以用此参数保护电动机超速。出厂时 PR. 1 = 120Hz，国内很多电动机的额定频率是 50Hz 和 60Hz，因此使用变频器时必须把此参数设定在电动机铭牌标注的额定频率以下
Pr. 2	输出频率下限	限定变频器起动信号有效后最低的工作频率，可以防止电动机起动时因转矩小而发生过载
Pr. 3	基准频率	变频器以此频率变速，高于它则加速，低于它则减速，一般把 Pr. 3 设成电网频率即可
Pr. 4 ~ Pr. 6 Pr. 24 ~ Pr. 27 Pr. 232 ~ Pr. 239	多段速端子	Pr. 4 指定高速端子 RH 有效时变频器输出的频率，同理 Pr. 5 、Pr. 6 对应 RM、RL 的频率。由此可见高速 RH、中速 RM、低速 RL 端子只是一个标记，不一定低速端子选定的速度就比高速端子选定的速度低，要看 Pr. 4、Pr. 6 的设定值谁高。P. 24 ~ Pr. 27 设定 7 段速，Pr. 232 ~ Pr. 239 设定 15 段速，Pr. 183 是 MRs 端子的功能选定，默认值为 6，停止功能，当设为 8 时就换名为 REX 端子，作为与 RH、RM、RL 一样的速度选择端子
Pr. 7	加速时间	变频器从 0 加速到指定频率所需的时间，默认值为 5s
Pr. 8	减速时间	变频器从当前工作频率减到 0 所需的时间，默认值为 5s
Pr. 15	点动频率	点动运行时的频率
Pr. 16	点动时间	点动命令有效后从 0 加速到 Pr. 15 制定频率所需的时间，也是减速到 0 所需的时间
Pr. 77	参数禁止写入选择	Pr. 77 = 0　变频器停止且在 PU 模式下才允许更改变频器参数（出厂默认值） Pr. 77 = 1　禁止更改变频器的参数（Pr. 75、Pr. 77、Pr. 79 除外） Pr. 77 = 2 变频器处于运行也能更改参数
Pr. 79	运行模式选择	综合运行模式 Pr. 79 = 0、PU 模式 Pr. 79 = 1、外部运行模式 Pr. 79 = 2、组合运行模式 Pr. 79 = 3、组合运行模式五 Pr. 79 = 4

FR—E740 的运行模式是通过参数 Pr. 79 来设定的，Pr. 79 的值不同代表不同的工作模式，出厂时 Pr. 79 = 0，当停止运行时用户可以根据实际需要修改其设定值。

变频器运行模式设置（Pr. 79 的设定值）如表 5-2 所示。

表 5-2　变频器运行模式设置（Pr. 79 的设定值）

<table>
<tr><th>设定值</th><th colspan="2">内　　容</th><th>LED 显示状态(■灭灯□亮灯)</th></tr>
<tr><td>0</td><td colspan="2">外部/PU 模式切换，通过$\frac{PU}{EXT}$键可切换 PU 与外部运行模式
注意接通电源时为外部运行模式</td><td>外部运行模式 
PU运行模式 </td></tr>
<tr><td>1</td><td colspan="2">固定为 PU 运行模式</td><td></td></tr>
<tr><td>2</td><td colspan="2">固定为外部运行模式可以在外部、运行模式间切换运行</td><td>外部运行模式 
网络运行模式 </td></tr>
<tr><td rowspan="3">3</td><td colspan="2">外部/PU 组合运行模式 1</td><td rowspan="6"></td></tr>
<tr><td>频率指令</td><td>起动指令</td></tr>
<tr><td>用操作面板设定或用参数单元设定，或外部信号输入(多段速设定，端子 4-5 间(AU 信号 ON 时有效))</td><td>外部信号输入(端子 STF、STR)</td></tr>
<tr><td rowspan="3">4</td><td colspan="2">外部/PU 组合运行模式 2</td></tr>
<tr><td>频率指令</td><td>起动指令</td></tr>
<tr><td>外部信号输入(端子 2、4、JOG、多段速选择等)</td><td>通过操作面板的 RUN 键、或通过参数单元的 FWD、REV 键来输入</td></tr>
<tr><td>5</td><td colspan="2">切换模式
可以在保持运行状态的同时，进行 PU 运行、外部运行、网络运行模式的切换</td><td>PU运行模式 
外部运行模式 
网络运行模式 </td></tr>
<tr><td>6</td><td colspan="2">外部运行模式(PU 运行互锁)
X12 信号 ON 时，可切换到 PU 运行模式(外部运行中输出停止)
X12 信号 OFF 时，禁止切换到 PU 运行模式</td><td>PU运行模式 
外部运行模式 </td></tr>
</table>

（5）参数设置实例

例 2　将上限频率（Pr. 1）设定为 50HZ，操作过程如表 5-3 所示，其他参数设置可参考此设定过程。

表 5-3　上限频率（Pr. 1）=50Hz 的设定过程

步骤	操　　作	控制面板显示
1	变频器通电显示监视器画面	
2	按$\frac{PU}{EXT}$键，进入 PU 运行模式	PU 显示灯亮
3	按 MODE 键，进入参数设定模式	PRM 显示灯亮
4	顺时针旋转，找到参数编号 1	
5	按 SET 键，读取当前设定值	
6	逆时针旋转，将设定值改为 50.00	
7	按 SET 键确定，保存设置	闪烁…参数设定完成

例 3　变频器所有参数还原为出厂默认值——参数清除。下面以参数全部清除为例说明还原出厂设置值的方法，设置过程如表 5-4 所示。

表 5-4　还原出厂设置值的过程

步骤	操　　作	控制面板显示
1	变频器通电显示监视器画面	
2	按$\frac{PU}{EXT}$键，进入 PU 运行模式	PU 显示灯亮
3	按 MODE 键，进入参数设定模式	PRM 显示灯亮
4	顺时针旋转，找到参数编号 ALLC	
5	按 SET 键，读取当前设定值	
6	逆时针旋转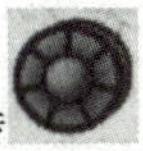，将设定值改为 1	
7	按 SET 键确定，保存设置	闪烁…参数设定完成

知识 2　多段速运行模式的设置

变频器在外部操作模式或组合操作模式 2 下，变频器可以通过外接的开关器件的组合通断改变输入端子的状态来实现。这种控制频率的方式称为多段速控制功能。

FR—E740 变频器的速度控制端子是 RH、RM 和 RL。通过这些开关的组合可以实现 3 段、7 段速的控制。

转速的切换：由于转速的挡位是按二进制的顺序排列的，故 3 个输入端可以组合成 3 挡至 7 挡（0 状态不计）转速。其中，3 段速由 RH、RM、RL 单个通断来实现。7 段速由 RH、RM、RL 通断的组合来实现。

7 段速的各自运行频率则由参数 Pr. 4 ~ Pr. 6（设置前 3 段速的频率）、Pr. 24 ~ Pr. 27（设置第 4 段速至第 7 段速的频率），如图 5-7 所示。

参数号	出厂设定	设定范围	备注
4	50Hz	0~400Hz	
5	30Hz	0~400Hz	
6	10Hz	0~400Hz	
24~27	9999	0~400Hz，9999	9999：未选择

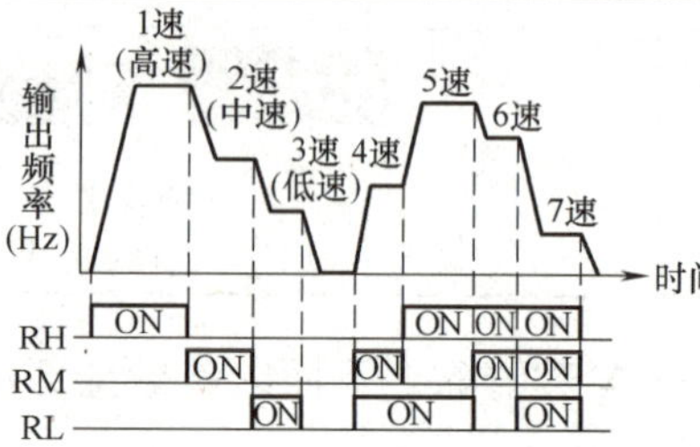

1速：RH单独接通，Pr.4设定频率
2速：RM单独接通，Pr.5设定频率
3速：RL单独接通，Pr.6设定频率
4速：RM、RL同时通，Pr.24设定频率
5速：RH、RL同时通，Pr.25设定频率
6速：RH、RM同时通，Pr.26设定频率
7速：RH、RM、RL全通，Pr.27设定频率

图 5-7　变频器实现 7 段速组合

多段速度设定在 PU 运行和外部运行中都可以设定。运行期间参数值也能被改变。

3 速设定的场合（Pr. 24 ~ Pr. 27 设定为 9999），2 速以上同时被选择时，低速信号的设定频率优先。

最后指出，如果把参数 Pr. 183 设置为 8，将 RMS 端子的功能转换成多速段控制端 REX，就可以用 RH、RM、RL 和 REX 通断的组合来实现 15 段速。

【任务实施】

1. 清点器材

对照表 5-5，清点皮带输送机三段速正反转运行电路需要的设备、工具及材料。

表 5-5　皮带输送机三段速正反转运行电路需要的设备、工具及材料

序号	名　称	型　号	数量	作　用
1	变频器模块	FR—E740	1 块	传送带的控制
2	电源模块		1 块	提供三相五线电源
3	PLC 模块	FX2N-48MR	1 块	控制传送带转速
4	数据通信线	RS—232 数据线	1 条	实现计算机与 PLC 数据传送
5	安全接插接线		若干	线路连接
6	万用表	FM—47 型	1 只	电路检测

（续）

序号	名　称	型　号	数量	作　用
7	按钮与指示灯模块	专配	1 块	提供电源、按钮和指示灯
8	扎带	ϕ120mm	若干	电路连接工艺
9	剪刀		1 把	工艺整形
10	220V 电源连接线		2 条	供按钮与指示灯模块和 PLC 模块用
11	三相异步电动机		1 台	驱动传送带
12	接线端子排		1 块	提供设备线路连接安全插孔

2. 硬件电路连接步骤

（1）根据任务，分析做出输入输出 I/O 分配表，如表 5-6 所示。

表 5-6　I/O 分配表

输　入			输　出		
输入元件	功能作用	输入继电器	输出元件	功能作用	输出继电器
SB5	起动按钮	X0	STF	正方向	Y0
SB6	停止按钮	X1	STR	反方向	Y1
			RH	高速	Y2
			RM	中速	Y3
			RL	低速	Y4

（2）根据 PLC 外部接线图进行电路连接　首先确保电源开关处于断开位置，然后再按以下步骤和方法进行电气线路的连接。

1）完成 PLC 输入电路的连接。SB5、SB6 按钮与 PLC 连接。请参照前面的项目。

2）完成 PLC 输出电路的连接。

第一步，完成变频器模块与 PLC 模块的连接。

第二步，完成交流电动机与变频器模块连接。

第三步，完成电源模块与变频器模块的连接。

在完成电源模块和变频器与交流电动机的连接时务必注意：电源必须接变频器的 R、S、T 端子，电源绝对不能接变频器的 U、V、W 端子，否则会损坏变频器，在接线时不必考虑电源相序。电动机接到变频器的 U、V、W 端子。

（3）电路检测

1）通电前检查。电路安装结束后，一定要进行通电前检查，保证电路连接正确，没有外露铜丝过长、一个接线端子上有超过两个接头等不符合工艺要求的现象。另外，还要进行通电前的检测，确保电路中没有短路现象，否则通电后可能损坏设备。

2）通电后检查和调整。在检查电路连接满足工艺要求，并且电路连接正确，无短路故障后，可接通电源，按以下步骤进行进一步的检查和调整：

① 查电源指示灯和变频器电源指示灯是否正常发光；

② 检查开关和按钮回路是否正常。

3）设备通电后，先将变频器参数清除，再按任务要求设置变频器参数，需设置的变频器参数及相应参数值如表5-7所示。

表5-7　变频器参数设定

参数号	名　称	设　定　值	参数号	名　称	设　定　值
Pr. 1	上限频率	50Hz	Pr. 9	电流	电动机的额定电流
Pr. 2	下限频率	0Hz	Pr. 79	操作模式	3
Pr. 3	基底频率	50Hz	Pr. 4	高速	40Hz
Pr. 7	加速时间	2s	Pr. 5	中速	20Hz
Pr. 8	减速时间	0.5s	Pr. 6	低速	10Hz

4）利用变频器波段开关进行带运输机正方向、反方向、不同频率的检测，观察是否达到任务描述要求。

5）线路捆扎。当电路连接、检测后，对线路进行绑扎。请参照项目二。

3. 程序编写与下载

连接PLC编程电缆，打开编程软件，按任务要求编写，并进行程序下载。

（1）系统顺序功能图　根据任务要求绘制系统顺序功能图，如图5-8所示。

（2）程序编写

1）程序的启动（S0）：程序导通时，初始化脉冲M8002导通，程序开始运行，按下起动按钮（X0＝1），程序进入下一步（即S21）同时S26＝1，带运输机以20Hz正转开始运转，当T1时间到达5s（即T1＝1）时，系统自动进入下一步（即S22），其梯形图如图5-9示。

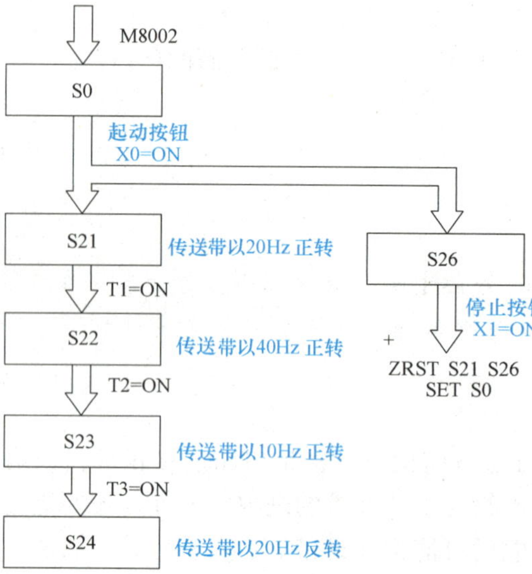

图5-8　系统顺序功能图

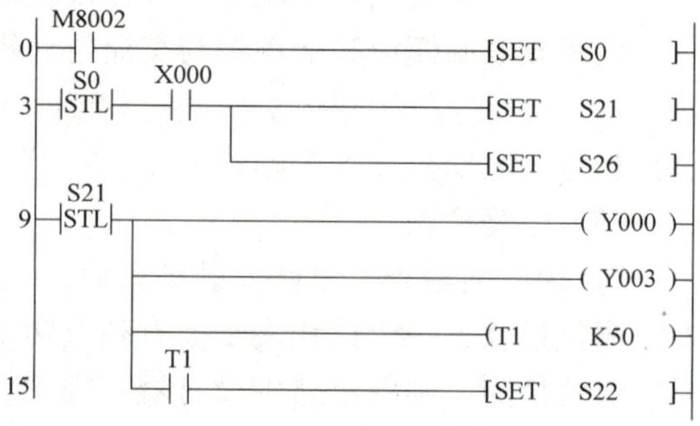

图5-9　程序启动梯形图

2）系统进入S22工步以后，带输送机从原先的20Hz正转变为40Hz正转，当T2时间到达5s（即T2＝1）时，系统自动进入下一步（即S23），其梯形图如图5-10所示。

3）系统进入 S23 工步以后，带输送机从原先的 40Hz 正转变为 10Hz 正转，当 T3 时间到达 3s（即 T3 = 1）时，系统自动进入下一步（即 S24），其梯形图如图 5-11 所示。

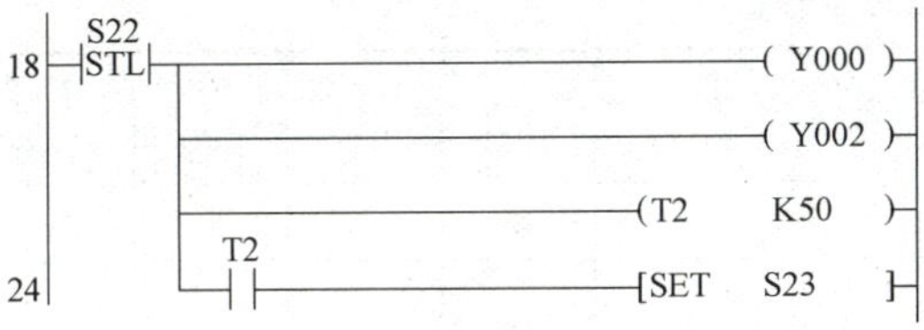

图 5-10　20Hz 正转变为 40Hz 正转梯形图

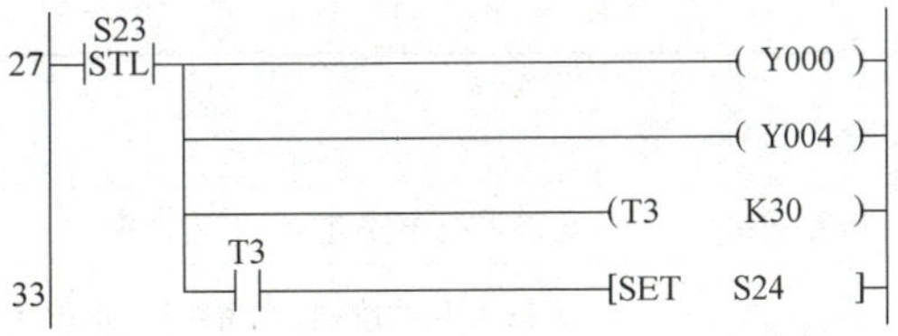

图 5-11　40Hz 正转变为 10Hz 正转梯形图

4）系统进入 S24 工步以后，带输送机从原先的 10Hz 正转变为 20Hz 反转，其梯形图如图 5-12 所示。

5）按下停止按钮（X1 = 1），系统停止，同时系统返回初始工步，即 S0 = 1，其梯形图如图 5-13 所示。

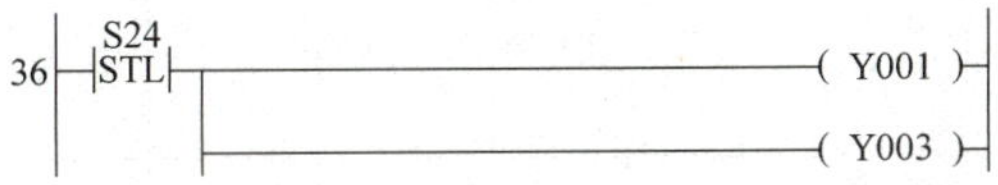

图 5-12　10Hz 正转变为 20Hz 反转梯形图

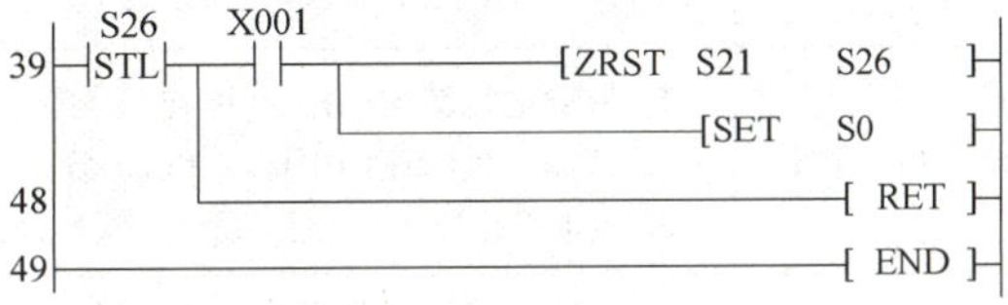

图 5-13　停止梯形图

4. 调试与运行

程序功能调试需根据工作过程的要求，按步骤进行，逐项检测各项要求是否满足。本工作任务调试可按以下步骤进行。

1）将 PLC 的状态转换到 RUN。按照工作任务描述操作起动按钮，检查带运输机是否按要求运行，变频器输出的频率是否正确，三相交流电动机运转方向是否正确。在带运输机工作时，按下停止按钮检查系统是否按要求停止。

2）将结果填入表 5-8 中，如出现问题可结合系统顺序功能图（图 5-8）判断问题所在，再进行检查修改。

3）所有功能达到要求后，再进行第 2 次调试，检查设备是否能正常工作。

表 5-8　皮带输送机三段速运行情况记录表

SB5 按钮按下(系统启动)			SB6 按钮按下(系统停止)	
时　　间	变频器频率	带输送机运行方向及速度		
0 ~ 5s			变频器频率	
5 ~ 10s				
15 ~ 18s			皮带运输机是否停止	
18s 后				

5. 实训场地现场清理

实训完后，将对所操作设备进行复位、还原，拆除安全插接线、整理工位、清点工具、清扫现场卫生，并填写设备使用登记表。

【评价与反思】

表 5-9　任务检测与分析

检测项目	评 分 标 准	分值	学生自评	小组评分	教师评分
电路连接	正确进行电路连接、工艺合理	15			
起停控制	1. 按下起动按钮,设备可以起动(5 分) 2. 按下停止按钮,设备可以停止(10 分)	15			
0 ~ 5s 运行	1. 带输送机转向(正转)正确(5 分) 2. 带输送机转速(20Hz)正确(5 分) 3. 定时 5s(T1 = 1),进入下一步(5 分)	15			
5 ~ 10s 运行	1. 带输送机转向(正转)正确(5 分) 2. 带输送机转速(40Hz)正确(5 分) 3. 定时 5s(T2 = 1),进入下一步(5 分)	15			
15 ~ 18s 运行	1. 带输送机转向(正转)正确(5 分) 2. 带输送机转速(10Hz)正确(5 分) 3. 定时 3s(T3 = 1),进入下一步(5 分)	15			
18s 后运行	1. 带输送机转向(反转)正确(5 分) 2. 带输送机转速(20Hz)正确(5 分)	10			
团队协作	小组协调、合作	5			
职业素养	工具使用与摆放、工位插接线拆取与整理、清洁等	10			
总分		100			

【问题探究】

1. 该任务 PLC 程序若不用步进指令方法编程，能否使用比较指令编程?
2. 接线时若将 Y0 和 Y1 对调，则程序运行会产生什么变化?
3. 若发现 PLC 输出显示为正转，但带运输机实际反转，我们该如何处理?

任务二　物料识别与分拣电路连接与编程

【任务描述】

图 5-14 所示为 YL—235A 光机电一体化实训装置上的物料识别与分拣部件，主要由物料检测传感器、推料气缸及三个料仓组成。

请根据图 5-15 所示的物料识别与分拣部件的电气控制电路图进行操作：

1. 在 YL—235A 设备对应模块上选择电路需要的电器，并按照工艺要求，进行电路连接。

2. 按照要求，编写程序，并在 YL—235A 实训装置上进行调试，实现任务要求的功能。

1）YL—235A 实训设备中带输送机的三相交流异步电动机由变频器进行调速控制。

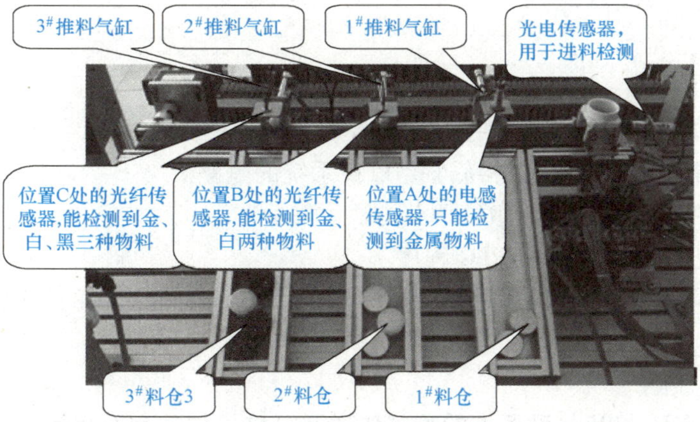

图 5-14　YL—235A 光机电一体化实训装置物料识别与分拣部件

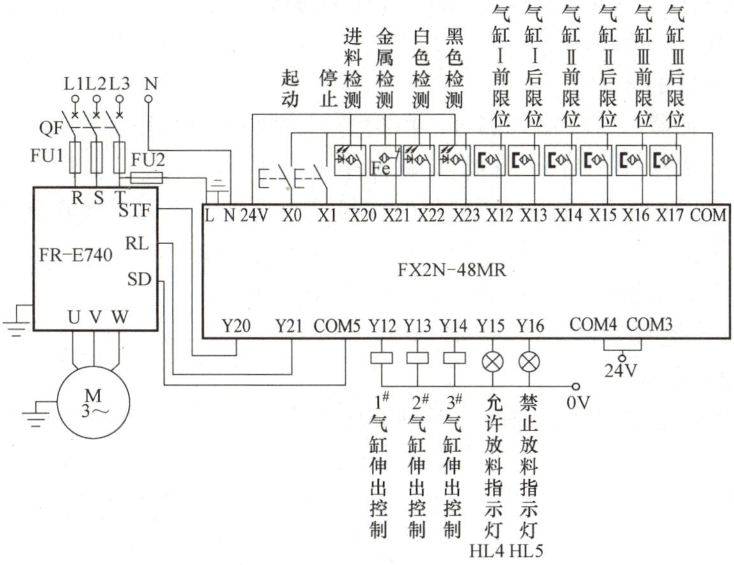

图 5-15　物料识别与分拣部件的电气控制电路图

2）按下起动按钮 SB5，允许放料指示灯 HL4 亮，禁止放料指示灯 HL5 灭，允许放料。

3）进料口进料，光电传感器检测到工件时，带输送机以 20Hz 起动正转同时允许放料指示灯 HL4 熄灭，禁止放料指示灯 HL5 亮。

4）如果带输送机上的物料是金属，则 1#推料气缸将物料推入 1#料仓；如果是白色物料，则 2#推料气缸将物料推入 2#料仓；如果是黑色物料，则 3#推料气缸将物料推入 3#料仓；

5）物料推入料仓后，推料气缸缩回，同时带输送机停止，若此时 3 个料仓中任意一个料仓中的物料数达到 3 个，则禁止放料指示灯 HL5 以 1Hz 的频率闪烁 5s，5s 后该料仓的物料计数清零，同时 HL5 熄灭，HL4 亮，等待放入下一个工件；若 3 个料仓中的物料均达不到 3 个，则 HL5 直接熄灭，同时 HL4 亮，等待放入下一个工件。

6）任意时刻按下停止按钮 SB6，系统停止，各料仓物料计数清零。（注：带输送机加速时间为 2s，减速时间为 0.5s）。

【任务目标】

1. 会正确选择物料识别与分拣控制所需模块、元件；
2. 能根据电路图按工艺要求熟练连接 PLC 系统的电路。
3. 知道物料判别及传感器灵敏度调节方法。
4. 会使用步进控制指令编写 PLC 程序。
5. 能够独立调试物料传送与识别系统，解决调试中有可能出现的问题。

【知识点解析】

知识 1　认识 YL—235A 设备上的物料传送及分拣机构作用及接线

1. 物料传送及分拣机构的组成

YL—235A 物料传送及分拣机构由带输送机和物料识别与分拣部件两部分组成，其外形及各部分名称如图 1-10 所示。

2. 主要组成部件的作用

（1）落料口传感器　PLC 输入信号，检测是否有物料到传送带上。

（2）电感式传感器　检测金属材料，检测距离为 3～5mm。

（3）光纤传感器　用于检测不同颜色的物料，通过光纤放大器来调节灵敏度。

（4）三相异步电动机　驱动传送带转动，由变频器控制。

（5）推料气缸　将物料推入料槽，由电控气阀控制。

知识 2　选择性流程编程

1. 选择性流程程序

由两个及以上的分支程序组成的，但只能从中选择一个分支执行的程序，称为选择性流程程序。

图 5-16 为选择性流程程序的结构形式：

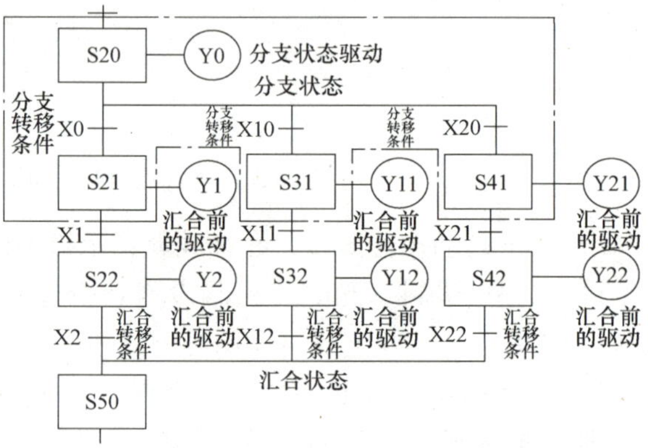

图 5-16　选择性流程程序的结构形式

1）从三个流程中选择执行哪一个流程由分支转移条件 X0、X10、X20 决定。

2）分支转移条件 X0、X10、X20 不能同时接通，哪个接通，就执行哪条分支。

3）当 S20 已动作，一旦 X0 接通，程序就向 S21 转移，则 S20 就复位。因此，即使以后 X10 或 X20 接通，S31 或 S41 也不会动作。

4）汇合状态 S50，可由 S22、S32、S42 中任意一个驱动。

2. 选择性流程编程

选择性流程编程原则：先集中处理分支状态，然后再集中处理汇合状态。

（1）选择性分支的编程　选择性分支的编程与一般状态的编程一样，先进行驱动处理，然后进行转移处理，所有的转移处理按顺序执行，简称先驱动后转移。因此，以图 5-16 为例，首先对 S20 进行驱动处理（OUT Y0），然后按 S21、S31、S41 的顺序进行转移处理。选择性分支的指令表程序如图 5-17 所示。

```
STL   S20
OUT   Y0    先驱动处理
LD    X0    第一分支的转移条件 ┐
SET   S21   转移到第一分支     │
LD    X10   第二分支的转移条件 │
SET   S31   转移到第二分支     ├ 转移处理
LD    X20   第三分支的转移条件 │
SET   S41   转移到第三分支     ┘
```

图 5-17　选择性分支指令表程序

（2）选择性汇合的编程　选择性汇合的编程是先进行汇合前状态的驱动处理，然后按顺序向汇合状态进行转移处理。因此，以图 5-16 为例，首先对第一分支（S21、S22）、第二分支（S31、S32）、第三分支（S41、S42）进行驱动处理，然后按 S22、S32、S42 的顺序向 S50 转移。选择性汇合的指令表程序如图 5-18 所示。

```
STL   S21 ┐
OUT   Y1  │
LD    X1  │
SET   S22 ├ 第一分支的驱动处理
STL   S22 │
OUT   Y2  ┘
STL   S31 ┐
OUT   Y11 │
LD    X11 │
SET   S32 ├ 第二分支的驱动处理
STL   S32 │
OUT   Y12 ┘
STL   S41 ┐
OUT   Y21 │
LD    X21 │
SET   S42 ├ 第三分支的驱动处理
STL   S42 │
OUT   Y22 ┘
STL   S22 ┐
LD    X2  ├ 由第一分支转移到汇合点
SET   S50 ┘
STL   S32 ┐
LD    X12 ├ 由第二分支转移到汇合点
SET   S50 ┘
STL   S42 ┐
LD    X22 ├ 由第三分支转移到汇合点
SET   S50 ┘
```

图 5-18　选择性汇合指令表程序

知识 3　并行性流程编程

并行性流程编程原则：先集中进行并行分支处理，然后再集中进行汇合处理。

1. 并行性分支的编程

并行性分支的编程与选择性分支的编程一样，先进行驱动处理，然后进行转移处理，所有的转移处理按顺序执行。根据并行性分支的编程方法，首先对 S20 进行驱动处理（OUT Y0），然后按第一分支、第二分支、第三分支的顺序进行转移处理。并行性分支的程序如图 5-19 所示。

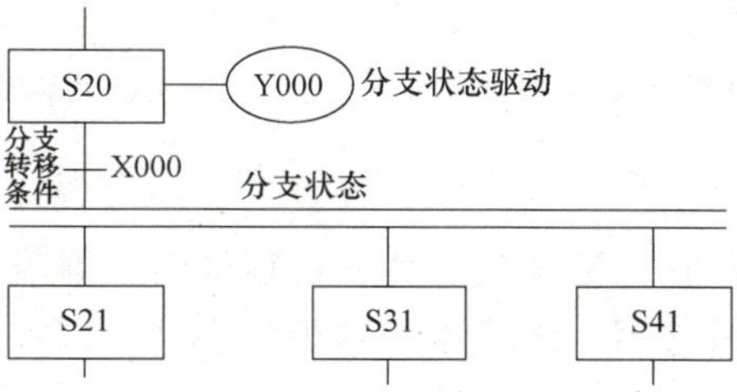

a) 并行性分支顺序功能图程序

```
STL   S20
OYT   Y000   先驱动处理
LD    X000   并行转移条件
SET   S21    转移到第一分支 ┐
SET   S31    转移到第二分支 ├ 转移处理
SET   S41    转移到第三分支 ┘
```

b) 并行性分支指令表程序

图 5-19　并行性分支的程序

2. 并行性汇合的编程

并行性汇合的编程与选择性汇合的编程一样，也是先进行汇合前状态的驱动处理，然后按顺序向汇合状态进行转移处理。根据并行性汇合的编程方法，首先对 S21、S22、S31、S32、S41、S42 进行驱动处理，然后按 S22、S32、S42 的顺序向 S50 转移。如图 5-20 所示，为并行性汇合的程序。

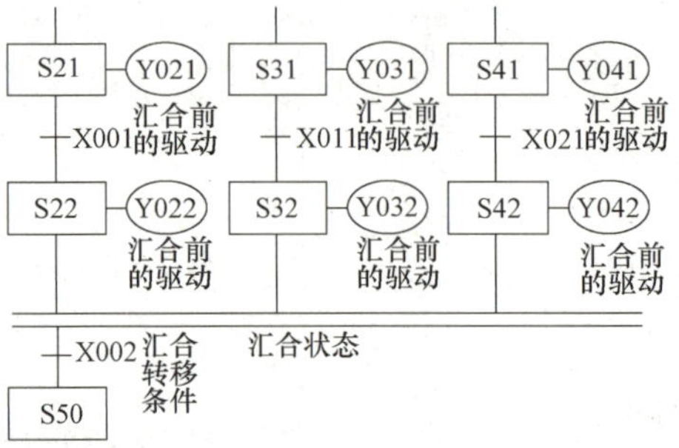

a) 并行性汇合顺序功能图

```
STL  S21
OUT  Y21
LD   X001
SET  S22    第一分支的驱动处理
STL  S22
OUT  Y022
STL  S31
OUT  Y031
LD   X011
SET  S32    第二分支的驱动处理
STL  S32
OUT  Y32
STL  S41
OUT  Y041
LD   X021
SET  S42    第三分支的驱动处理
STL  S42
OUT  Y042
STL  S22    由第一分支汇合
STL  S32    由第二分支汇合
STL  S42    由第三分支汇合
LD   X002   汇合条件
SET  S50    汇合状态
```

b) 并行性汇合指令表程序

图 5-20　并行性汇合的程序

3. 并行性流程编程注意事项

1）并行性流程的汇合最多能实现 8 个流程的汇合。

2）在并行性分支、汇合流程中，不允许有图 5-21a 的转移条件，而必须将其转化为图 5-21b 后，再进行编程。

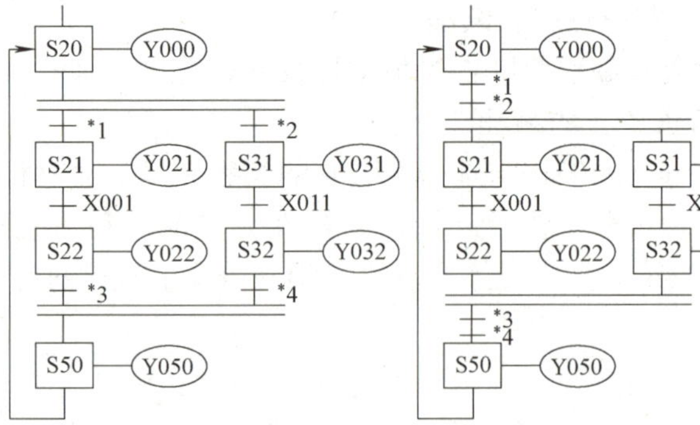

a) 不正确的转移条件　　b) 正确的转移条件

图 5-21　并行性分支、汇合流程的转化

知识 4　工件属性的判断

1. 金属工件的识别

金属工件是通过电感式传感器进行识别，而电感式传感器是利用金属导体和交变电磁场的互感原理，位于传感器前端的检测线圈产生高频磁场，当金属物体接近该磁场，金属物体内部产生涡电流，导致磁场能量衰减，当金属物体不断靠近传感器感应面，因能量的被吸收而导致衰减，当衰减达到一定程度时，触发传感器开关输出信号，从而达到非接触式的检测目的。因电感式传感器检测距离小，所以在安装时尽可能靠近工件。

2. 白色工件与黑色工件的识别

白色工件与黑色工件的识别是通过光纤传感器（E3X—NALL）的检测头所反射入光量的不同进行识别，E3X—NALL 光纤传感器如图 5-22 所示。在实际操作中，将白色工件与黑色工件分别放在光纤检测头下方，我们只需要调节 8 挡位灵敏度调节旋钮即可。因为黑色工件反射入光量小于白色，所以我们只需要分别调节两光纤传感器灵敏度，如其中一个光纤传感器只能检测到白色工件（检测不到黑色工件），这样即可利用光纤传感器检测出白色与黑色工件。

E3X—NALL 光纤传感器输出动作显示灯亮情况说明如图 5-23 所示。

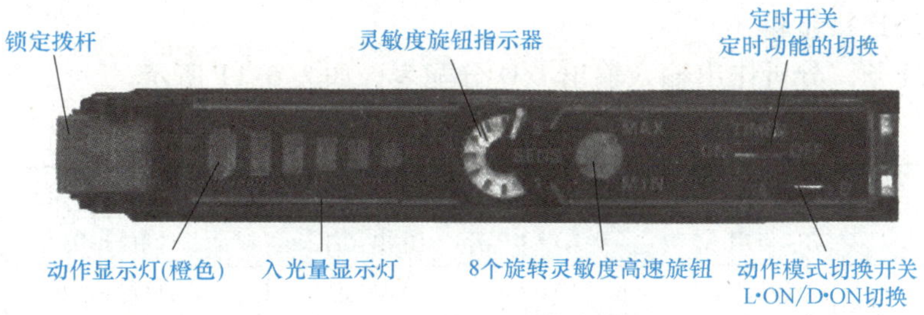

图 5-22　E3X—NALL 光纤传感器

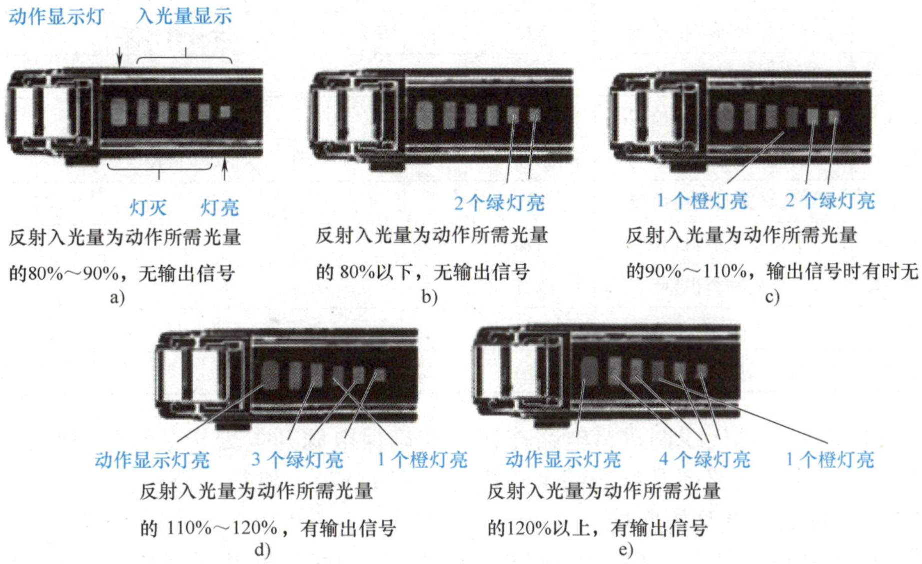

图 5-23　E3X—NALL 光纤传感器输出动作显示灯亮情况说明

【任务实施】

1. 清点器材

对照表 5-10，清点物料识别与分拣电路需要的设备、工具及材料。

表 5-10　物料识别与分拣电路需要的设备、工具及材料

序号	名　　称	型　　号	数量	作　　　　用
1	电源模块		1 个	提供三相五线电源
2	PLC 模块	FX2N-48MR	1 块	控制传送带转速
3	变频器模块	FR—E740	1 块	传送带的控制
4	按钮与指示灯模块		1 块	提供电源、按钮和指示灯
5	数据通信线	RS—232 数据线	1 条	实现计算机与 PLC 数据传送
6	安全接插线		若干	线路连接
7	万用表		1 只	电路检测
8	扎带	ϕ120mm	若干	电路连接工艺
9	剪刀		1 把	工艺整形
10	220V 电源连接线		2 条	供按钮与指示灯模块和 PLC 模块用
11	工件		3 种	用于识别
12	三相异步电动机		1 台	驱动传送带

2. 硬件电路连接步骤

（1）根据任务，分析作出输入输出I/O分配表，如表5-11所示。

表5-11 I/O分配表

输入地址			输出地址		
输入元件	功能作用	输入继电器	输出元件	功能作用	输出继电器
SB5	起动按钮	X0	1#气缸	1#气缸伸出	Y12
SB6	停止按钮	X1	2#气缸	2#气缸伸出	Y13
磁性开关1	1#气缸伸出到位检测	X12	3#气缸	3#气缸伸出	Y14
磁性开关2	1#气缸缩回到位检测	X13	HL4	允许放料指示	Y15
磁性开关3	2#气缸伸出到位检测	X14	HL5	禁止放料指示	Y16
磁性开关4	2#气缸缩回到位检测	X15	STF	正方向	Y20
磁性开关5	3#气缸伸出到位检测	X16	RL	低速	Y21
磁性开关6	3#气缸缩回到位检测	X17			
光电传感器	带输送机进料检测	X20			
电感式传感器	金属物料识别	X21			
光纤传感器	金、白物料识别	X22			
光纤传感器	金、白、黑物料识别	X23			

（2）根据PLC外部接线图进行电路连接　在确保电源开关处于断开位置进行电气线路的连接。对照图5-15电路图及接线端子布置图（图1-17），进行电路连接。

1）完成PLC输入电路的连接。

正确连接三线制传感器与PLC的连接，用红色安全插接线将其正极（棕色端）与PLC输入端的24V插孔相连；用绿色安全插接线将其信号输出（黑色端）与PLC信号输入对应插孔相连；用黑色安全插接线将其负极（蓝色端）与PLC输入端的COM插孔相连。

2）完成PLC输出电路的连接。依次完成PLC输出电路信号线的连接、电源模块与变频器模块的连接、三相异步电动机与变频器模块连接、变频器模块与PLC的连接。

（3）电路检测

1）通电前检查，电路安装结束后，一定要进行通电前检查，保证电路连接正确，没有外露铜丝过长、一个接线端子上有超过两个接头等不符合工艺要求的现象。另外，还要进行通电前的检测，确保电路中没有短路现象，否则通电后可能损坏设备。

2）通电后检查和调整，在检查电路连接满足工艺要求，并且电路连接正确，无短路故障后，可接通电源，按以下步骤进行进一步的检查和调整：

① 查电源指示灯和变频器电源指示灯是否正常发光。

② 用一个金属工件分别检测光电传感器、电感式传感器、光纤1传感器、光纤2传感器，检测是否正常，信号输出是否正常。

③ 调整传感器灵敏度，检查物料识别是否正常。

④ 检查开关和按钮回路是否正常。

3）设备通电后，参照表5-4将变频器参数清除，按任务要求设置变频器参数，需设置的变频器参数及相应参数值如表5-12所示。

表 5-12　需要设置的变频器参数及相应的参数值

参数号	名　称	设 定 值	参数号	名　称	设 定 值
Pr. 1	上限频率	50Hz	Pr. 9	电流	电动机的额定电流
Pr. 2	下限频率	0Hz	Pr. 79	操作模式	3
Pr. 7	加速时间	2s	Pr. 6	低速	20Hz
Pr. 8	减速时间	0. 5s			

（4）线路捆扎　当电路连接，检测后，对线路进行绑扎。请参照项目二。

3. 程序编写与下载

连接 PLC 编程电缆，打开编程软件，按任务要求编写，并进行程序下载。

（1）系统顺序功能图　根据任务要求绘制系统顺序功能图，如图 5-24 所示。

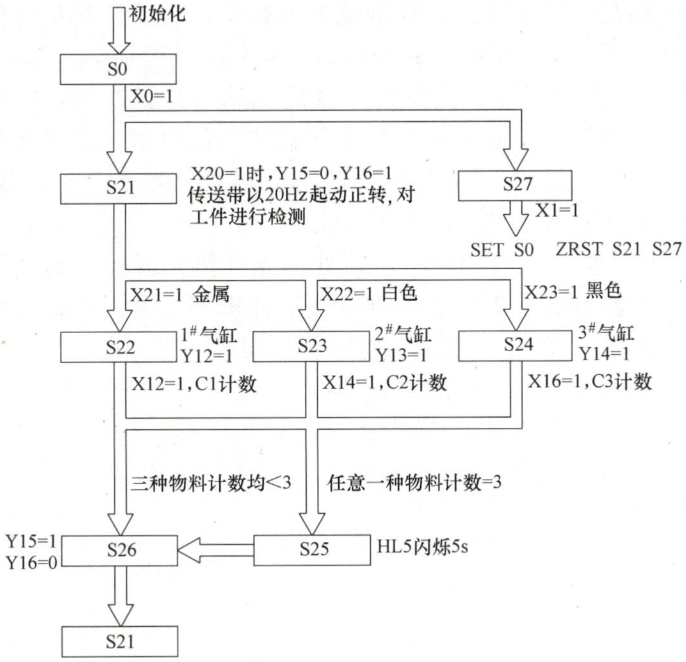

图 5-24　系统顺序功能图

（2）程序编写

1）程序的启动（S0）：程序导通时，初始化脉冲 M8002 导通，程序开始运行，按下起动按钮（X0 = 1），放料指示灯亮（Y15 = 1），程序进入下一步（即 S21）同时 S27 = 1，其梯形图如图 5-25 所示。

图 5-25　程序启动梯形图

2）带输送机起动与工件识别（S21）：在本次任务中，带输送机为单向传送，因此，当位置A处的电感式传感器检测到工件时，该工件即为金属物料，进入金属物料处理工步（S22）；位置B处的光纤传感器能检测金属和白色物料，但是金属物料在传送过程中已经在A处被推入1#料仓，所以位置B处检测到的物料即为白色物料，进入白色物料处理工步（S23）；位置C处的光纤传感器能检测到金属、白色和黑色三种物料，但是因为金属和白色物料已经分别在位置A和位置C处被推入料仓，所以位置C处检测到的即为黑色物料，进入黑色物料处理工步（S24）。带输送机起动与工件识别梯形图如图5-26所示。

图5-26 带输送机启动与工件识别梯形图

3）金属物料处理工步（S22）：当位置A处的电感传感器检测到物料时，带输送机停止，推料气缸伸出，将物料推入1#料仓。推料气缸伸出到位时，物料计数，若物料数=3，则进入物料数量提升工步（S25），同时计数器复位，若物料数小于3，则进入放料提示切换工步（S26）。金属物料处理梯形图如图5-27所示。

4）白色物料处理工步（S23）：当位置B处的光纤传感器检测到物料时，带输送机停止，推料气缸伸出，将物料推入2#料仓。推料气缸伸出到位时，物料计数，若物料数=3，则进入物料数量提示工步（S25），同时计数器复位，若物料数小于3，则进入放料提示切换工步（S26）。白色物料处理梯形图如图5-28所示。

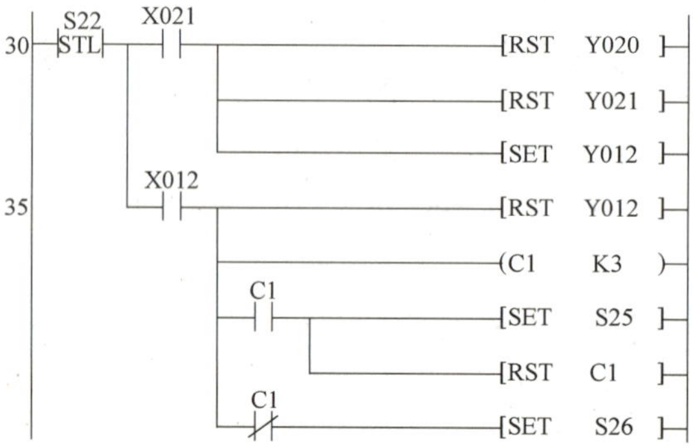

图5-27 金属物料处理梯形图

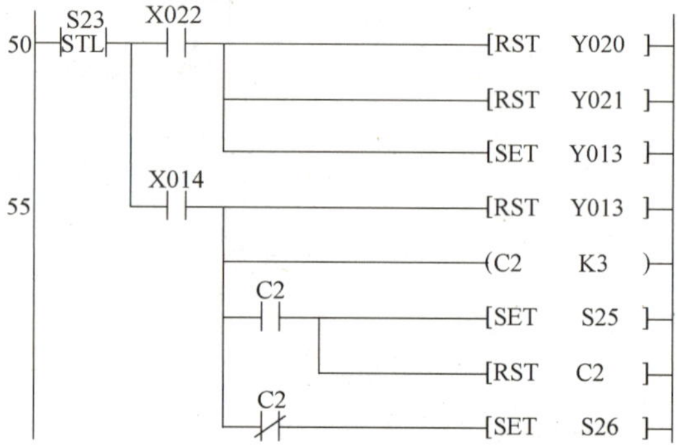

图5-28 白色物料处理梯形图

5）黑色物料处理工步（S24）：当位置C处的光纤传感器检测到物料时，带输送机停止，推料气缸伸出，将物料推入3#料仓。推料气缸伸出到位时，物料计数，若物料数=3，则进入物料数量提示工步（S25），同时计数器复位，若物料数小于3，则进入放料提示切换工步（S26）。黑色物料处理梯形图如图5-29所示。

6）物料数量提示工步（S25）：当任意一个料仓的物料数量达到3个时，允许放料指示灯HL4灭，禁止放料指示灯HL5以1Hz的频率闪烁5s，闪烁5s后进入放料提示切换工步（S26）。物料数量提示梯形图如图5-30所示。

7）放料提示切换工步（S26）：允许放料指示灯HL4亮，禁止放料指示灯HL5灭，返回带输送机起动与工件识别（S21），等待下一个工件。放料提示切换梯形图如图5-31

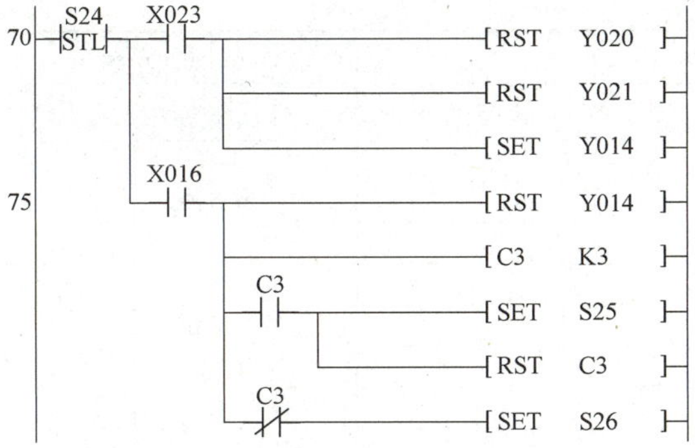

图 5-29　黑色物料处理梯形图

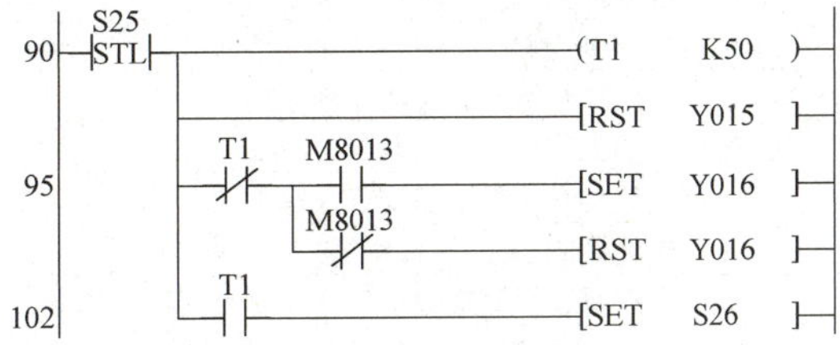

图 5-30　物料数量提示梯形图

所示。

8）按下停止按钮（X1＝1），系统停止，同时系统返回初始工步，即 S0＝1。系统停止梯形图如图 5-32 所示。

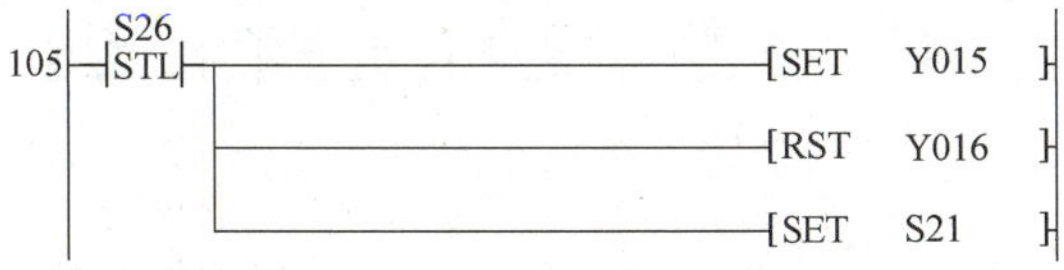

图 5-31　放料提示切换梯形图

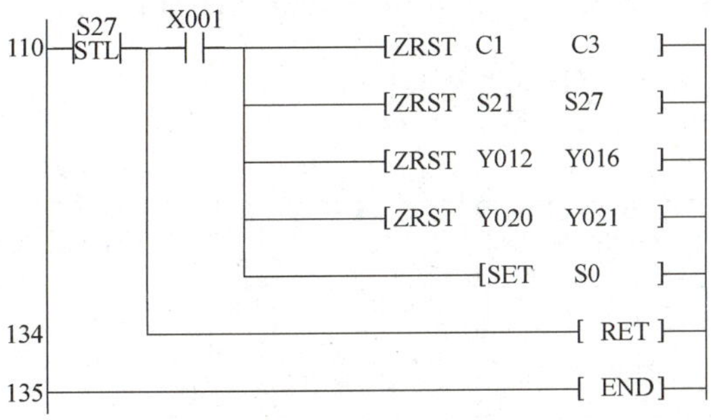

图 5-32　系统停止梯形图

4. 调试与运行

程序功能调试需根据工作过程的要求，按步骤进行，逐项检测各项要求是否满足。本工作任务调试可按以下步骤进行。

1）打开气源，将气源组件气压调至 0.3～0.6MPa 之间，再将各推料气缸气压调到最佳气压（将工件顺利推入斜槽，推料气缸伸出时不可出现工件卡阻或者滚落斜槽情况）并将节流阀锁紧。

2）把 PLC 的状态转换到 RUN，按照工作任务描述操作起动按钮，检查带运输机是否按要求运行。

3）在进料口分别放入不同材质的物料，观察各物料的识别与分拣是否正确，当任意料仓中的物料数等于 3 时，物料数量提示（HL4 灭、HL5 闪烁）是否符合控制要求，带输送机上的物料处理完成后，放料提示是否符合要求。

4）当完成 3 种工件的分拣后，再从进料口放入一个工件，之后立即按停止按钮，检查设备是否符合停止要求。

5）将观察结果填入表 5-13 中，若出现问题可结合所画系统顺序功能图（图 5-24）判断问题所在，再进行检查修改。

6）所有功能达到要求后，再进行第 2 次调试，检查设备是否能正常重复工作。

表 5-13　物料识别与分拣电路系统调试任务完成情况记录表

<table>
<tr><td colspan="5">SB5 按钮按下(系统起动)</td><td colspan="2" rowspan="2">SB6 按钮按下
(系统停止)</td></tr>
<tr><td>传感器检测</td><td colspan="2">动　作</td><td>HL4 状态</td><td>HL5 状态</td></tr>
<tr><td>进料口检测到工件</td><td>变频器频率</td><td></td><td></td><td></td><td rowspan="3">变频器频率</td><td rowspan="3"></td></tr>
<tr><td>位置 A 检测到物料</td><td>1#气缸是否伸出</td><td></td><td></td><td></td></tr>
<tr><td colspan="3">$1^{\#}$料仓物料数量等于 3 个时</td><td></td><td></td></tr>
<tr><td>位置 B 检测到物料</td><td>2#气缸是否伸出</td><td></td><td></td><td></td><td rowspan="4">皮带运输机
是否停止</td><td rowspan="4"></td></tr>
<tr><td colspan="3">$2^{\#}$料仓物料数量等于 3 个时</td><td></td><td></td></tr>
<tr><td>位置 C 检测到物料</td><td>3#气缸是否伸出</td><td></td><td></td><td></td></tr>
<tr><td colspan="3">$3^{\#}$料仓物料数量等于 3 个时</td><td></td><td></td></tr>
<tr><td>$1^{\#}$气缸伸出到位检测</td><td>1#气缸是否缩回</td><td></td><td></td><td></td><td>HL4 状态</td><td></td></tr>
<tr><td>$2^{\#}$气缸伸出到位检测</td><td>2#气缸是否缩回</td><td></td><td></td><td></td><td rowspan="2">HL5 状态</td><td rowspan="2"></td></tr>
<tr><td>$3^{\#}$气缸伸出到位检测</td><td>3#气缸是否缩回</td><td></td><td></td><td></td></tr>
</table>

5. 实训场地现场清理

实训完后，将对所操作设备进行复位、还原。拆除安全插接线、整理工位、清点工具、清扫现场卫生，并填写设备使用登记表。

【评价与反思】

表 5-14　任务检测与分析

检测项目	评　分　标　准	分值	学生自评	小组评分	教师评分
电路连接	正确进行电路连接、工艺合理	15			
起停控制	1. 按下起动按钮,设备可以起动(5 分) 2. 按下停止按钮,设备可以停止(10 分)	15			
金属物料的处理	1. 物料正确识别(5 分) 2. 物料正确分拣(5 分)	10			
白色物料的处理	1. 物料正确识别(5 分) 2. 物料正确分拣(5 分)	10			
黑色物料的处理	1. 物料正确识别(5 分) 2. 物料正确分拣(5 分)	10			
放料提示	1. 带输送机上无物料时 HL4 亮(5 分) 2. 带输送机上有物料时 HL5 亮(5 分)	10			
物料数量提示	1. 任意料仓物料数量等于 3 时 HL5 闪烁(10 分) 2. 禁止放料指示灯 HL5 闪烁频率及时间正确(5 分)	15			
团队协作	小组协调、合作	5			
职业素养	工具使用与摆放、工位插接线拆取与整理、清洁等	10			
总分		100			

【问题探究】

1. 如何利用从落料口到电感式传感器这段时间将工件性质识别出来？
2. 如何改变 PLC 程序实现系统运行一次后设备自动停止？
3. 若发现物料不能准确停在相应传感器位置下，应如何处理？

项目六

触摸屏与PLC通信

项 目 描 述

触摸屏作为一种新型人机界面，从一出现就受到关注。它具有简单易用、反应速度快、节省空间、易于交流等许多优点，广泛应用于工业控制环境与日常生活中，比如公共信息查询的电子查询设施、商业用途的银行提款机、移动电话、PDA、数码相机等；此外还应用于领导办公、工业生产线控制、军事指挥、电子游戏、点歌点菜、多媒体教学、大型会议室声光控制、温度控制等。

本项目用触摸屏对物料分拣装置进行监控。通过学习，将学会正确的选择电器，学会正确进行电路连接，学会触摸屏组态编程及操作，会使用触摸屏控制或监控机电一体化设备运行。

任务　物料传送、分拣与监控电路连接与控制

【任务描述】

请根据图6-1所示的触摸屏对物料传送、分拣与监控电路进行操作：

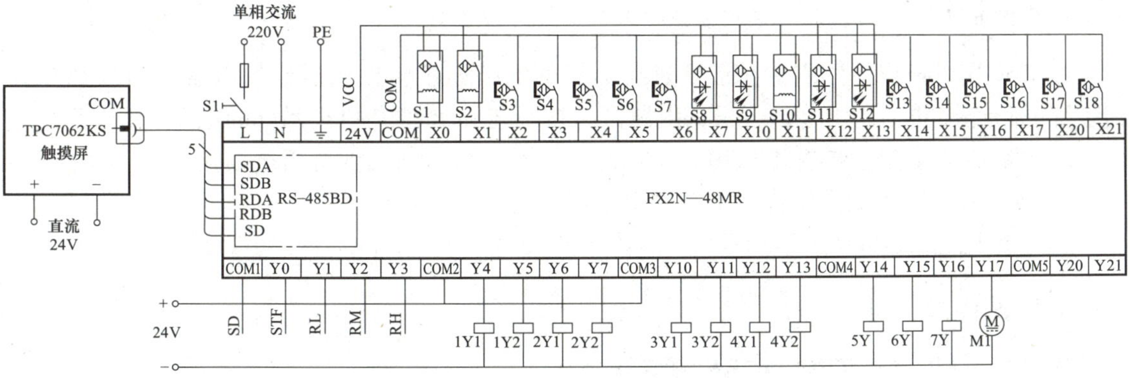

图6-1　触摸屏对物料传送、分拣与监控电路

1. 在YL—235A设备对应模块上选择电路需要的电器，并按照工艺要求进行触摸屏对物料传送、分拣与监控电路的连接。

2. 按照下面的任务要求，编写组态触摸屏程序及编写PLC控制程序，并在YL—235A实训装置上进行实验调试，实现任务要求的功能。

1）在触摸屏主界面“××流水搬运与分拣界面”中，单击“进入运行界面”键，触摸屏界面切换至设备运行界面，对设备进行起动和停止控制，单击“返回”键，返回到主界面；单击“进入监控界面”，触摸屏界面切换至设备监控界面，对物料的个数进行监控，单击“返回”键，返回到主界面。

2）单击“进入命令界面”键，按下触摸屏的“起动按钮”键，运行指示灯点亮。当机械手抓料平台无工件时，送料盘的拨杆立刻转动，将盘内工件送出，直至机械手抓料平台光电传感器检测到工件信号时停止。

抓料平台光电传感器检测到工件信号后，机械手搬运工件的动作顺序如下：悬臂伸出→手臂下降→气手指合拢夹持工件→延时1s→手臂上升→悬臂缩回→机械手转动到右限止位置→悬臂伸出→手臂下降→气手指张开放下工件→手臂上升→悬臂缩回→机械手转动到左限止位置，完成一个循环的搬运工作。

当带输送机进料口光电传感器检测到工件信号后，带输送电机25Hz频率运行，运送工件到相应的位置进行分拣。若放上传送带的是金属工件，则将其推入推料斜槽Ⅰ；若是白色塑料工件，则将其推入推料斜槽Ⅱ；若是黑色塑料工件，则将其推入推料斜槽Ⅲ。

工件推入对应的推料斜槽、推料气缸活塞杆缩回后，带输送机停止运行。如果此前没有出现过停止信号，送料盘的拨杆继续转动，设备按上述工作方式继续运行。

3）进入监控界面监控各个料槽打入物料的个数，按下“清零”键并能对物料个数进行清零处理。

4）运行过程中，按触摸屏上“停止按钮”的键，运行指示灯熄灭，设备完成当前分拣工作后停止。

【任务目标】

1. 知道用触摸屏对物料分拣装置进行监控的电路连接与控制需要的电器，知道PLC控制系统电路连接的工艺要求，会根据电路图，按工艺要求连接PLC系统的电路。
2. 理解并学会触摸屏标准按钮、指示灯、文本、窗口间切换等组态制作。
3. 会将组态好的触摸屏程序下载到触摸屏。
4. 知道昆仑触摸屏与三菱FX2N-48MR PLC如何进行通信。

【知识点解析】

知识1　认识昆仑TPC7062KS触摸屏

触摸屏的外观如图6-2所示，背面接口如图6-3所示。

知识 2　触摸屏通讯线

1. 连接触摸屏与 PLC 数据线

用 RS485-BD 模块将触摸屏与 PLC 连接，实现 PLC 与人机交互界面的通信。该模块通信电缆如图 6-4 所示。

2. 连接计算机与触摸屏数据线

用 MCGS 专用 USB 下载线连接计算机与触摸屏，作用是将组态工程下载到触摸屏中。该通信线如图 6-5 所示。

图 6-2　触摸屏外观

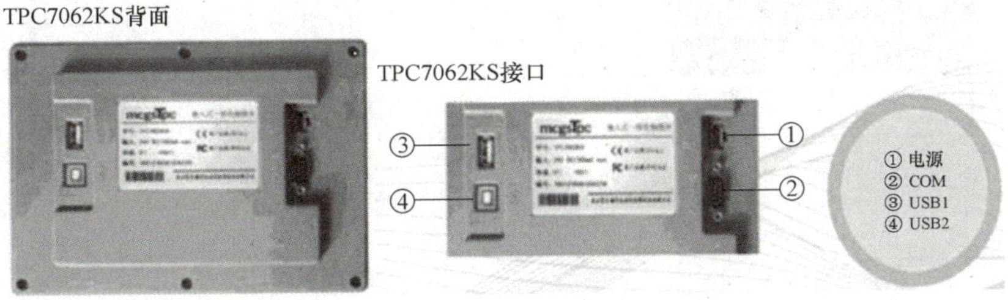

图 6-3　触摸屏背面接口

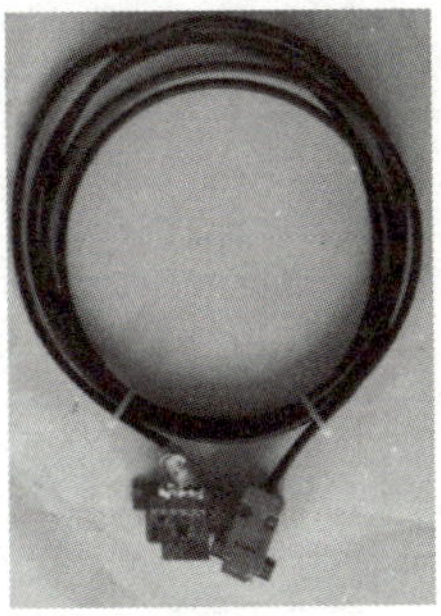

图 6-4　RS485-BD 通信线

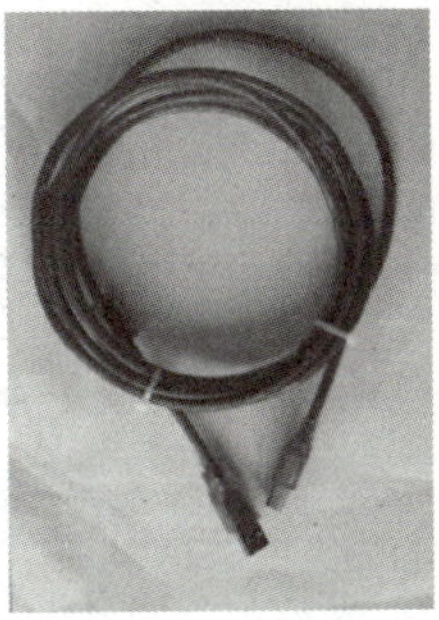

图 6-5　MCGS 专用 USB 下载线

知识 3　昆仑通态触摸屏组态软件的安装

1）将下载的 MCGS 触摸组态软件压缩包解压至相应文件夹如图 6-6a所示（MCGS 昆仑通态提供最新版下载地址 http：//www.mcgs.com.cn）及安装程序如图 6-6b 所示，单击安装程序 Setup.exe，屏幕显示如图 6-7 所示。

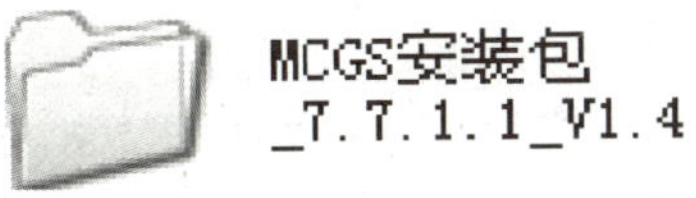

a) 安装包

b) 安装程序

图 6-6　组态软件安装包及安装程序

2）在图 6-7 ~ 图 6-10 中单击“下一步”即可，正在安装界面如图 6-11 所示。强烈建议安装过程中关闭安全防护和杀毒软件，避免不必要的麻烦。请按照指示箭头顺序设置。

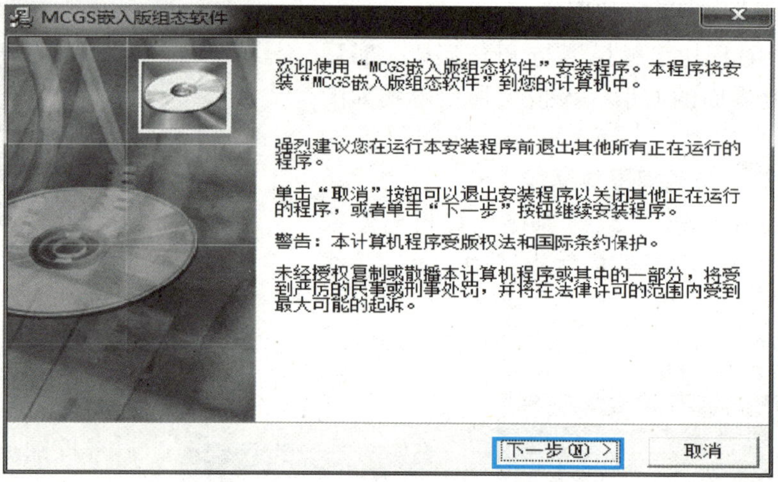

图 6-7　组态软件安装界面（一）

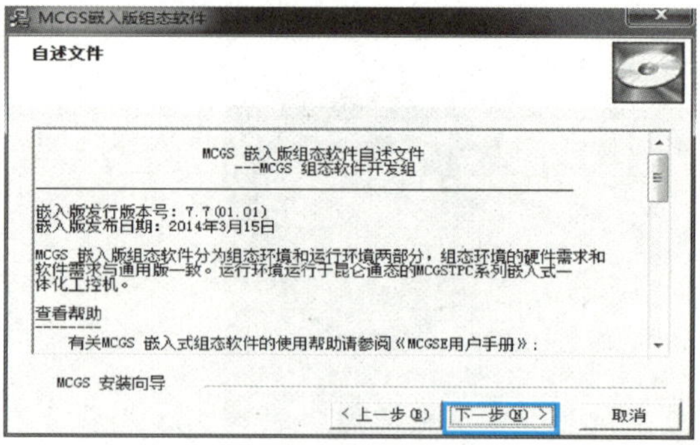

图 6-8　组态软件安装界面（二）

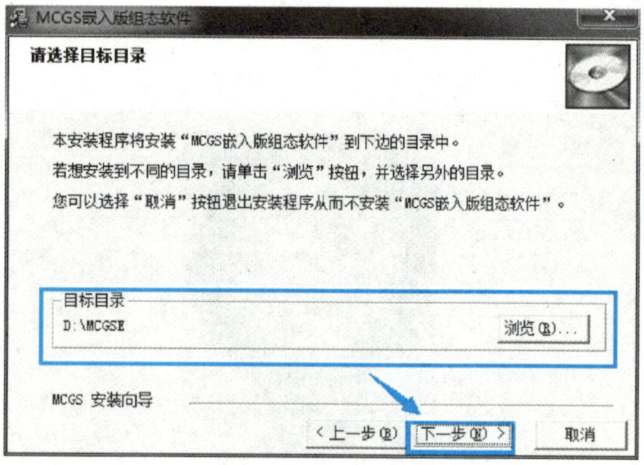

图 6-9　组态软件安装界面（三）

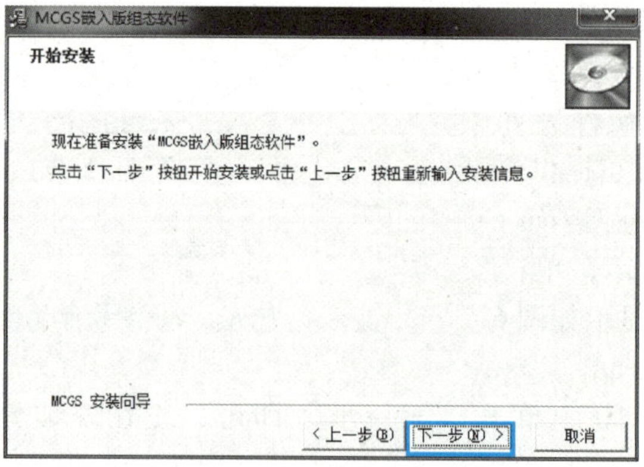

图 6-10　组态软件安装界面（四）

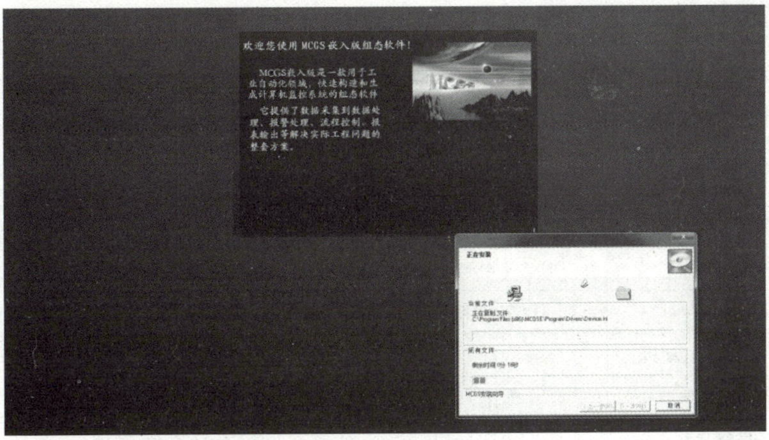

图 6-11 组态软降正在安装界面

3）Windows7/8 环境下安装，可能会出现“Windows 安全”提示，如图 6-12 所示，请单击“始终安装此驱动程序软件”。

4）驱动安装界面（完成上述步骤，自动弹出）如图 6-13、图 6-14 所示，单击“下一步”即可。

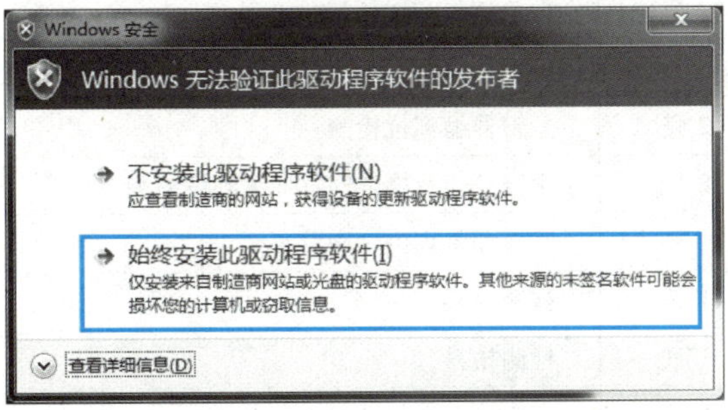

图 6-12 windonws 安全设置

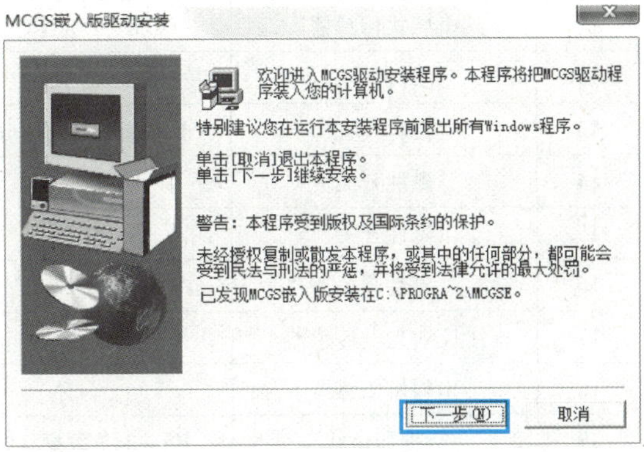

图 6-13 触摸屏驱动安装（一）

5）运行 MCGS 组态软件，直接双击打开桌面快捷方式“mcgse 组态环境”，如图 6-15 所示。

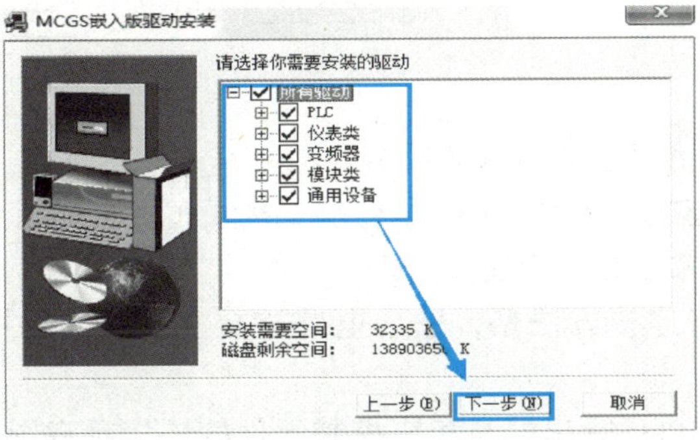

图 6-14 触摸屏驱动安装（二）

图 6-15 桌面快捷方式

【任务实施】

1. 清点器材

对照表6-1，清点物料传送、分拣与监控电路需要的设备、工具及材料。

表6-1　物料传送、分拣与监控电路需要的设备、工具及材料

序号	名　称	型　号	数量	作　用
1	PLC 模块	FX2N-48MR	1 块	控制机械手的运行
2	触摸屏	TPC7062KS	1 块	控制及监控机械手的运行
3	送料盘及直流电动机	专配	1 套	运送工件
4	气动机械手	专配	1 套	搬运工件
5	传送带输送机	专配	1 套	输送、分拣工件
6	气源装置		1 套	提供气源
7	按钮与指示灯模块	专配	1 块	提供电源、按钮和指示灯
8	电源模块	专配	1 块	提供三相五线电源
9	220V 电源连接线	专配	2 条	供按钮与指示灯模块和 PLC 模块用
10	电磁阀组	4V110—M5	1 套	控制机械手运动
11	电感式传感器	OBM—D04NK	3 只	金属物料及机械手左、右到位检测
12	光纤传感器	E3X—NALL	2 只	白色塑料和黑色塑料检测
13	推料气缸	CDJ2KB10—60—B	3 只	推送物料
14	磁性开关	D—Z73	2 只	悬臂伸缩到位检测
15	磁性开关	D—C73	8 只	手臂升降及推料气缸伸缩到位检测
16	磁性开关	Y59BLS	1 只	手抓加紧到位检测
17	漫反射光电传感器		1 只	检测物料
18	出料口传感器		1 只	检测物料
19	数据通信线	RS—232 数据线	1 条	实现计算机与 PLC 数据传送
20	数据通信线	USB 下载线	1 条	实现计算机与触摸屏数据传送
21	数据通信线	RS—485 数据线	1 条	实现 PLC 与触摸屏的数据传送
22	万用表	FM—47 型	1 只	电路检测
23	扎带及工具	ϕ120mm	若干	电路连接工艺

2. 硬件电路连接、检测与绑扎

（1）根据任务，作出输入输出I/O分配表，如表6-2所示。

（2）根据PLC外部接线图进行电路连接　按照图6-1结合端子接线布置图（图1-17），找出相应的输入、输出元件和PLC、接线端子排相应连接插孔。

1）完成输入电路的连接。输入电路连接方法略，输入电路连接完成图，如图6-16所示。

2）完成PLC输出电路的连接。完成PLC输出端与相应控制元件的连接示意图，如图6-17所示。

表 6-2　I/O 分配表

输入			输出		
输入元件	功能作用	输入继电器	输出元件	控制对象	输出继电器
M100	起动	软元件	STF	皮带正转	Y0
M101	停止	软元件	R_L	低速	Y1
M102	运行指示灯	软元件	R_M	中速	Y2
M103	清零	软元件	R_H	高速	Y3
S1	悬臂左旋到位	X0	1Y1	驱动悬臂左旋	Y4
S2	悬臂右旋到位	X1	1Y2	驱动悬臂右旋	Y5
S3	悬臂伸出到位	X2	2Y1	驱动悬臂伸出	Y6
S4	悬臂缩回到位	X3	2Y2	驱动悬臂缩回	Y7
S5	手臂上升到位	X4	3Y1	驱动手臂下降	Y10
S6	手臂下降到位	X5	3Y2	驱动手臂上升	Y11
S7	手指加紧到位	X6	4Y1	驱动手抓夹紧	Y12
S8	接料平台物料检测	X7	4Y2	驱动手抓松开	Y13
S9	落料口物料检测	X10	5Y	驱动气缸Ⅰ伸出	Y14
S10	电感传感器	X11	6Y	驱动气缸Ⅱ伸出	Y15
S11	光纤 1 传感器	X12	7Y	驱动气缸Ⅲ伸出	Y16
S12	光纤 2 传感器	X13	M1	驱动送料盘直流电动机	Y17
S13	气缸Ⅰ伸出到位	X14			
S14	气缸Ⅰ缩回到位	X15			
S15	气缸Ⅱ伸出到位	X16			
S16	气缸Ⅱ缩回到位	X17			
S17	气缸Ⅲ伸出到位	X20			
S18	气缸Ⅲ缩回到位	X21			

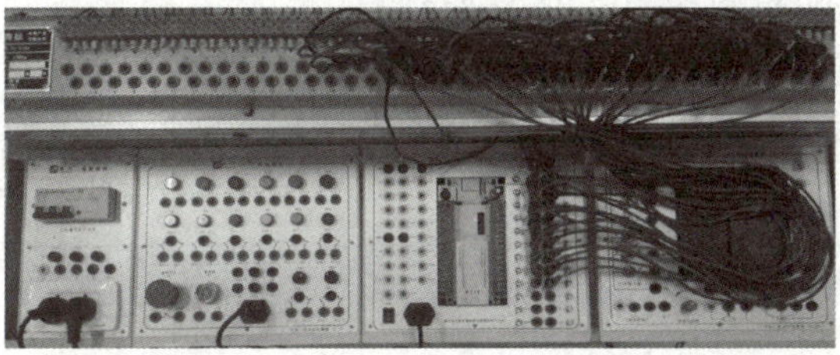

图 6-16　输入电路连接完成图

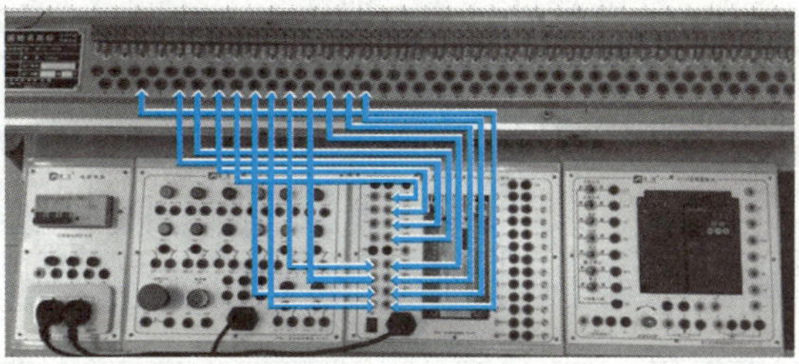

图 6-17　PLC 输出端与相应控制元件的连接示意图

电源模块与变频器模块的连接；变频器模块与 PLC 的连接，请结合表 6-2，并参照项目五。

3）完成 PLC 与触摸屏的连接，如图 6-18 所示。

4）整个任务连接后的电路，如图 6-19 所示。

（3）电路检测

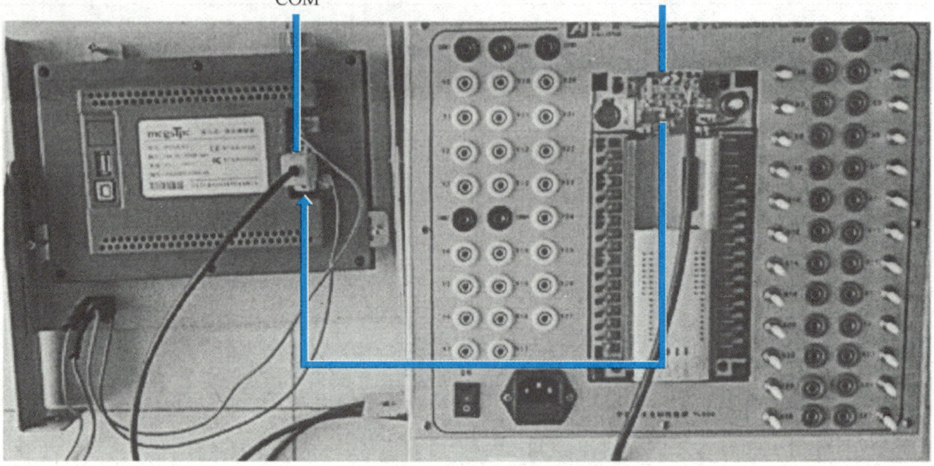

图 6-18　PLC 与触摸屏通信接线图

图 6-19　整个任务连接后的电路

1）通电前检查，检查电路是否连接正确，一个接线端子上有超过两个接头等不符合工艺要求的现象。确保电路没有短路现象。

2）通电后检查和调整。

① 查电源指示灯和变频器电源指示灯是否正常发光。

② 用一金属元件分别检测传送带检测传感器、电感传感器、光纤 1 传感器、光纤 2 传感器，检测是否正常，信号输出是否正常。

③ 调整传感器灵敏度，检查物料识别是否正常。

④ 检查开关和按钮回路是否正常。

⑤ 三相异步电动机正反转运行检测等。

3）打开气源，调节各气缸，使其动作合理流畅，推料准确、到位。

（4）线路捆扎　当电路连接、检测后，对线路进行绑扎。请参照项目二。

（5）设置变频器参数　设备通电后，将变频器参数清除，按任务要求设置变频器参数，需要设置的变频器参数及相应参数值如表 6-3 所示。

表 6-3　需要设置的变频器参数及相应的参数值

参数号	名　称	设　定　值	参数号	名　称	设　定　值
Pr. 1	上限频率	50Hz	Pr. 8	减速时间	0. 5s
Pr. 2	下限频率	0Hz	Pr. 9	电流	电动机的额定电流
Pr. 6	低速	25Hz	Pr. 79	操作模式	3
Pr. 7	加速时间	0. 5s			

3. 程序编写与下载

（1）组态的创建

1）双击桌面“MCGS 组态环境”图标打开组态软件，首次打开软件的界面如图 6-21 所示。

2）单击菜单栏上“文件”→“新建工程”，创建新工程，如图 6-22 所示。

图 6-20　线路剪扎后工艺效果

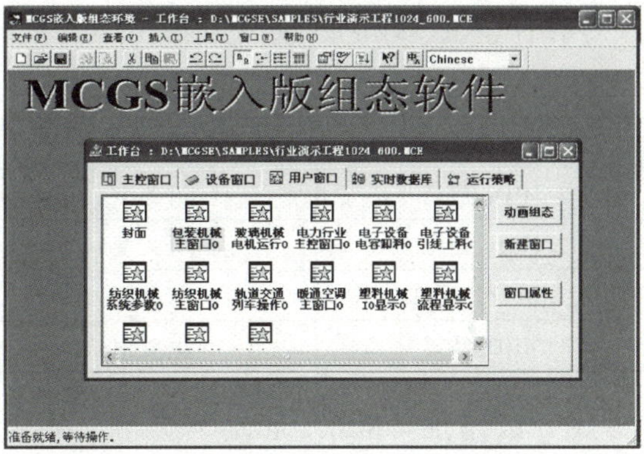

图 6-21　首次打开组态工程界面

3）选择类型为 TPC7062KX 后单击“确定”后完成新建工程，如图 6-23 所示。新建的工程画面如图 6-24 所示。

4）切换到实时数据库页面，如图 6-25 所示。

图 6-22　创建新工程

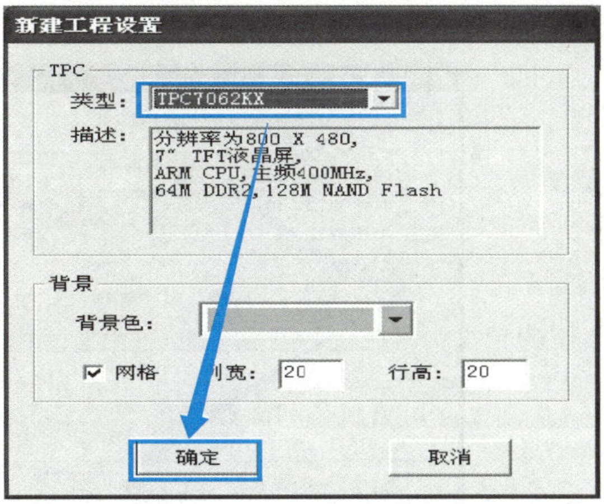

图 6-23　TPC 类型选择

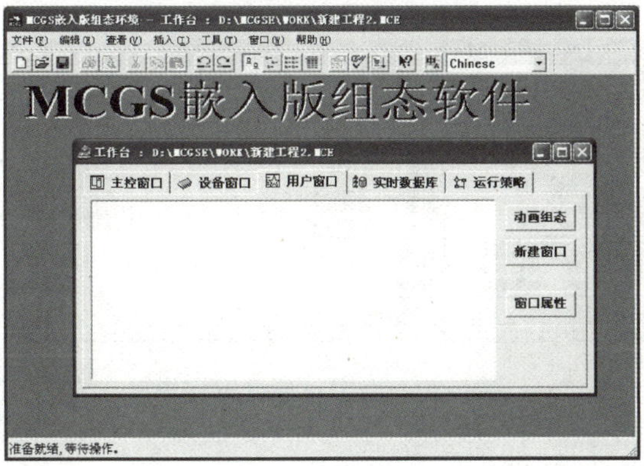

图 6-24　新建的工程画面

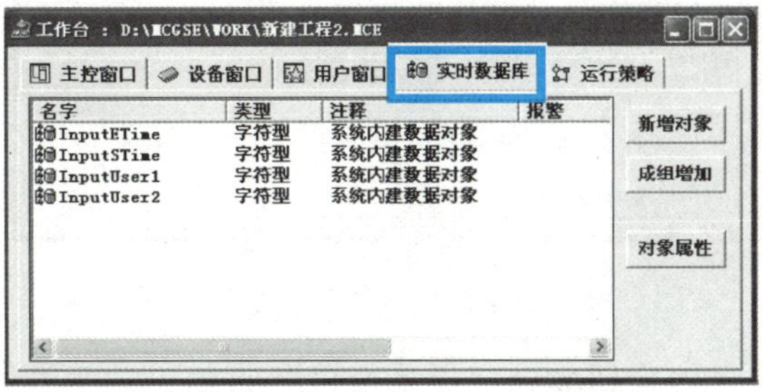

图 6-25　实时数据库

5）在实时数据库页面中，新增如下变量如表 6-4 所示。

表 6-4　新增变量

数据对象名称	数据对象类型	数据对象名称	数据对象类型
M100_启动	开关型	D100_一槽物料数	数值型
M101_停止	开关型	D101_二槽物料数	数值型
M102_指示灯	开关型	D102_三槽物料数	数值型
M103_清零	开关型		

6）以增加“M100_起动”为例。单击“新增对象”按钮，新建一个对象，如图 6-26 所示。

7）双击新建的对象，设置数据对象名称、数据对象类型（对象名称为“M100_启动；对象类型为“开关型”），如图 6-27 所示，数据对象设置完毕如图 6-28 所示。

8）依照上述步骤和表 6-4 数据名称和类型，依次添加新增完成的变量如图 6-29 所示。

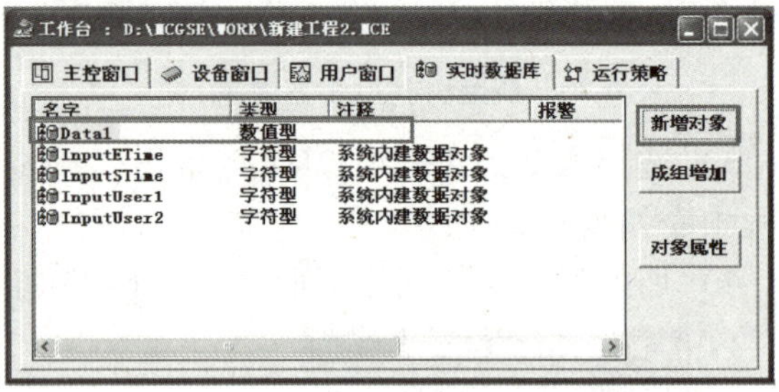

图 6-26　新增 M100_起动对象

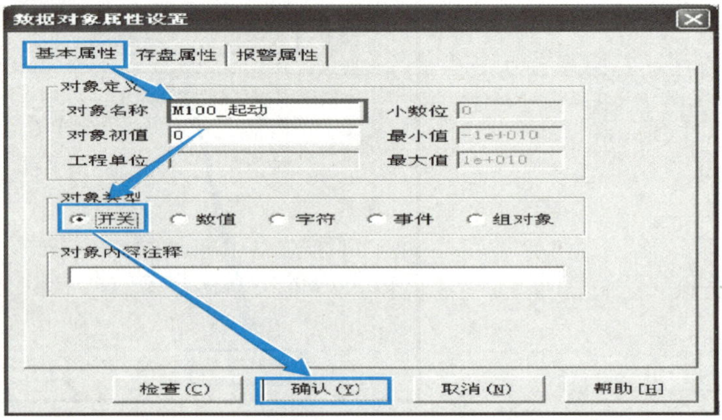

图 6-27　数据对象属性 M100_起动设置窗口

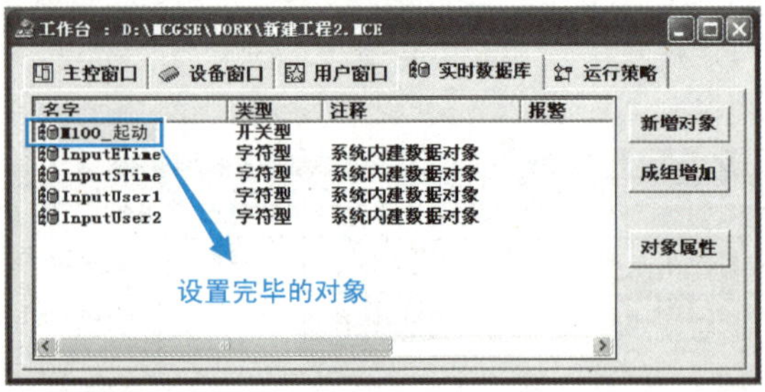

图 6-28　数据对象 M100_起动设置完毕

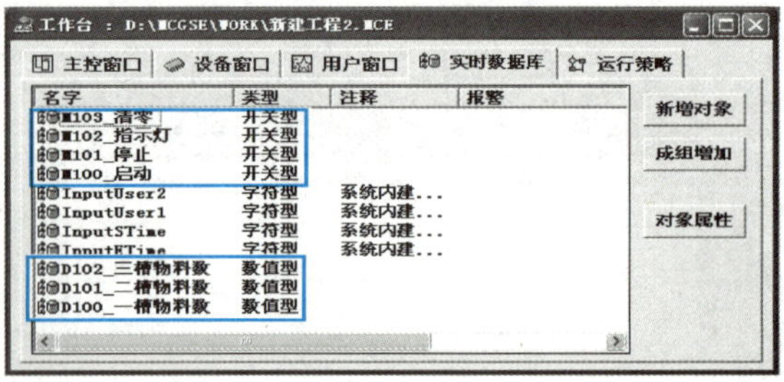

图 6-29　数据对象设置完毕

9）切换到“设备窗口”页面，双击“设备窗口”，如图 6-30 所示。

10）进入到设备窗口页面后，如图 6-31 所示。

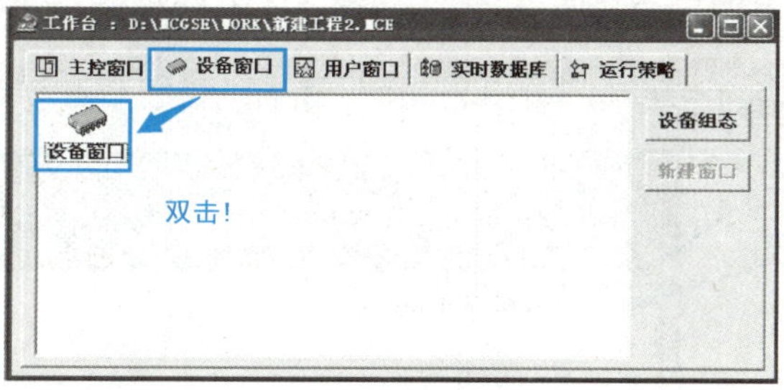

图 6-30　设备窗口页面

11）右键单击空白区域，选择“设备工具箱”，调出设备工具箱窗口，如图 6-32 所示。

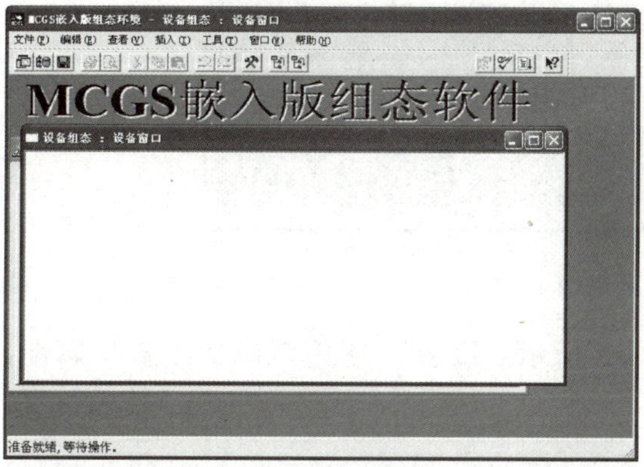

图 6-31　设备窗口

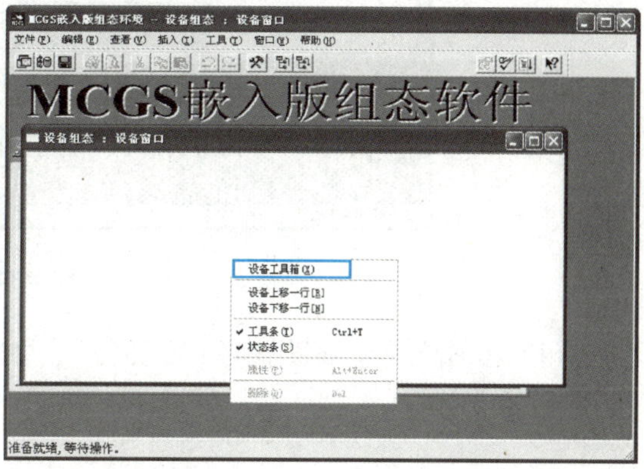

图 6-32　调出设备工具箱

12）单击“设备管理”按钮，展开“PLC”列表→展开“三菱”列表→展开“三菱_FX 系列串口列表”→添加设备“三菱 FX_系列串口”，如图 6-33 所示。

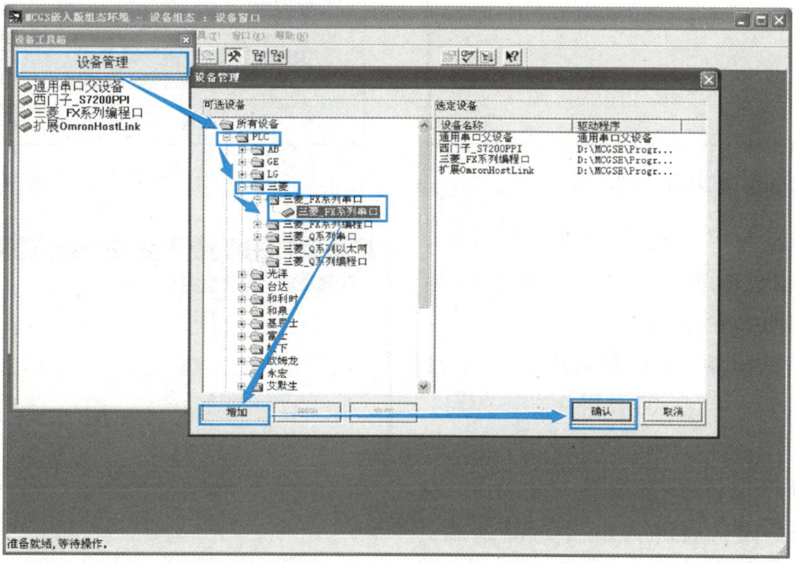

图 6-33　设备管理

13）双击增加“通用串口父设备”与“三菱_FX系列串口”，如图6-34所示。

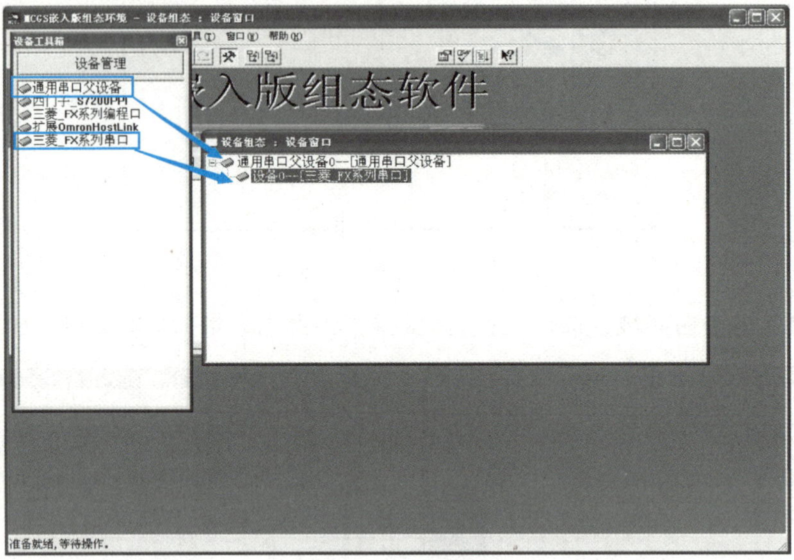

图6-34　增加设备

14）双击打开“通用串口父设备”，如图6-35所示。设置“通用串口父设备”属性，如图6-36所示。

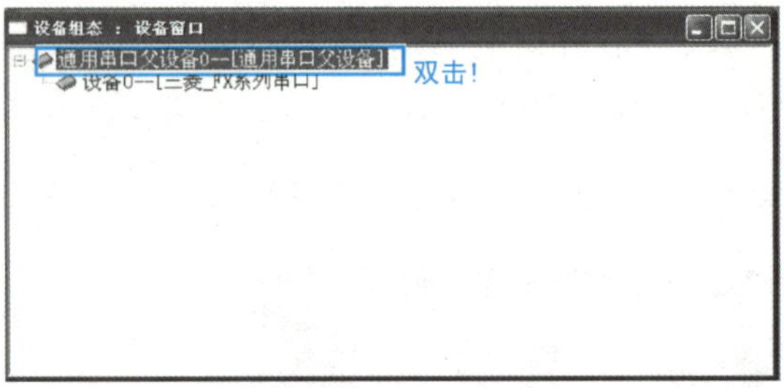

图6-35　进入通用串口父设备界面

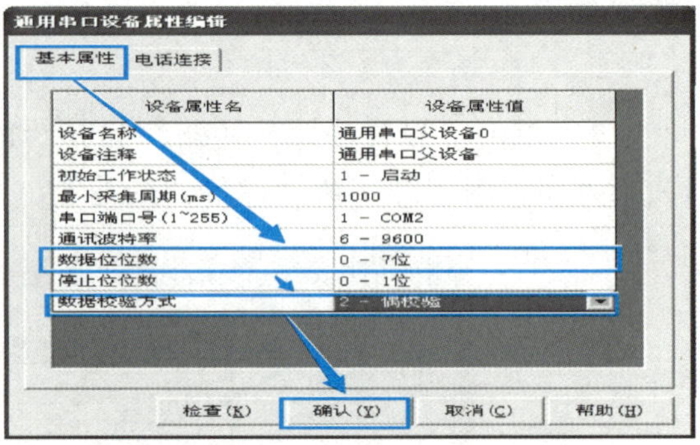

图6-36　通用串口设备属性编辑

15）双击打开“三菱_FX系列串口”，如图6-37所示。设置“三菱_FX系列串口”属性，如图6-38所示。

16）设置“三菱_FX系列串口”中设备通道连接变量，再次双击进入“三菱_FX系列串口”界面，单击“新增设备通道”按钮，新增4个设备通道，如图6-39所示。新增完毕设备通道后如图6-40所示。

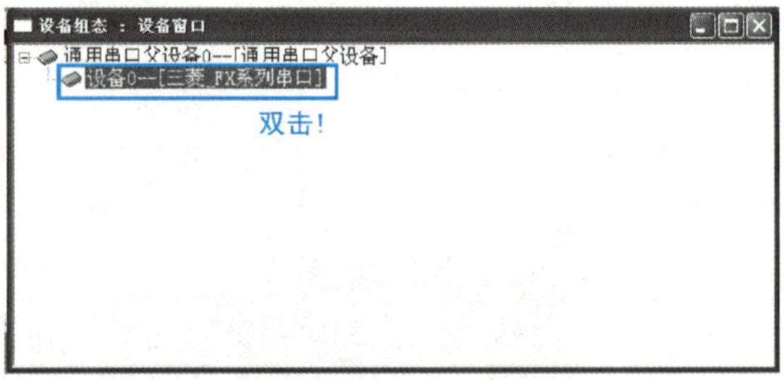

图6-37　进入三菱_FX系列串口界面

17）进入设备窗口中“三菱_FX系列串口”新增设备通道。先增加M辅助寄存器另外2个设备通道，如图6-41所示。再增加D数据寄存器3个设备通道，如图6-42所示。

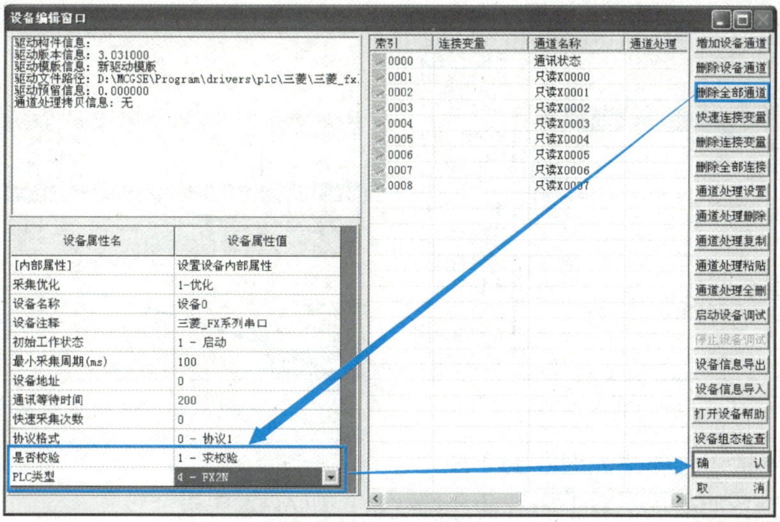

图 6-38　三菱 FX 系列串口设备属性

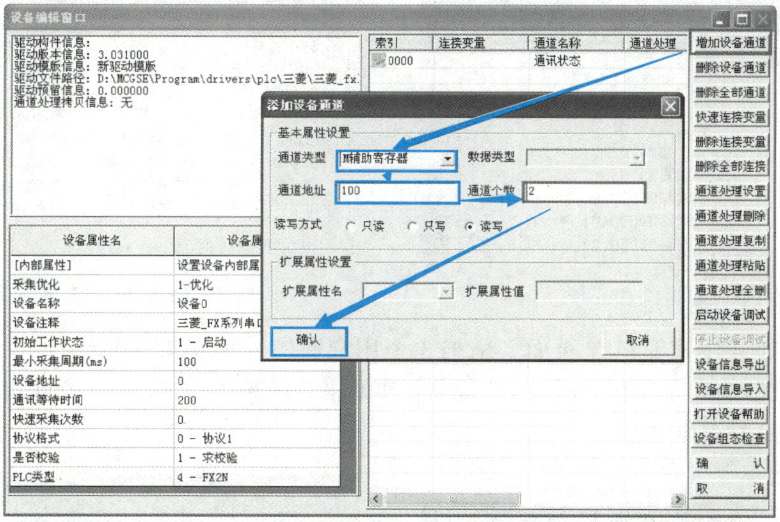

图 6-39　增加设备通道

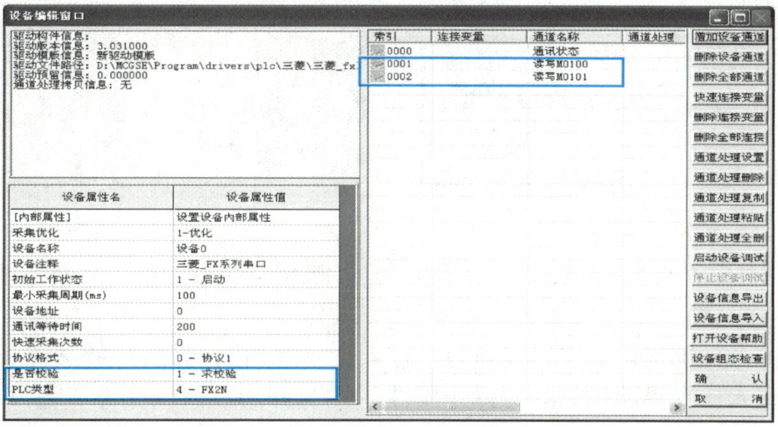

图 6-40　设备通道增加完毕

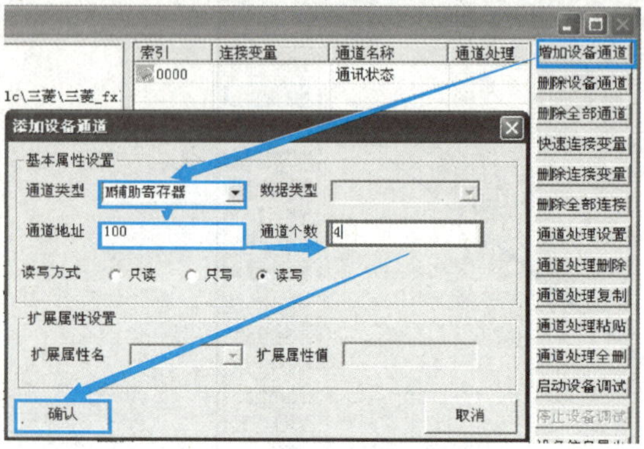

图 6-41　增加 M 辅助寄存器

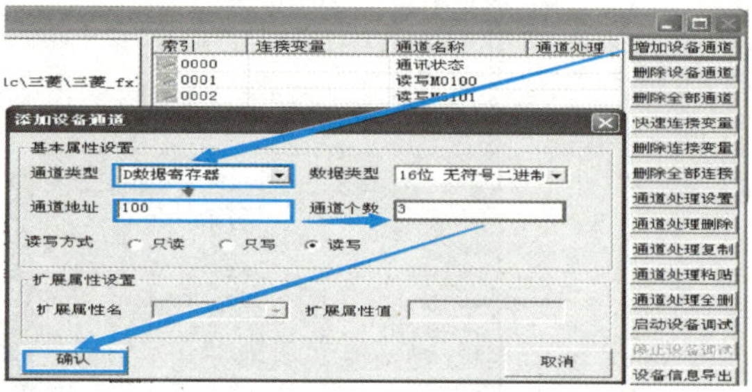

图 6-42　增加 D 数据寄存器

18）所有通道添加完毕如图 6-43 所示。

19）双击设备通道项关联上所有的连接变量，如 6-44 所示。

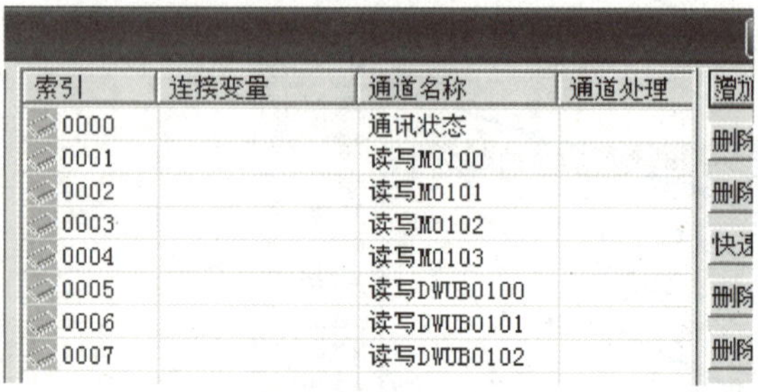

图 6-43　通道添加完毕

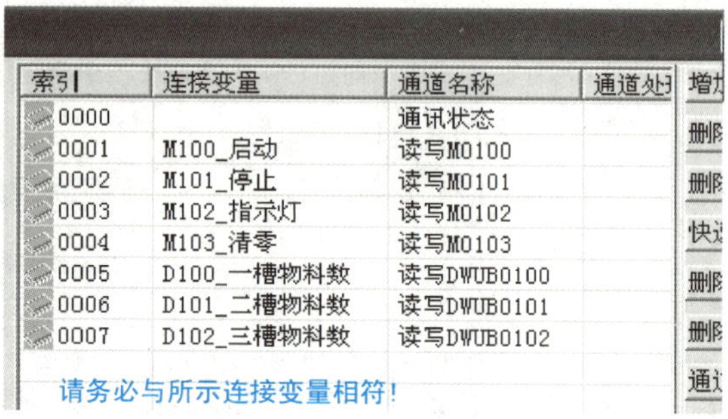

图 6-44　连接变量

20）切换到“用户窗口”页面，新增 3 个用户窗口，如 6-45 所示。

21）双击进入“动画组态窗口 0”界面，单击工具箱上“标签”控件在组态界面上创建一个标签，如图 6-46 所示。

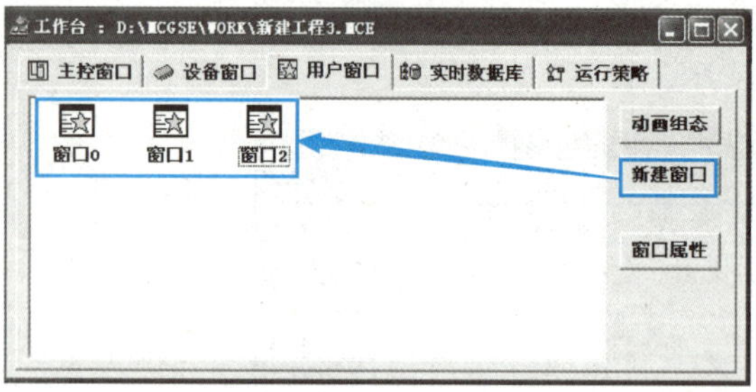

图 6-45　新建用户窗口

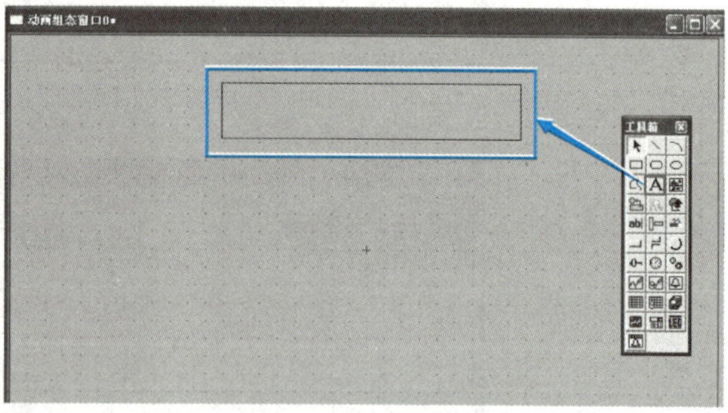

图 6-46　创建标签

22）双击刚建立的标签控件，进入标签动画组态属性窗口，如图 6-47、图 6-48 所示。

23）创建一个标准按钮，按钮文本为“进入命令界面”，如图 6-49 所示。

24）设置进入命令界面按钮的“操作属性”→“打开用户窗口”为“窗口 1”，如图 6-50 所示。

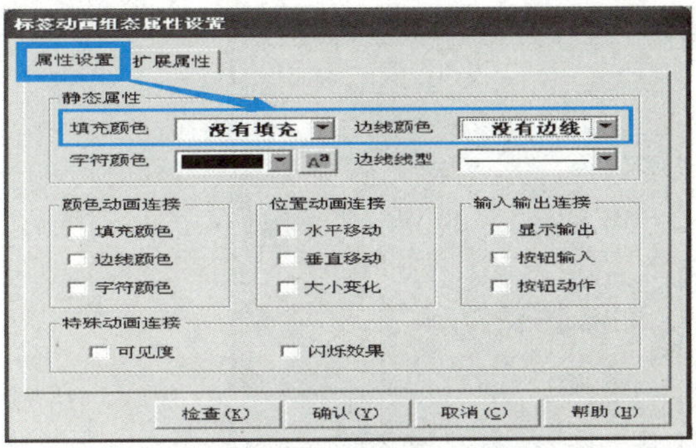

图 6-47 标签动画组态属性

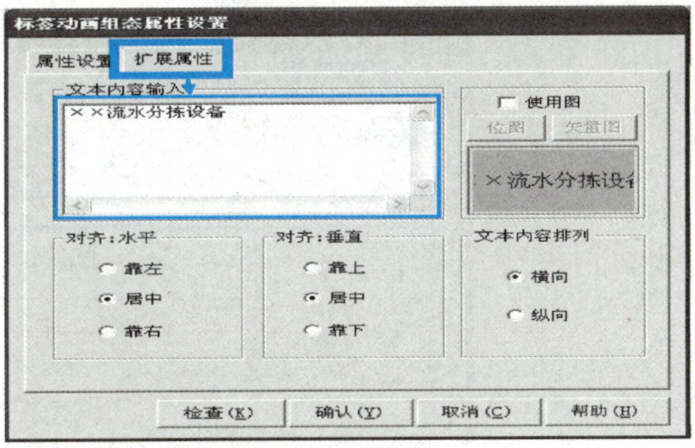

图 6-48 标签动画组态扩展属性

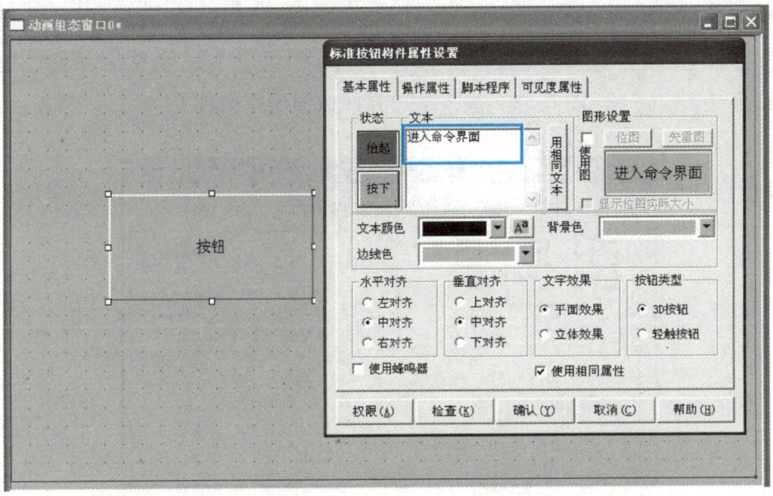

图 6-49 进入命令界面按钮基本属性

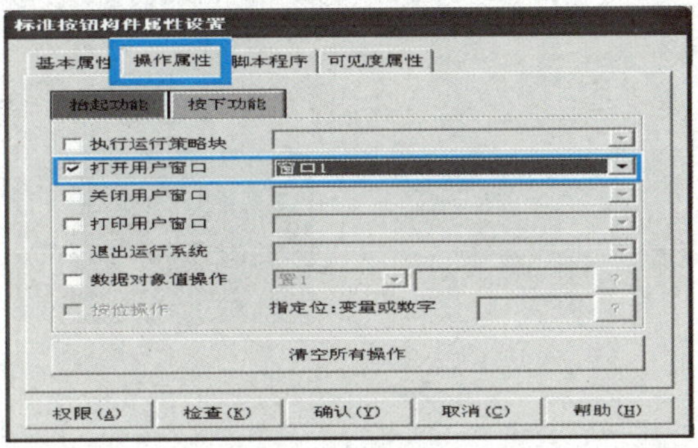

图 6-50 进入命令界面按钮操作属性

25）依照上述描述，建立第 2 个标准按钮，按钮文本为“进入监控界面”，设置进入监控界面按钮的“操作属性”→“打开用户窗口”为“窗口 2”，如图 6-51 所示。

26）切换到用户窗口页面，双击进入“窗口 1”，如图 6-52 所示。

27）在窗口 1 的动画组态窗口里创建 3 个标准按钮——起动、停止、返回，如图 6-53 所示。

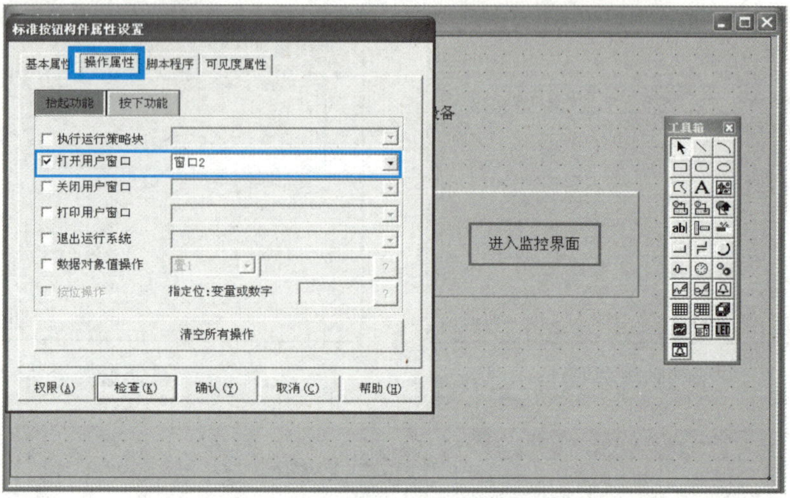

图 6-51　进入监控界面按钮操作属性

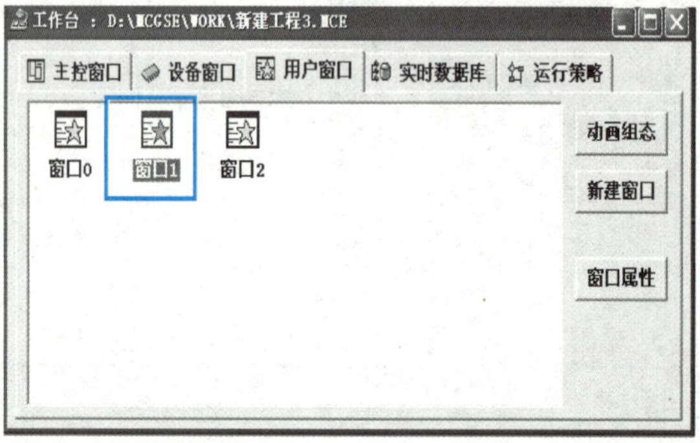

图 6-52　进入窗口 1

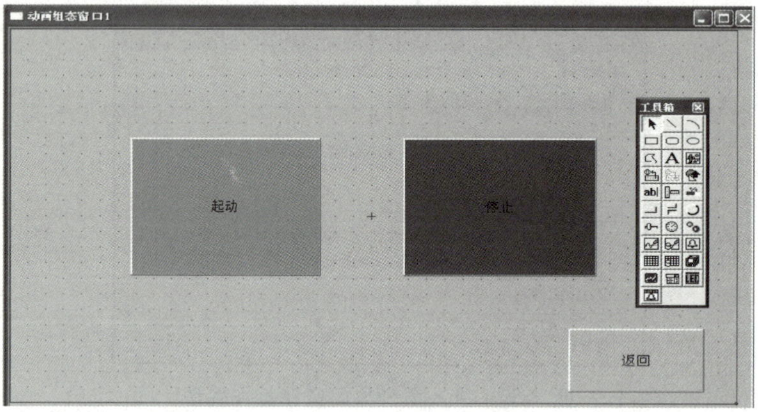

图 6-53　动画组态窗口 1

28）单击“工具栏”中的“工具箱”按钮调出工具箱窗口，如图 6-54 所示。

29）单击工具箱窗口上的“标准按钮”控件，在组态界面建立一个标准按钮，如图 6-55所示。

30）双击刚建立的标准按钮，进入标准按钮构件属性设置界面，设置“文本”与“背景色”，如图 6-56 所示。设置完成后如图 6-57 所示。

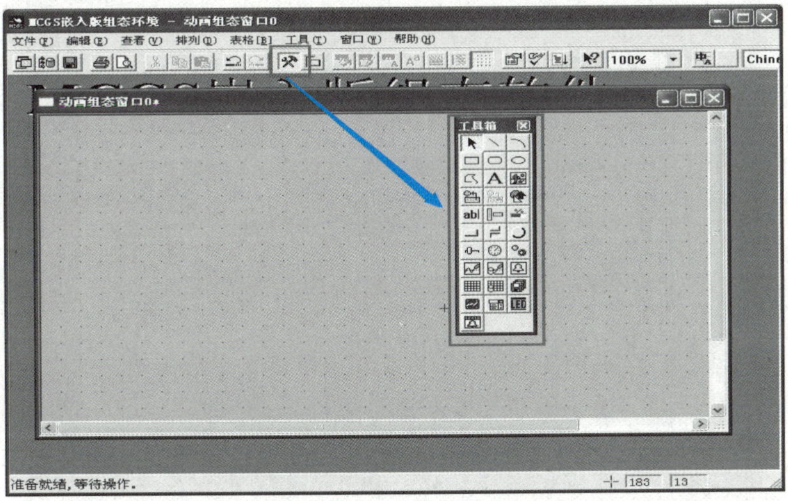

图 6-54　调出工具箱

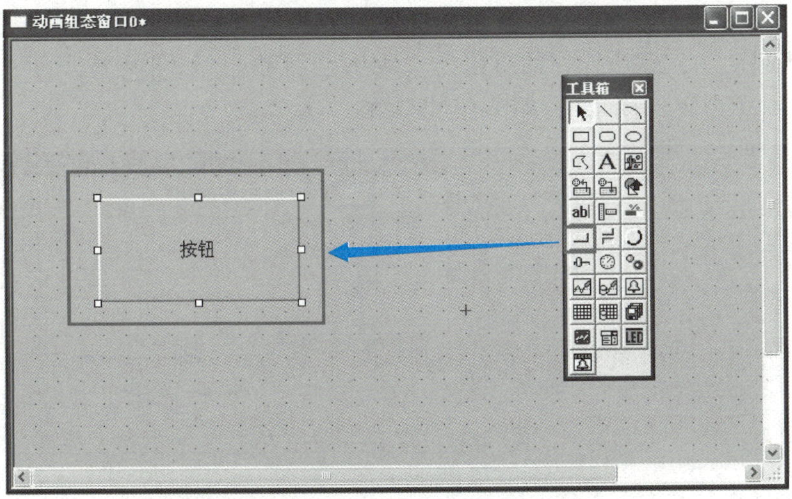

图 6-55　创建标准按钮

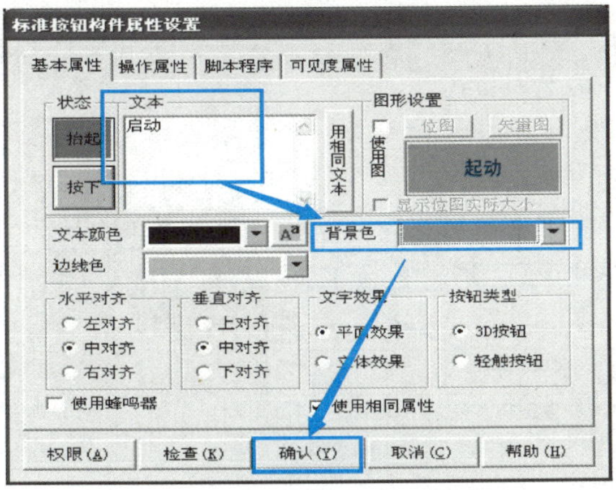

图 6-56　标准按钮构件属性设置界面

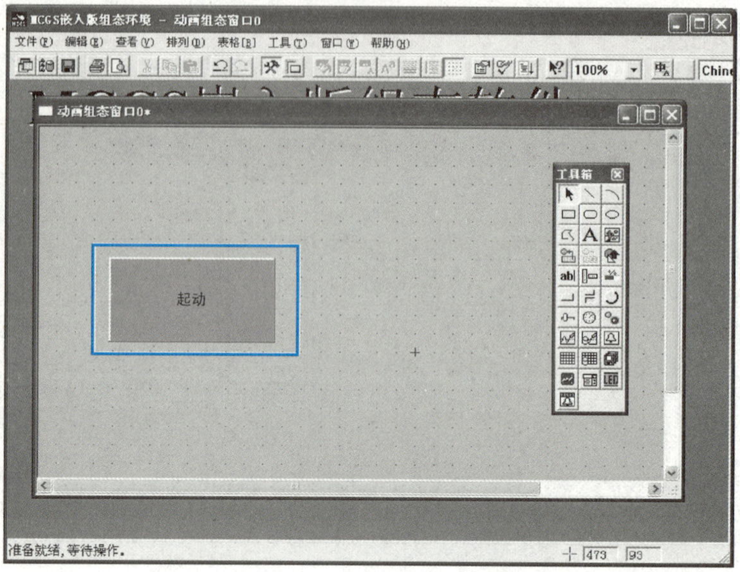

图 6-57　标准按钮构件设置完成

31）设置“起动”与“停止”按钮，步骤为“操作属性”→“数值对象值操作”都为“按 1 松 0”，“起动”按钮所操作的对象为“M100_ 启动”，如图 6-58 所示；“停止”按钮所操作的对象为“M101_ 停止”，如图 6-59 所示。

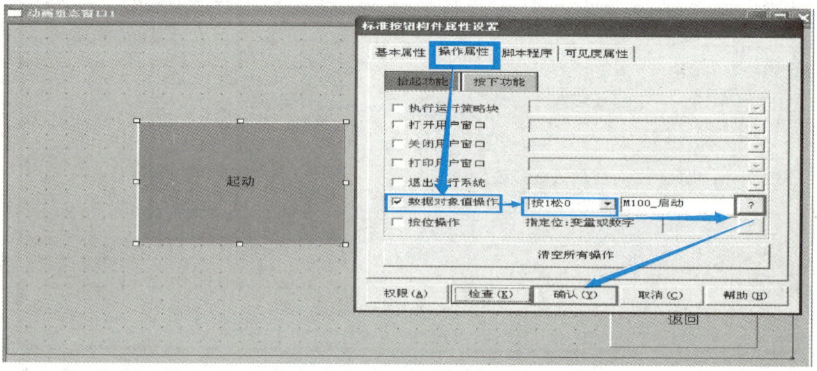

图 6-58　起动按钮操作属性

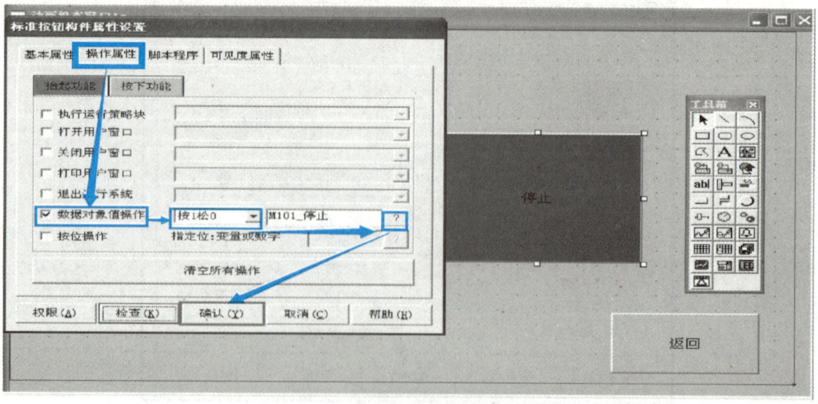

图 6-59　停止按钮操作属性

32）设置“返回”按钮步骤为“操作属性”→“打开用户窗口”为“窗口0”，如图6-60所示。

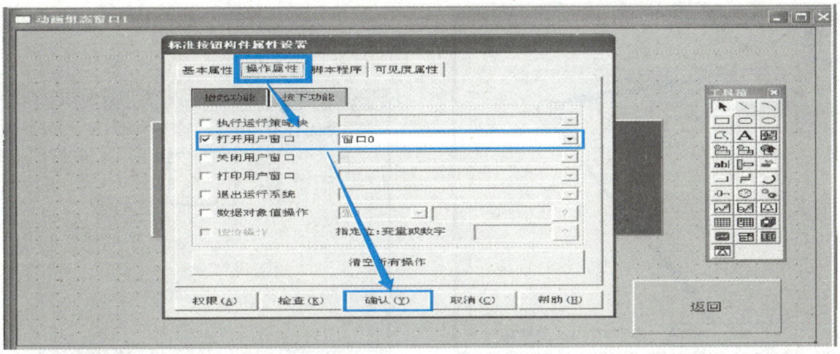

图6-60　返回按钮操作属性

33）单击“工具箱”中的“插入元件”，展开“指示灯”列表，并选择对应的图形，确定插入，如图6-61所示。

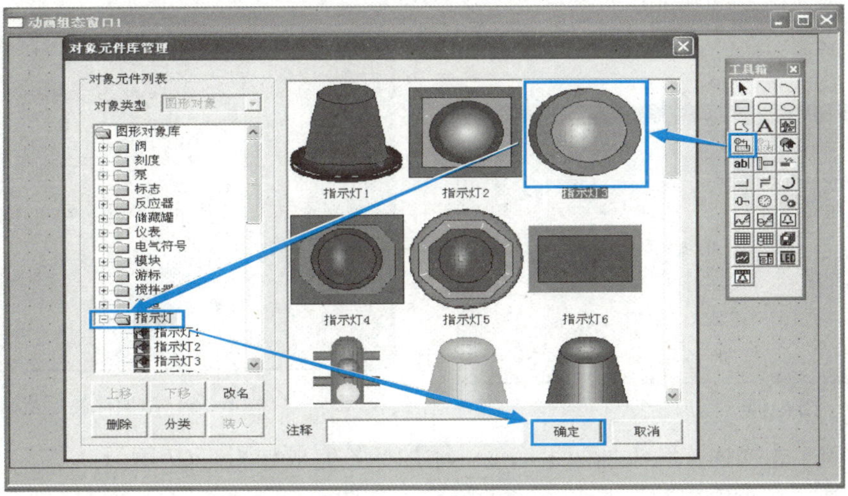

图6-61　插入指示灯

34）调整好指示灯的位置，如图6-62所示。

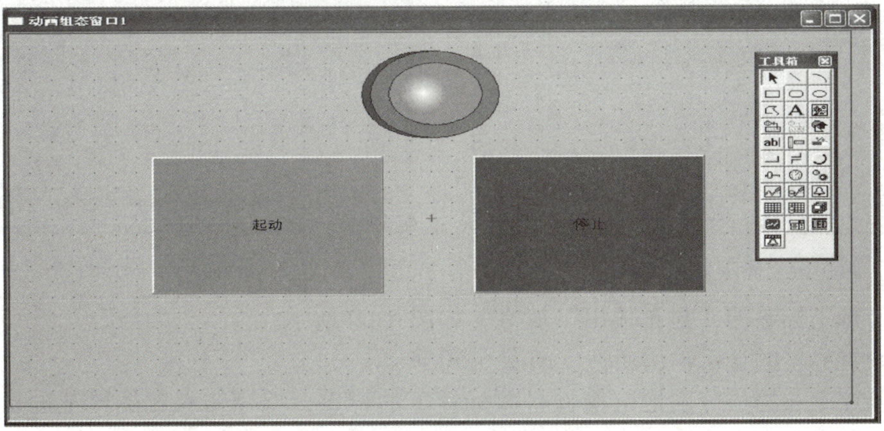

图6-62　调整指示灯

35）双击刚才添加的指示灯，选择“动画连接”，设置连接表达式，如图6-63所示。

36）切换到用户窗口界面，双击进入“窗口2”，如图6-64所示。

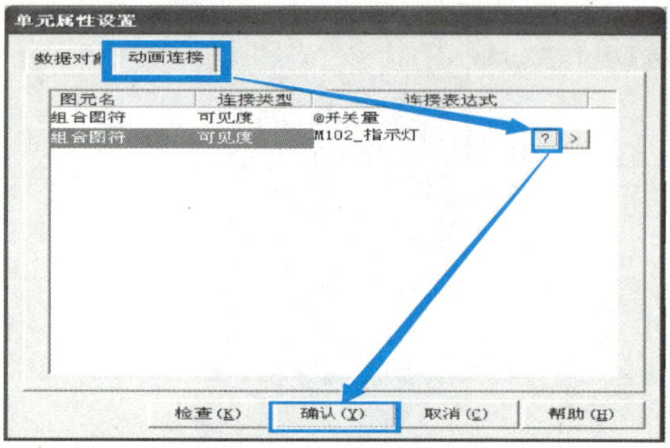

图6-63　设置连接表达式

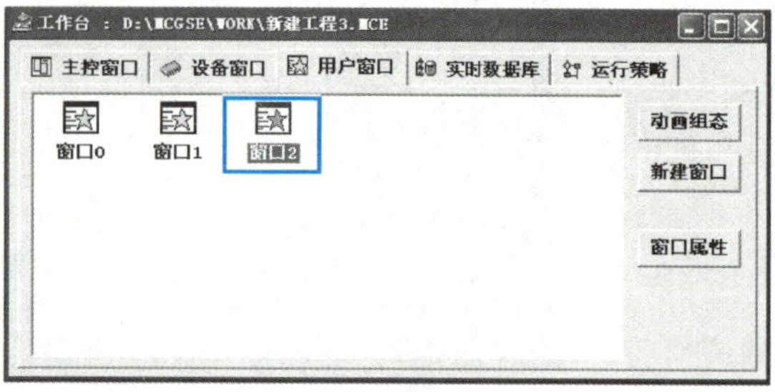

图6-64　进入窗口2

37）添加一个标签控件在窗口2的动画组态界面上，如图6-65所示。

38）再添加一个标签控件，如图6-66所示。

图6-65　添加标签

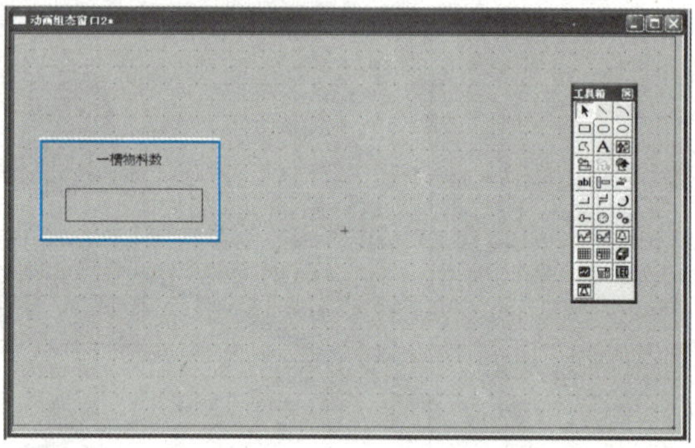

图6-66　添加标签后界面

39）依照上述描述连续添加两组标签，添加标签完成如图6-67所示。

40）双击“一槽物料数”标签下面的标签，如图6-68所示。

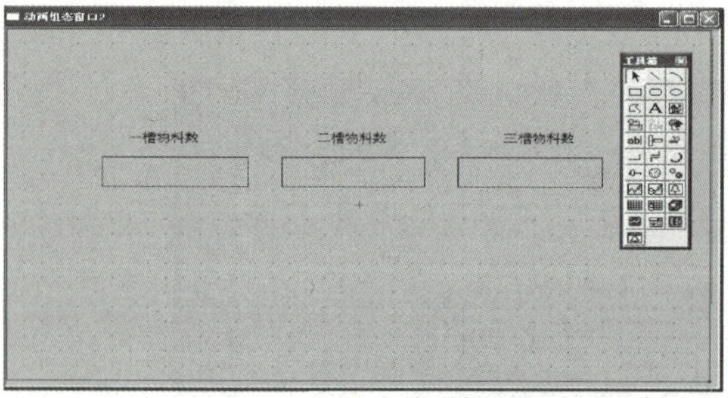

图6-67　添加标签完成

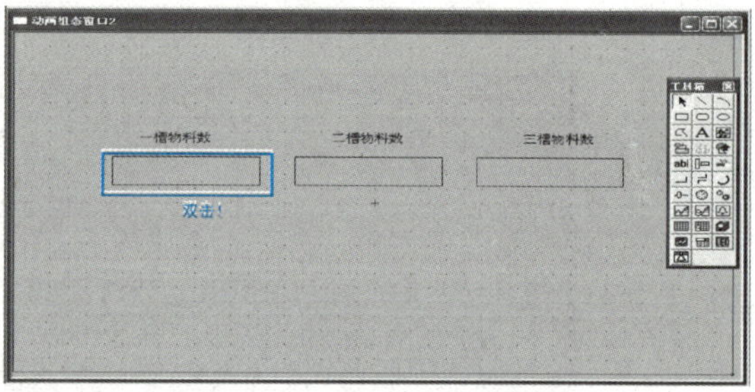

图6-68　组态标签

41）勾选上标签的“显示输出”属性，如图6-69所示。

42）设置标签的显示输出属性，如图6-70所示。

43）依照上述描述分别把二槽物料数标签下的标签，三槽物料数标签下的标签依次设置，返回键可参照完成，如图6-71所示。

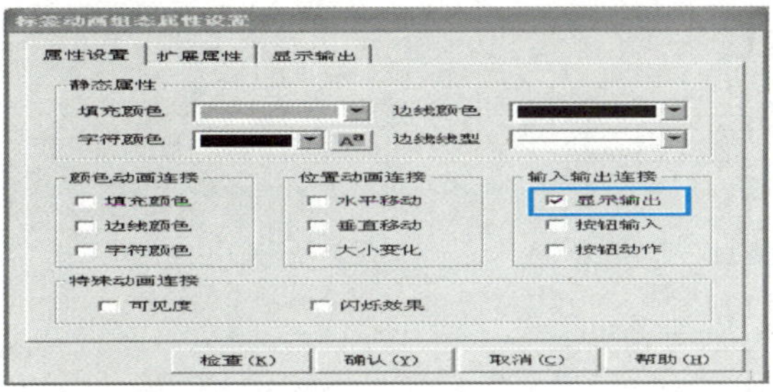

图 6-69　标签动画组态属性

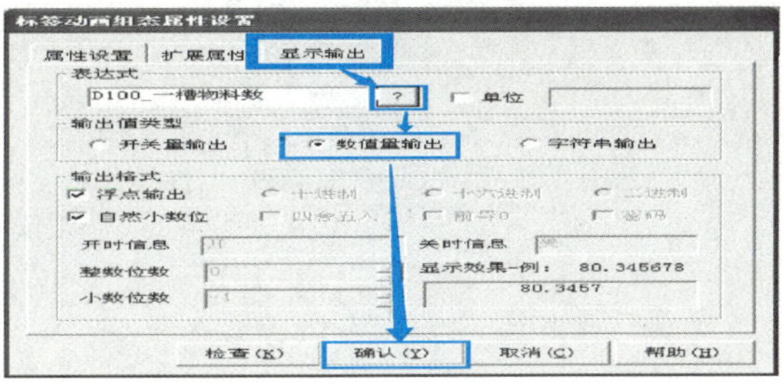

图 6-70　标签动画组态输出值类型

44）创建一个标准按钮，按钮文本为“清零”，按钮的“数值对象值操作”为“按 1 松 0”、“M103_ 清零”，如图 6-72 所示。

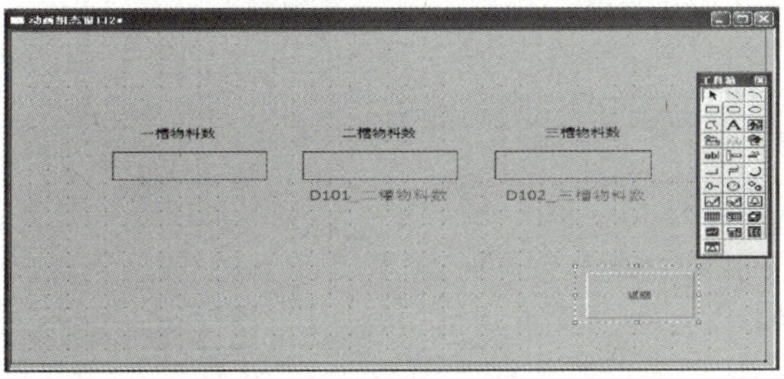

图 6-71　完成标签的组态

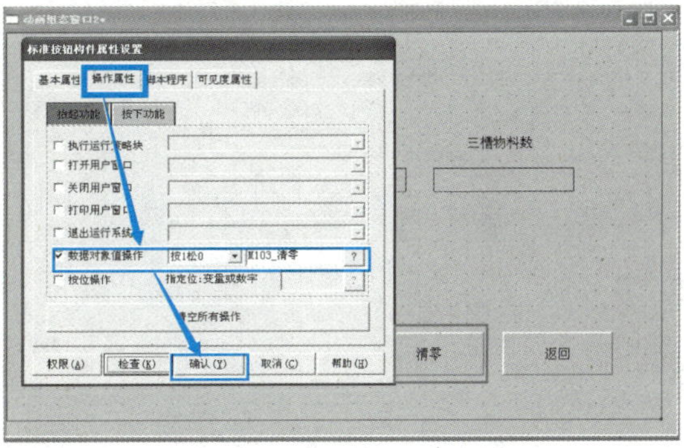

图 6-72　清零按钮

45）下载已经设计完毕的组态工程，如图 6-73 ~ 图 6-75 所示。

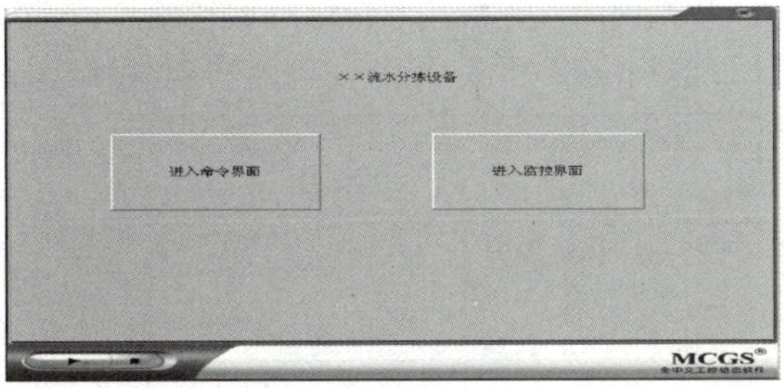

图 6-73　模拟界面一

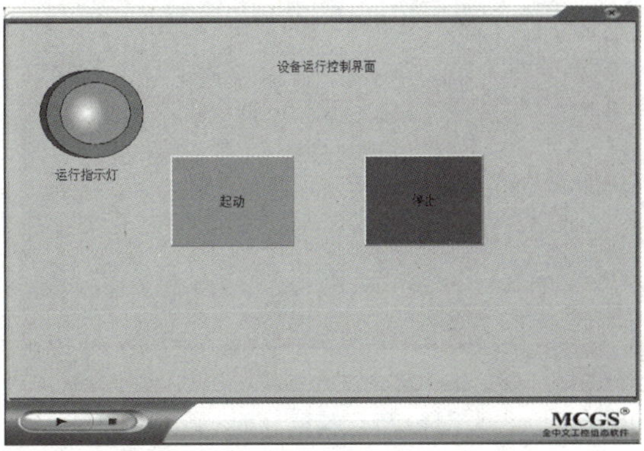

图 6-74　模拟界面二

（2）PLC 程序的编写

1）实现本任务的状态流程图，如图 6-76 所示。

2）图 6-76 所对应的指令表程序，如图 6-77 所示。

4. 调试与运行

将 PLC 置于 Run 状态，进行触摸屏与 PLC 程序的调试（注意人身安全及设备安全）。

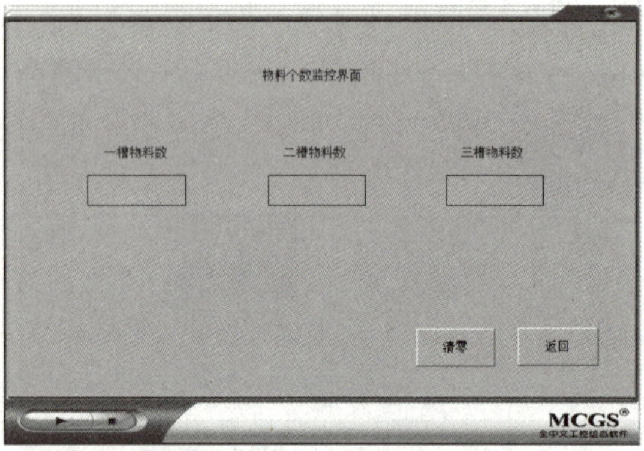

图 6-75　模拟界面三

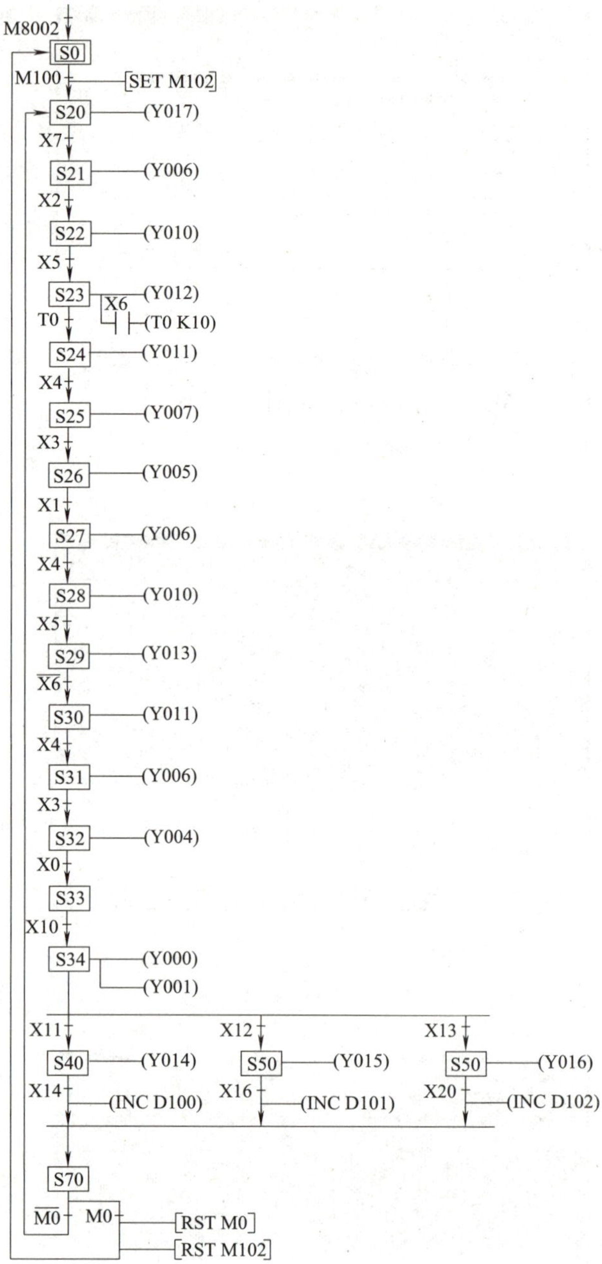

图 6-76　状态流程图

按照表 6-5、表 6-6 中的要求进行调试，并将观察结果填入表中。

表 6-5　检测与分析 1

按键	状态	触摸屏是否切换界面	送料盘盘电动机是否转动
进入命令界面	按下后		
进入监控界面	按下后		
返回	按下后		
起动	按下后		
停止	按下后		

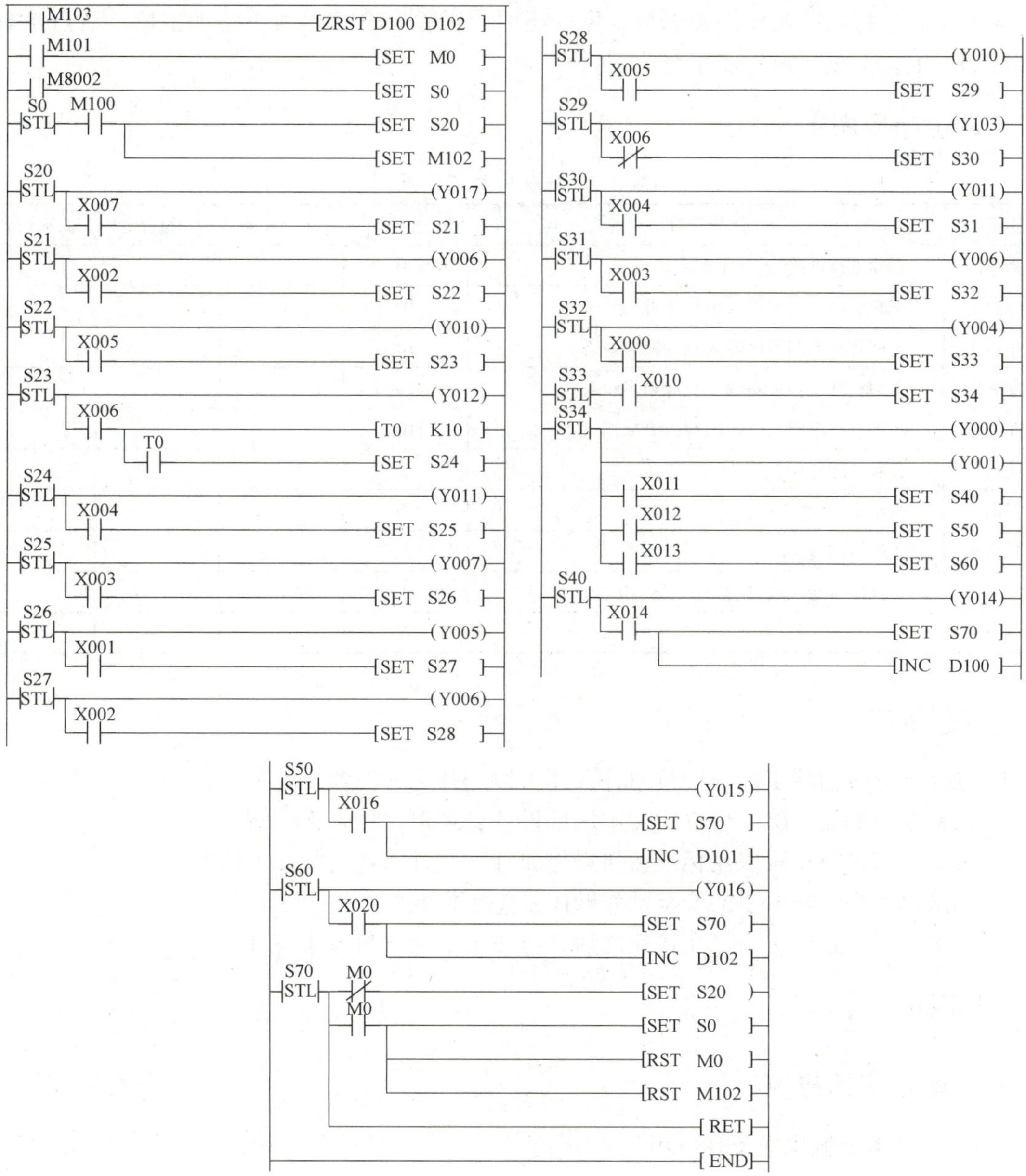

图 6-77　图 6-76 所对应的指令表程度

表 6-6　检测与分析 2

料台光电传感器	落料口漫反射传感器	电感传感器（检测金属）	光纤 1 传感器（检测白色）	光纤 2 传感器（检测黑色）	机械手是否动作	三相异步电机是否转动	气缸 Ⅰ 是否动作	气缸 Ⅱ 是否动作	气缸 Ⅲ 是否动作
有料	无料	无料	无料	无料					
无料	有料	无料	无料	无料					
无料	无料	有料	无料	无料					
无料	无料	无料	有料	无料					
无料	无料	无料	无料	有料					

5. 实训场地现场清理

实训完后，将对所操作设备进行复位、还原。拆除安全插接线、整理工位、清点工具、清扫现场卫生，并填写设备使用登记表。

【评价与反思】

表 6-7　任务检测与分析

检测项目	评分标准	分值	学生自评	小组评分	教师评分
电路连接	正确进行电路连接、工艺合理	30			
软件启动	正确启动编程软件及组态软件	10			
程序输入	能进行梯形图程序输入及触摸屏组态	10			
程序编辑	会编辑修改梯形图程序及触摸屏组态	10			
文件操作	能进行程序转换、存盘、写入等操作	10			
起动运行	会起动运行操作	5			
运行调试	会调试、修改程序	10			
团队协作	小组协调、合作	5			
职业素养	工具使用与摆放、设备复位况及工位清洁等	10			
总分		100			

【问题探究】

1. 触摸屏上按钮除了用标准按钮外，还可以用什么方法实现？
2. 物料个数的显示除了可以用文本属性设置，还可以用什么实现？
3. 窗口的切换除了可以用标准按钮操作属性方法外，还有什么方法？
4. 调试过程中，机械手的安全动作顺序是怎么样的？
5. 系统运行过程中单击停止按钮之后，再按下起动，机械手应如何动作？

【知识拓展】

一、触摸屏的应用

图 6-78 为常见触摸屏及其应用。

二、触摸屏主要类型

1）从技术原理来区别触摸屏，可分为 5 个基本种类：矢量压力传感技术触摸屏、红外线技术触摸屏、电容技术触摸屏、电阻技术触摸屏、表面声波触摸屏。其中矢量压力传感技术触摸屏已退出历史舞台；红外线技术触摸屏价格低廉，但其外框易碎，容易产生光干扰，曲面情况下失真；电容技术触摸屏设计构思合理，但其图像失真问题很难得到根本解决；电阻技术触摸屏的定位准确，但其价格颇高，且怕刮易损；表面声波触摸屏解决了以往触摸屏的各种缺陷，图像清晰，不容易损坏，适于各种场合，缺点是屏幕表面如果有水滴和尘土会使触摸屏变得迟钝，甚至不工作。

a) 品牌触摸屏

b) 品牌触摸屏

c) 广告机

d) 点歌台

e) 手机

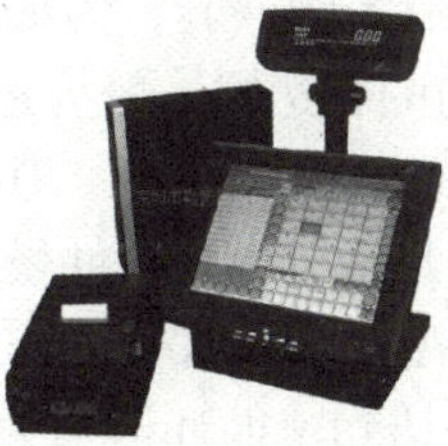
f) 收款机

图 6-78　常见触摸屏及其应用

2）按照触摸屏的工作原理和传输信息的介质，可以把触摸屏分为 4 种，它们分别为电阻式、电容感应式、红外线式以及表面声波式。每一类触摸屏都有其各自的优缺点，根据不同的场合，可选择不同种类的触摸屏。

三、脚本程序及基本语句

1. 脚本程序

MCGS 引入事件驱动机制，例如：对用户窗口，有装载，卸载事件；对窗口中的控件，有鼠标单击事件，键盘按键事件等。这些事件发生时，就会触发一个脚本程序，执行脚本程序中的操作。

2. 脚本程序基本语句

（1）赋值语句　赋值语句的形式为：数据对象 = 表达式。赋值语句用赋值号（“ = ”号）来表示，它具体的含义是：把“ = ”右边表达式的运算值赋给左边的数据对象。赋值号左边必须是能够读写的数据对象，如开关型数据、数值型数据以及能进行写操作的内部数据对象，而组对象、事件型数据对象、只读的内部数据对象、系统函数以及常量，均不能出现在赋值号的左边，因为不能对这些对象进行写操作。

赋值号的右边为一表达式，表达式的类型必须与左边数据对象值的类型相符合，否则系统会提示“赋值语句类型不匹配”的错误信息。

（2）条件语句　条件语句有如下 3 种形式：

If【表达式】Then【赋值语句或退出语句】

If【表达式】Then

【语句】

EndIf

If【表达式】Then

【语句】

Else

【语句】

EndIf

条件语句中的4个关键字“If”、“Then”、“Else”、“EndIf”不分大小写。如拼写不正确，检查程序会提示出错信息。

条件语句允许多级嵌套，即条件语句中可以包含新的条件语句，MCGS脚本程序的条件语句最多可以有8级嵌套，为编制多分支流程的控制程序提供了可能。

“If”语句的表达式一般为逻辑表达式，也可以是值为数值型的表达式，当表达式的值为非0时，条件成立，执行“Then”后的语句，否则，条件不成立，将不执行该条件块中包含的语句，开始执行该条件块后面的语句。

值为字符型的表达式不能作为“If”语句中的表达式。

(3) 循环语句　循环语句为While和EndWhile，其结构为：

While【条件表达式】

...

EndWhile

当条件表达式成立时（非零），循环执行While和EndWhile之间的语句。直到条件表达式不成立（为零），退出。

(4) 退出语句　退出语句为“Exit”，用于中断脚本程序的运行，停止执行其后面的语句。一般在条件语句中使用退出语句，以便在某种条件下，停止并退出脚本程序的执行。

项目七 物料搬运、传输与分拣综合训练

项目描述

利用 YL-235A 设备上的带输送机、机械手、供料装置等模块，综合运用前面所学的光电传感器技术、PLC 控制技术、气动控制技术、变频器控制技术和 HMI 人机交互技术，模拟实际自动化生产线上物料搬运、传输、分拣等典型工作过程。

任务一 自动传送与分拣设备电路连接与编程

【任务描述】

图 7-1 所示为在 YL-235A 装置上模拟某型自动传送与分拣设备的安装布局图，该设备的主要功能是完成金属工件、白色塑料工件和黑色塑料工件的传送与分拣任务。

请根据图 7-2 所示的自动传送与分拣设备的电气控制原理图，在 YL-235A 设备对应模块上选择电路需要的电器，并按照工艺要求，进行电路连接及程序编制、调试，实现任务要求的功能。装置控制要求：

1. 接通电源，工作台上双色警示灯中红灯闪烁。

2. 起动前，设备的运动部件必须在规定的位置，这些位置称作初始位置。初始位置的要求：机械手的悬臂靠在左限止位置，手臂气缸的活塞杆缩回，悬臂气缸的活塞杆缩回，手爪松开；位置 A、B、C 的气缸活塞杆缩回；处理盘、带输送机的拖动电动机不转动。上述部件在初始位置时，原点指示灯 HL1 亮。只有上述部件在初始位置时，设备才能起动。若上述部件不在初始位置，原点指示灯 HL1 灭，按下按钮 SB4 进行复位。

3. 设备起动后，工作台上的双色警示灯中的绿灯开始闪烁，同时圆盘送料机构上的直流电动机带动拨料杆开始转动，将物料推出到圆盘送料机构外面的接料平台上，当接料平台上的光电传感器检测到物料时，直流电动机停止转动，若机械手将接料平台上的物料夹走以后，圆盘送料机构再次开始运行，重复上述动作。

4. 送料平台上的光电传感器检测到物料后，机械手起动运行，悬臂伸出→手臂下降→气爪合拢抓取工件→手臂上升→悬臂缩回→机械手向右转动→悬臂伸出→手臂下降→气爪松

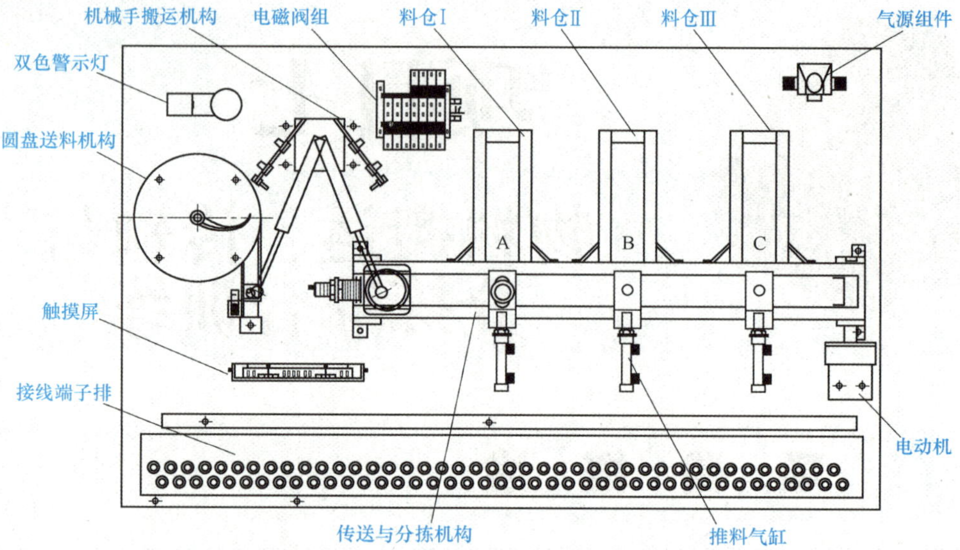

图 7-1 某型自动传送与分拣设备的安装布局图

开，将物料放进带输送机的进料口，并等待 1s，手臂上升→悬臂缩回→机械手向左旋转回原位后停止。当送料平台上的光电传感器检测到物料后，机械手再次起动运行，重复上述动作。

5. 当带输送机进料口的光电传感器检测到物料时，拖动带输送机的三相交流电动机以 25Hz 的频率自动起动，从 A 位置向 C 位置运行，若传送带上的物料为金属，则当 A 位置的传感器检测到物料时，由 A 位置对应的推料气缸推入金属料仓；若传送带上的物料为白色物料，则当 B 位置的传感器检测到物料时，由 B 位置对应的推料气缸推入白色料仓；若传送带上的物料为黑色，则当 C 位置的传感器检测到物料时，由 C 位置对应的推料气缸推入黑色料仓。物料推入料仓后，推料气缸缩回，带输送机自动停止。当进料口传感器再次检测到物料时，重复上述动作。

6. 任意时刻按下停止按钮 SB6，设备必须完成当前物料的传送和分拣任务，并返回设备的初始位置才能停止工作，同时工作台上的双色指示灯中的绿灯熄灭。

【任务目标】

1. 完成自动传送与分拣设备整机控制系统电路连接、调试与运行。
2. 掌握 PLC 以及变频器的综合应用，掌握结构化程序的编程方法。
3. 掌握变频器参数设置以及 PLC 控制变频器调速的方法。

【知识点解析】

知识 1 设备的初始位置及复位

1. 机电设备的初始位置

为了保证设备和人身安全，很多机电设备都需要设置初始位置，当设备中的相关部件不在初始位置时，设备就不能起动运行。初始位置是设备或装置运行的起点，初始位置的设定应结合设备或装置的特点和实际运行状况进行，不能随意设置。

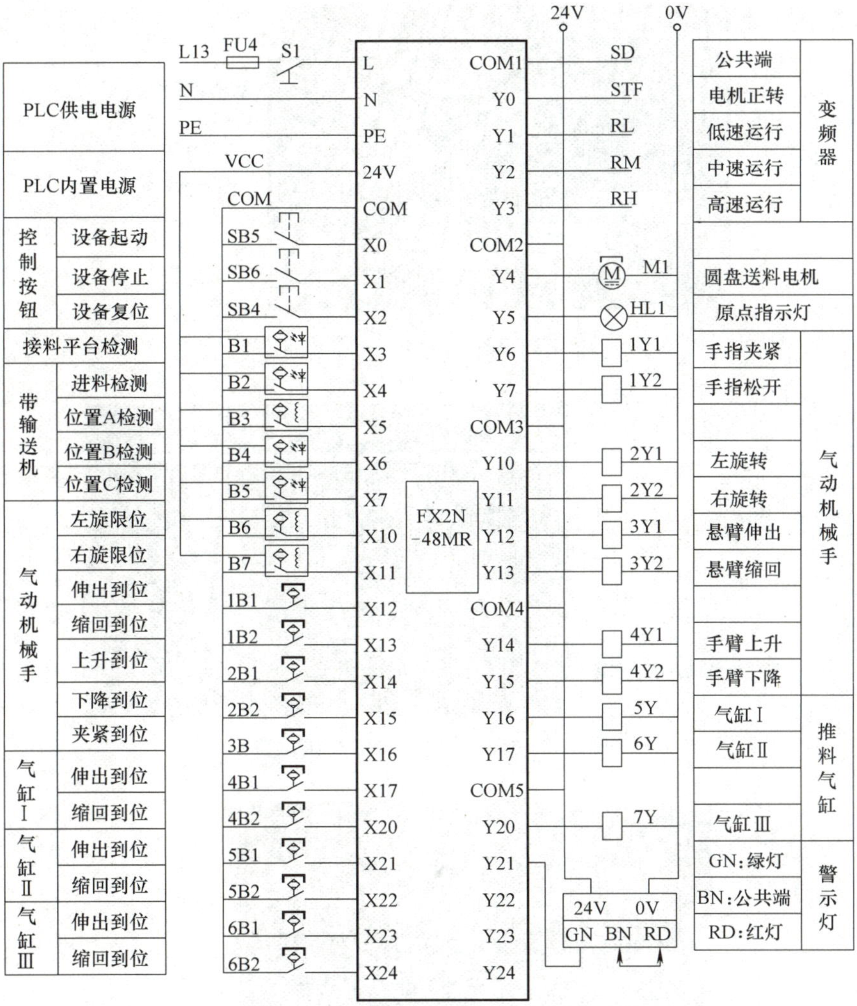

图 7-2 某型自动传送与分拣设备的电气控制原理图

（1）机械手的初始位置 机械手的初始位置要求所有气缸活塞杆均缩回。由于机械手的所有动作都是通过气缸来完成的，因此机械手的初始位置也就是机械手正常停止的位置。由于机械手的旋转气缸没有活塞杆，因此机械手的初始位置可以是左旋到位，也可以是右旋到位。本任务中要求机械手为左旋到位，机械手的初始位置如图 7-3 所示。

（2）圆盘送料机构的初始位置 圆盘送料机构的初始位置要求直流电动机为停止状态，如图 7-4 所示。

（3）传送与分拣机构的初始位置 带输送机的初始位置要求带拖动电动机为停止状态，三个推料气缸的活塞杆均为缩回状态，如图 7-5 所示。

2. 设备复位及设备初始位置标志位控制程序

（1）设备复位 设备的运动部件如果不在初始位置，不能起动，要先使设备复位回到初始状态，本任务中，要求采用按钮手动复位的方式进行复位，控制程序如图 7-6a 所示。

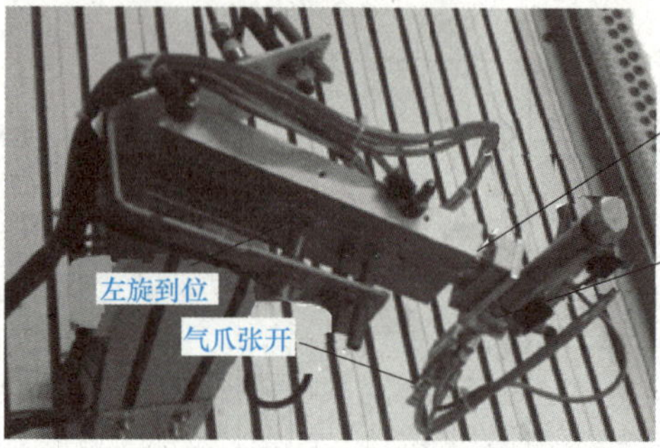

图 7-3　机械手初始位置

图 7-4　圆盘送料机构的初始位置

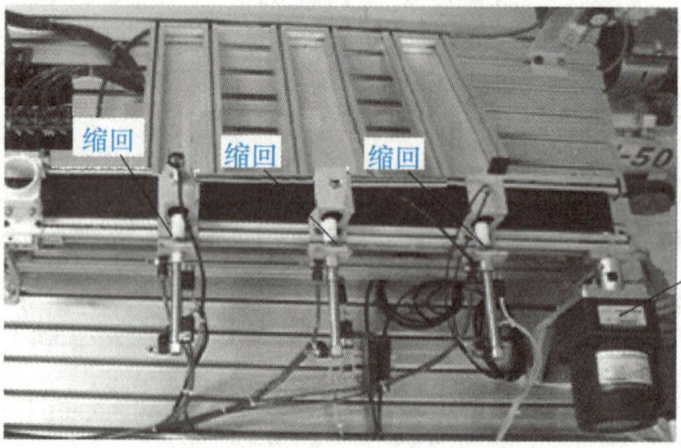

图 7-5　传送与分拣机构的初始位置

（2）设备初始位置标志位控制　设辅助继电器 M0 为设备初始位置的标志位，当 M0 =0 时，说明设备没有在初始位置；当 M0 =1 时，说明设备在初始位置。当设备处于初始位置时，原点指示灯 HL1 亮，否则 HL1 灭。控制程序如图 7-6b 所示。

知识 2　控制系统的运行与停止

1. 控制系统的运行

当设备处于初始位置时，按下起动按钮 SB5，系统运行标志位 M1 置位，M1 =0 代表控制系统处于停止状态，M1 =1 代表控制系统处于运行状态。当 M1 =1 时，系统运行指示灯即双色警示灯中的绿灯闪烁。

用辅助继电器 M6 代表已经按下了停止按钮，但设备仍在处理当前没有完成的物料的工作状态（备注：任务要求按下停止按钮后，必须完成当前正在处理的物料后返回设备的初

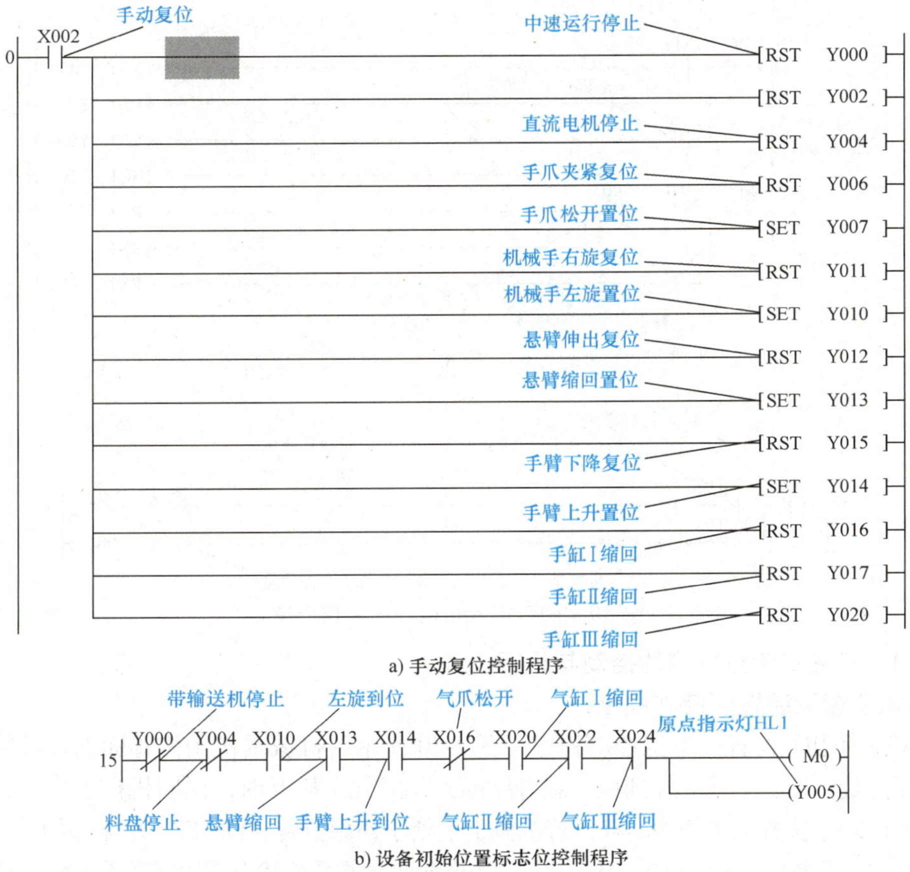

图 7-6

始位置才能停止）。当 M6 = 0 时，表示设备正在运行，或停止状态；当 M6 = 1 时，代表运行过程中按下了停止按钮，但设备还在处理最后的物料。控制系统的运行标志位及运行指示灯控制程序（起动）如图 7-7。

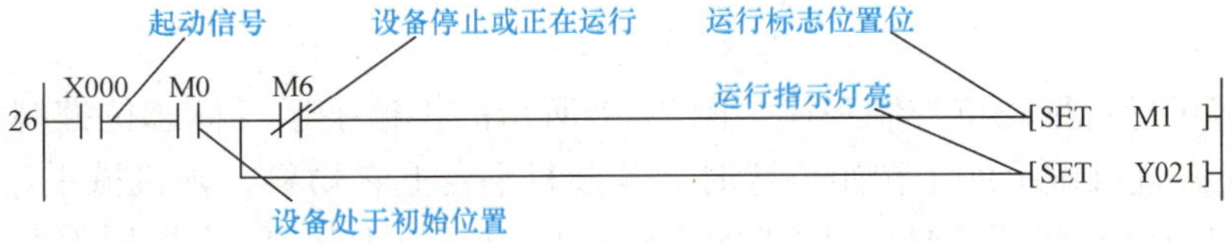

图 7-7　控制系统的运行标志位及运行指示灯控制程序（起动）

2. 控制系统的停止

按下停止按钮时，若设备正处于初始位置，说明设备没有正在处理的物料，则系统停止，运行标志位复位，运行指示灯灭。按下停止按钮时，若设备没有在初始位置，说明设备还有正在处理的物料，则标志位 M6 置位，待当前物料处理完成并回到初始位置，系统停止，同时运行标志位 M1 和按下停止按钮时还有物料正在处理标志位 M6 复位，运行指示灯灭。控制系统的运行标志位及运行指示灯控制程序（停止）如图 7-8。

3. 圆盘送料机构的控制程序

圆盘送料机构的控制梯形图如图 7-9 所示。

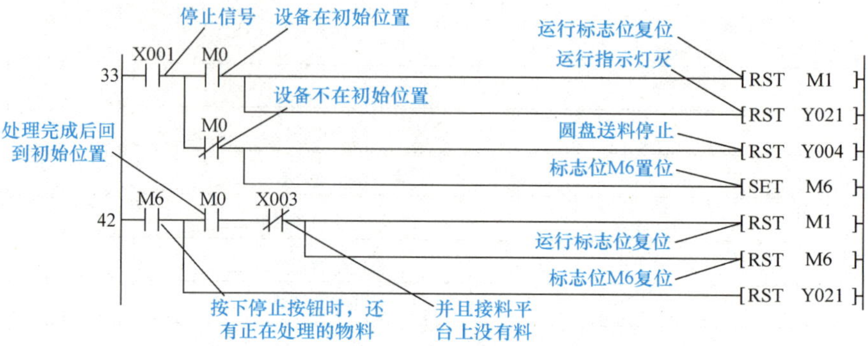

图 7-8　控制系统的运行标志位及运行指示灯控制程序（停止）

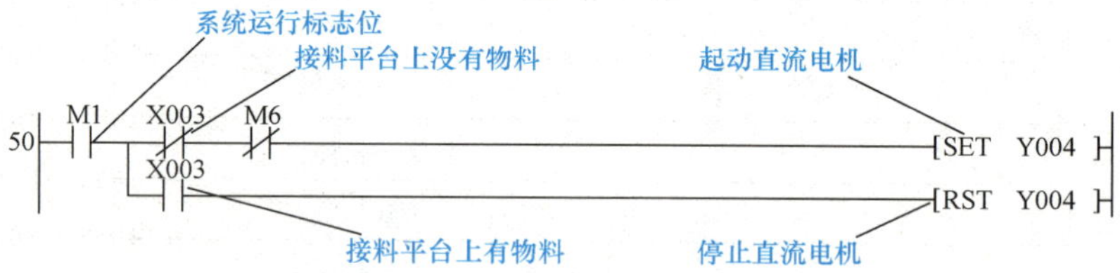

图 7-9　圆盘送料机构的控制梯形图

知识 3　机械手搬运机构的控制与运行

1. 机械手搬运装置的控制程序

（1）机械手初始位置标志位控制程序　图 7-10 所示的机械手初始位置标志位控制程序中，每当机械手左旋到位、手臂上升到位、悬臂缩回到位且气爪松开时，说明机械手处于初始位置，此时机械手的初始位置标志位 M2 =1，若机械手不处于初始位置，则 M2 =0。机械手每次返回初始位置时，要将机械手运行标志位 M3 复位，并根据此时的系统状态来决定是否重新置位。

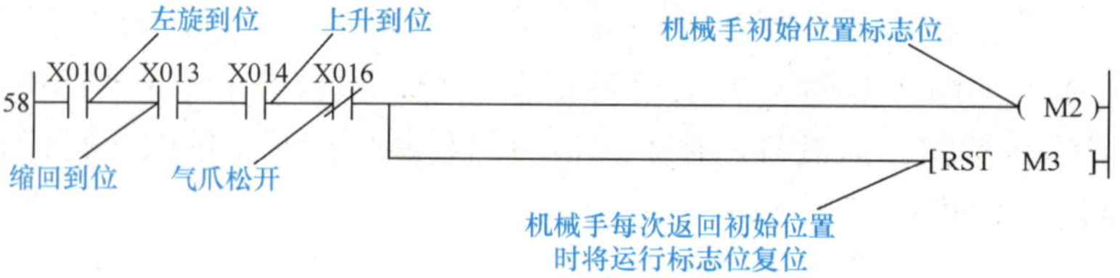

图 7-10　机械手初始位置标志位控制程序

（2）机械手运行标志位控制程序　图 7-11 所示的机械手运行标志位控制程序中，当系统处于运行状态且机械手处于初始位置时，若接料平台上有物料，则机械手运行标志 M3 置位为 1，若接料平台上没有物料，则机械手运行标志复位为 0，因为机械手每到初始位置就将机械手运行标志位 M3 复位一次，所以此处的复位程序也可以省略。

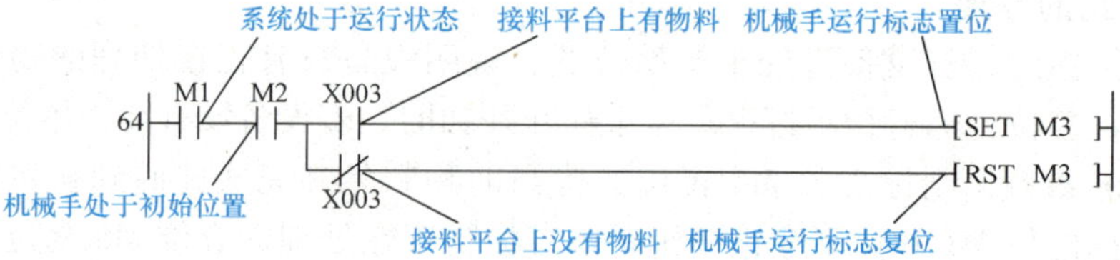

图 7-11　机械手运行标志位控制程序

（3）机械手运行控制程序　第一个动作：当机械手处于运行状态，且左旋到位、缩回到位、上升到位、气爪松开时，悬臂伸出，如图 7-12 所示。

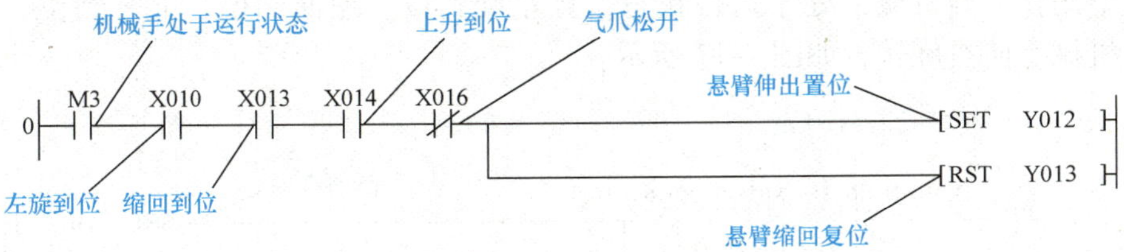

图 7-12 第一个动作：悬臂伸出控制程序

第二个动作：当机械手处于运行状态，且左旋到位、伸出到位、上升到位、气爪松开时，手臂下降，如图 7-13 所示。

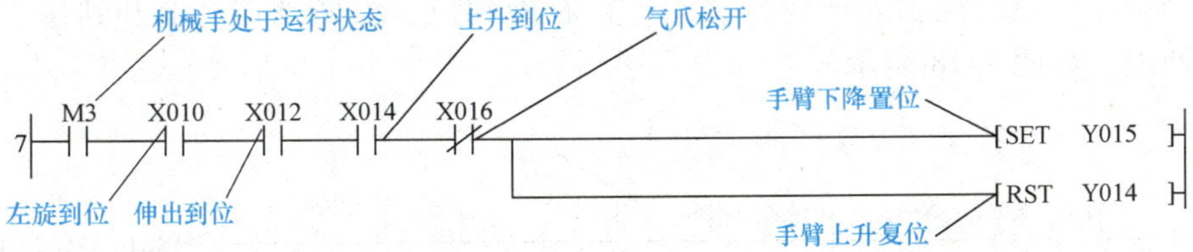

图 7-13 第二个动作：手臂下降控制程序

第三个动作：当机械手处于运行状态，且左旋到位、伸出到位、下降到位、气爪松开时，从料台上夹紧物料，如图 7-14 所示。

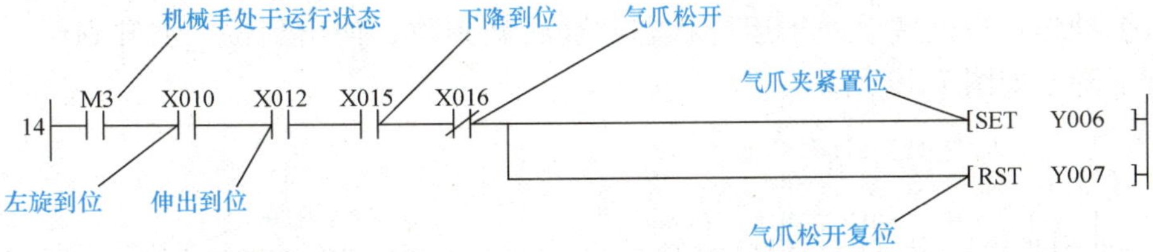

图 7-14 第三个动作：气爪夹紧控制程序

第四个动作：当机械手处于运行状态，且左旋到位、伸出到位、下降到位、气爪夹紧时，手臂上升，如图 7-15 所示。

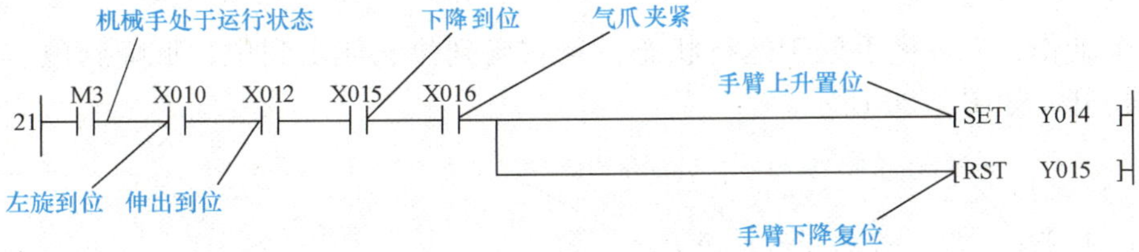

图 7-15 第四个动作：夹取物料后手臂上升控制程序

第五个动作：当机械手处于运行状态，且左旋到位、伸出到位、上升到位、气爪夹紧时，悬臂缩回，如图 7-16 所示。

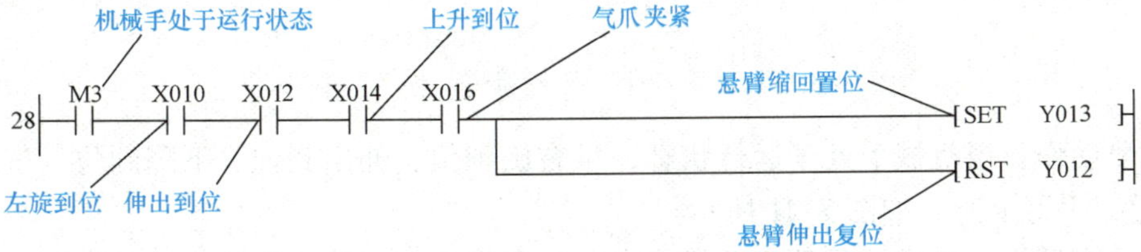

图 7-16 第五个动作：带物料悬臂缩回控制程序

第六个动作：当机械手处于运行状态，且左旋到位、缩回到位、上升到位、气爪夹紧时，控制机械手向右旋转，如图 7-17 所示。

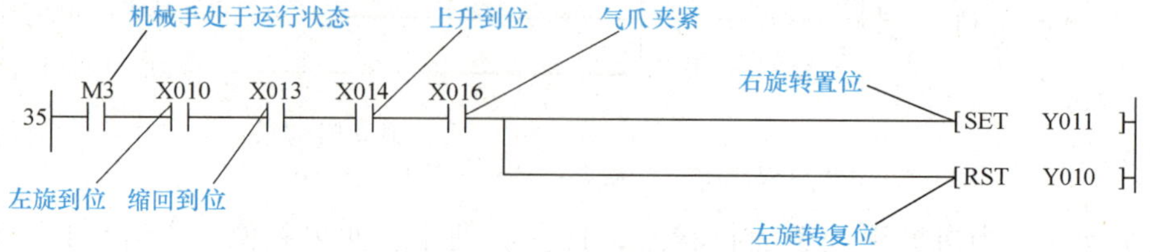

图 7-17　第六个动作：带物料机械手右旋控制程序

第七个动作：当机械手处于运行状态，且右旋到位、缩回到位、上升到位、气爪夹紧时，悬臂伸出，如图 7-18 所示。

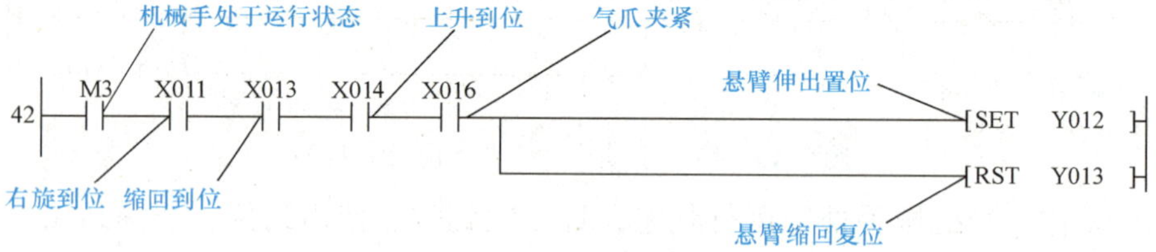

图 7-18　第七个动作：带物料悬臂伸出控制程序

第八个动作：当机械手处于运行状态，且右旋到位、伸出到位、上升到位、气爪夹紧时，手臂下降，如图 7-19 所示。

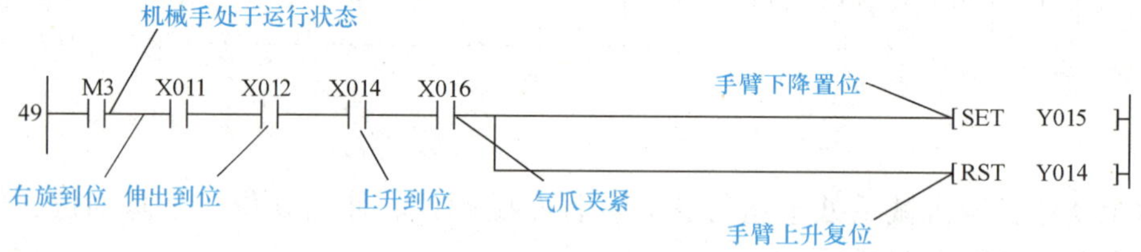

图 7-19　第八个动作：带物料手臂下降控制程序

第九个动作：当机械手处于运行状态，且右旋到位、伸出到位、下降到位、气爪夹紧时，气爪松开，如图 7-20 所示。

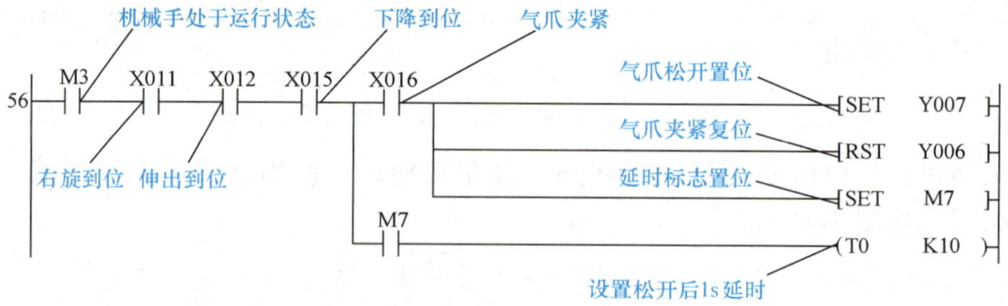

图 7-20　第九个动作：带物料气爪松开控制程序

第十个动作：当机械手处于运行状态，且右旋到位、伸出到位、下降到位、气爪松开并延时 1s 后，手臂上升，如图 7-21 所示。

第十一个动作：当机械手处于运行状态，且右旋到位、伸出到位、上升到位、气爪松开

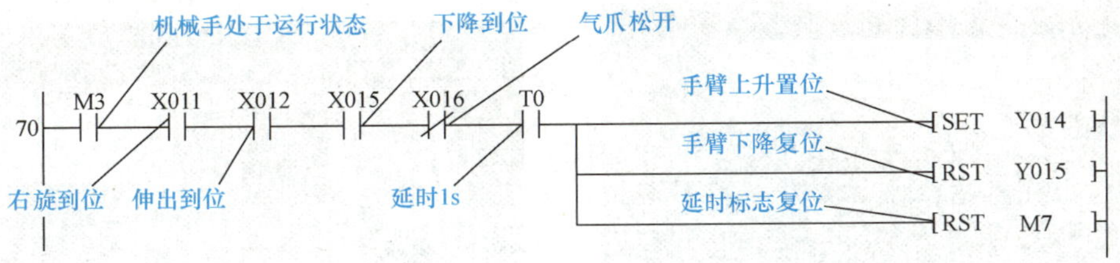

图 7-21　第十个动作：松开物料并延时 1s 后手臂上升控制程序

时，悬臂缩回，如图 7-22 所示。

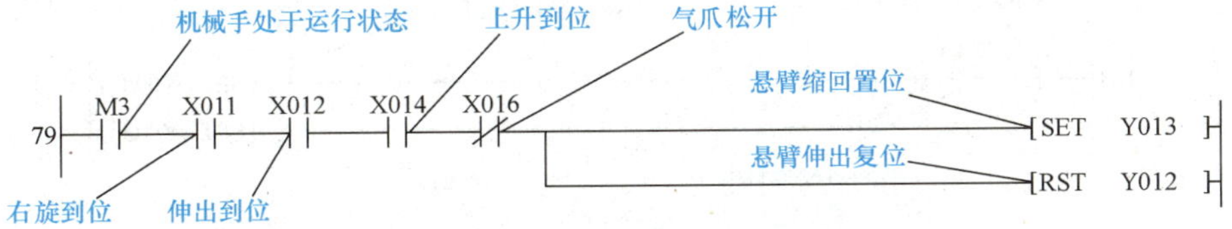

图 7-22　第十一个动作：不带物料悬臂缩回控制程序

第十二个动作：当机械手处于运行状态，且右旋到位、缩回到位、上升到位、气爪松开时，机械手左旋转返回初始位置，如图 7-23 所示。

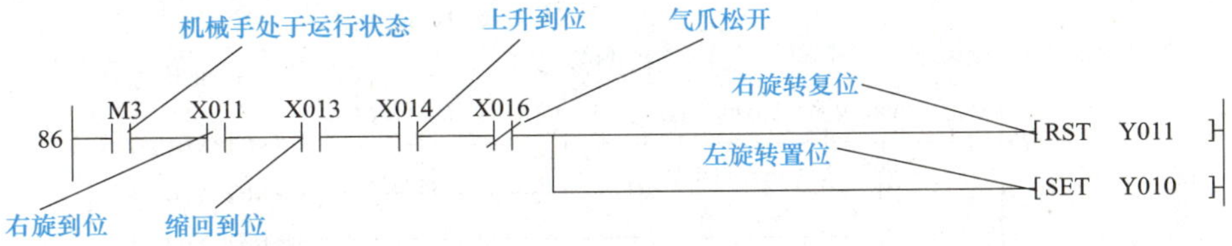

图 7-23　第十二个动作：不带物料机械手左旋转控制程序

知识 4　传送与分拣机构的运行与控制

传送与分拣机构的主要功能是将机械手搬运到带输送机进料口的物料传送到指定位置，并由相应位置的推料气缸推入料仓，其中金属物料进Ⅰ号料仓，白色物料进Ⅱ号料仓，黑色物料进Ⅲ号料仓。传送分拣机构的功能说明如图 7-24 所示。

1. 带输送机的起动与停止

1）带输送机由三相异步电动机拖动，运行状态下，当带输送机的进料口有物料时，三相异步电动机正转起动，以 25Hz（参数在变频器上设置）中速拖动带输送机运行，如图 7-25 所示。

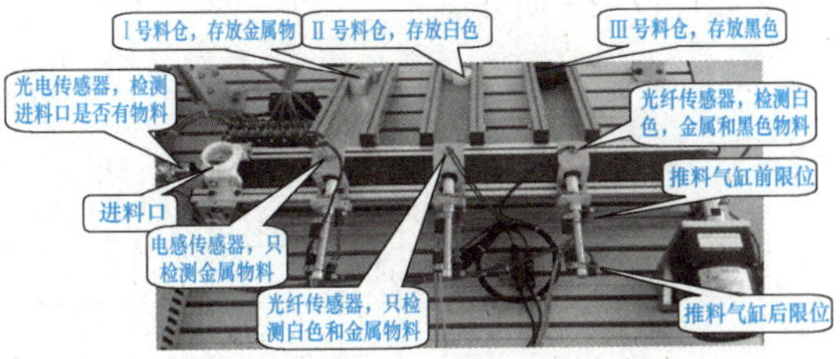

图 7-24　传送与分拣机构的功能说明

2）当位置 A 或位置 B 或位置 C 的传感器检测到物料时，三相异步电动机停止，由相应位置的推料气缸将物料推入料仓。带输送机进入待机（停止）状态，直到机械手再次将物料搬运到进料口，带输送机再次起动，重复上述动作过程。带输送机的停止条件如图 7-26 所示。

2. 传送与分拣机构的控制程序

1）运行状态下，进料口光电传感器检测到物料，带输送机中速起动运行。控制程序如图 7-27 所示。

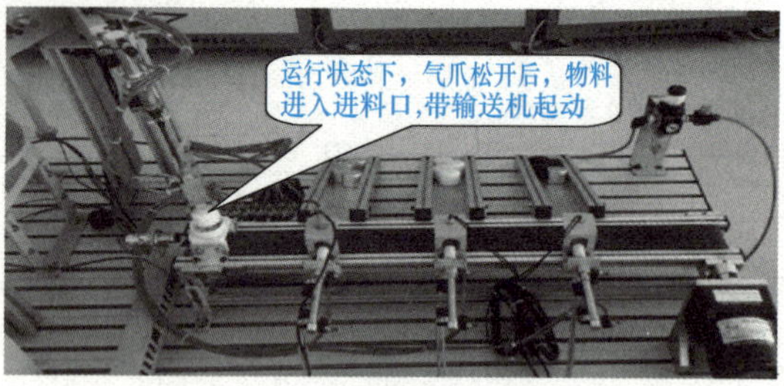

图 7-25　带输送机的起动条件

图 7-26　带输送机的待机（停止）条件

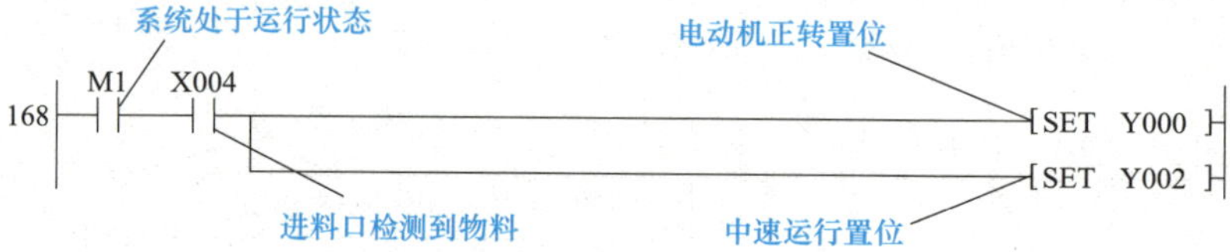

图 7-27　带输送机起动控制程序

2）运行状态下，带输送机输送过程中，当位置 A 的电感传感器检测到物料时（位置 A 检测到，说明物料为金属），带输送机停止，位置 A 的推料气缸将金属物料推入 I 号料仓，同时气缸伸出到位后自动复位。控制程序如图 7-28 所示。

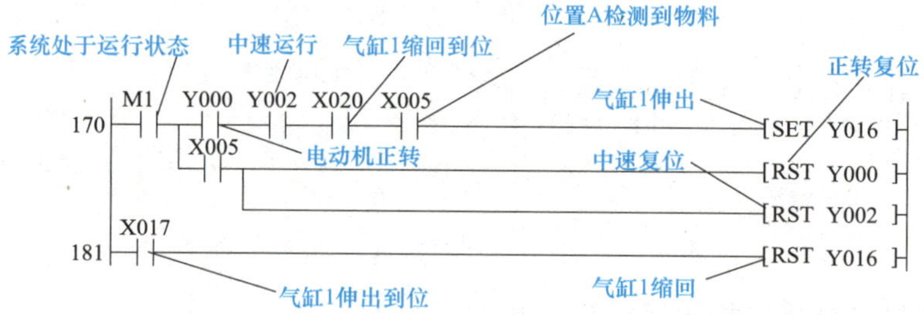

图 7-28　金属物料分拣及带输送机停止控制程序

3）运行状态下，带输送机输送过程中，当位置 B 的光纤传感器检测到物料时，带输送机停止，位置 B 的推料气缸将白色物料推入 Ⅱ 号料仓，同时气缸伸出到位后自动复位。控制程序如图 7-29 所示。

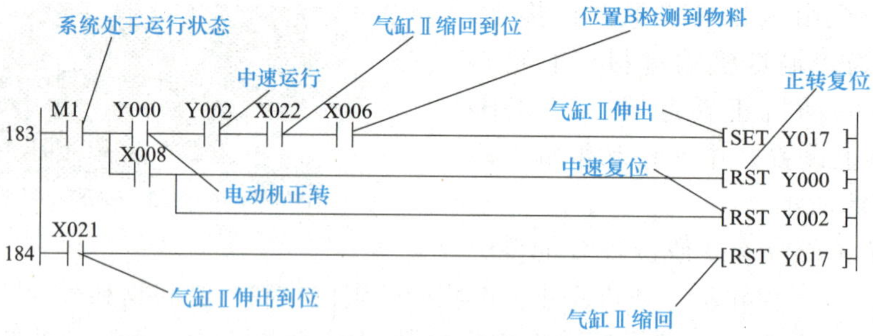

图 7-29　白色物料分拣及带输送机停止控制程序

4）运行状态下，带输送机输送过程中，当位置 C 的光纤传感器检测到物料时，带输送机停止，位置 C 的推料气缸将黑色物料推入 Ⅲ 号料仓，同时气缸伸出到位后自动复位。控制程序如图 7-30 所示。

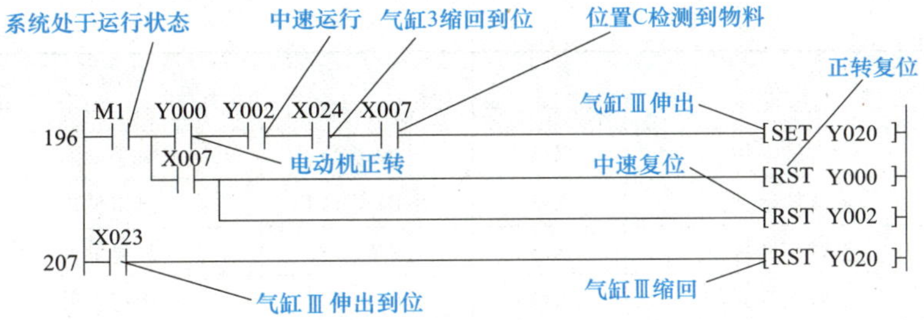

图 7-30 黑色物料分拣及带输送机停止控制程序

【任务实施】

1. 清点器材

对照下表 7-1，清点某型自动传送与分拣设备控制电路安装调试需要的设备、工具及材料

表 7-1 某型自动传送与分拣设备控制电路安装调试所需设备、工具及材料

序号	名 称	型号	数量	作 用
1	PLC 模块	FX2N-48MR	1 块	控制设备运行
2	按钮指示灯模块	专配	1 个	提供 DC24V 电源、按钮及指示灯
3	双色警示灯组	LTA0205 双色	1 个	电源警示与运行指示
4	安全插接线	专配	若干	电路连接
5	端子接线排	专配	1 个	提供设备线路连接安全插孔
6	扎带	ϕ120mm	若干	电路连接工艺
7	斜口钳或者剪刀		1 把	剪扎带
8	电源模块	专配	1 个	提供三相五线电源
9	计算机	安装有编程软件	1 台	用于编写、下载程序等
10	220V 电源连接线	专配	2 条	供按钮与指示灯模块和 PLC 模块用
11	光电传感器	OMRON E3Z-LS63	1 个	接料平台物料检测
12	光电传感器	圆柱型	1 个	进料口物料检测
13	电感传感器		3 个	带输送机位置 A 物料检测，机械手左右限位
14	磁性开关	D-C73	8 个	气缸前后限位
15	磁性开关	D-Z73	2 个	机械手悬臂气缸前后限位
16	磁性开关	D-Y59B	1 个	机械手气爪检测
17	光纤传感器	E3X-NA11	2 个	带输送机位置 B，C 物料检测
18	三相异步电动机	JSCC 精研 80YS25GY38	1 台	带输送机拖动电动机
19	24V 直流电动机	DC24V 7.4r/min	1 台	圆盘送料机构拖动电动机
20	双电控电磁阀	亚德客	4 个	机械手气缸控制
21	单电控电磁阀	亚德客	3 个	推料气缸控制

2. 硬件电路的连接、检测与绑扎

（1）根据任务，分析作出输入/输出 I/O 分配表 如表 7-2 所示。

表 7-2 I/O 分配表

输入			输出		
输入元件	功能作用	输入继电器	输出元件	控制对象	输出继电器
SB5	起动按钮	X0	变频器 STF	电动机正转	Y0
SB6	停止按钮	X1	变频器 RL	低速运行	Y1
SB4	复位按钮	X2	变频器 RM	中速运行	Y2
光电传感器	料台检测	X3	变频器 RH	高速运行	Y3
光电传感器	进料口检测	X4	直流电动机	圆盘送料电动机	Y4
电感传感器	位置 A 检测	X5	指示灯 HL1	初始位置指示灯	Y5
光纤 1 传感器	位置 B 检测	X6	电磁阀 1Y1	气爪夹紧	Y6
光纤 2 传感器	位置 C 检测	X7	电磁阀 1Y2	气爪松开	Y7
电感传感器	左旋限位	X10	电磁阀 2Y1	机械手向左旋	Y10

（续）

输入			输出		
输入元件	功能作用	输入继电器	输出元件	控制对象	输出继电器
电感传感器	右旋限位	X11	电磁阀 2Y2	机械手向右旋	Y11
磁性开关	悬臂伸出到位	X12	电磁阀 3Y1	悬臂伸出	Y12
磁性开关	悬臂缩回到位	X13	电磁阀 3Y2	悬臂缩回	Y13
磁性开关	手臂上升到位	X14	电磁阀 4Y1	手臂上升	Y14
磁性开关	手臂下降到位	X15	电磁阀 4Y2	手臂下降	Y15
磁性开关	气爪夹紧到位	X16	电磁阀 5Y	推料气缸Ⅰ	Y16
磁性开关	气缸Ⅰ伸出到位	X17	电磁阀 6Y	推料气缸Ⅱ	Y17
磁性开关	气缸Ⅰ缩回到位	X20	电磁阀 7Y	推料气缸Ⅲ	Y20
磁性开关	气缸Ⅱ伸出到位	X21	绿色警示灯	运行指示灯	Y21
磁性开关	气缸Ⅱ缩回到位	X22			
磁性开关	气缸Ⅲ伸出到位	X23			
磁性开关	气缸Ⅲ缩回到位	X24			

（2）根据 PLC 外部接线图及相应模块进行电路连接　控制电路的连接，PLC 外部接线图如图 7-2 所示，YL-235A 实训装置的外设接线端子图如图 1-17 所示。为了保障安全，电路连接时应该断电进行，先进行输入控制电路连接，再进行输出控制电路连接。

（3）电路检测

1）接通按钮与指示灯模块的电源，用万用表的电压挡测量 DC24V 输出电压是否正常。

2）用万用表的电压挡检测按钮与指示灯模块上的各指示灯的好坏，检测按钮动作机构是否灵活，自锁按钮和自动复位按钮的常开触点、常闭触点的功能是否正常。

3）PLC 输入部分线路检测：在输入端的公共端 0V 端子断开的情况下，用万用表的电阻挡测量输入端 24V 端子与 0V 端子是否短路。测量各个输入端子（X）与 0V 端子之间是否短路。

4）PLC 输出部分线路检测：在未接通电源的情况下，用万用表的电阻挡测量各输入端子（Y）与电源 0V 端子之间是否短路。

（4）线路捆扎　电路连接后的绑扎线路检测无误后，按照导线捆扎工艺的步骤进行整线，控制电路的连接效果如图 7-31 所示。

图 7-31　控制电路的连接效果图

3. 程序编写与下载

编写任务程序并进行转换和保存文件，完成 PLC 程序的下载写入。

4. 调试与运行

进入程序监控状态，进行系统运行和程序调试。根据调试过程，填写自动传送与分拣设备的调试记录表。

表 7-3 某型自动传送与分拣设备调试记录表

步骤	调试流程	正确现象	观察结果及解决措施
1	设备上电	红色警示灯闪亮	
2	原点指示	设备不在原点时,HL1 灭,设备在原点时 HL1 亮	
3	设备复位	按下复位按钮 SB4,设备回到初始位置(原点)	
4	设备起动	1. 设备在初始位置时,按下起动按钮 SB5 后,设备起动运行,同时绿色警示灯闪烁	
		2. 设备不在初始状态时,按下起动按钮 SB5 无效	
5	圆盘送料机构运行	1. 料台无料时,圆盘送料机构起动送料	
		2. 料台有料时,圆盘送料机构自动停止	
6	机械手运行	1. 料台无料时,机械手停止在初始位置待机	
		2. 料台有料时,机械手悬臂伸出→手臂下降→手爪抓取工件→手臂上升→悬臂缩回→机械手向右转动→悬臂伸出→手臂下降→气爪松开放料并等待 1s→手臂上升→悬臂缩回→左旋回到初始位置	
7	带输送机及分拣系统运行	1. 进料口有物料时,带输送机正转 25Hz 起动运行	
		2. 任意推料气缸推料后,带输送机自动停止	
		3. 金属物料进Ⅰ号料仓,推料气缸自动缩回	
		4. 白色物料进Ⅱ号料仓,推料气缸自动缩回	
		5. 黑色物料进Ⅲ号料仓,推料气缸自动缩回	
8	设备停止	1. 按下停止按钮时,若接料平台上没有物料,机械手和带输送机上也没有正在处理的物料,则设备停止工作,绿色警示灯灭,原点指示灯 HL1 亮	
		2. 按下停止按钮时,若接料平台上有物料,且带输送机或机械手也有正在处理的物料,则圆盘送料机构先停止工作,机械手和带机继续运行,待物料处理完毕(接料平台上没有物料)并回到初始位置后系统停止工作。绿色警示灯灭,原点指示灯 HL1 亮	

5. 实训场地现场清理

任务完成后,将对所操作设备进行复位、还原,拆除安全插接线、整理工位、清点工具、清扫现场卫生,并填写设备使用登记表。

【评价与反思】

表 7-4 任务检测与分析

检测项目	评分标准	分值	学生自评	小组评分	教师评分
电路连接	正确进行电路连接、工艺合理	15			
程序编辑	能熟练输入编辑、修改梯形图程序	5			
上电指示	红色警示灯的闪烁、熄灭符合要求	5			
运行指示	绿色警示灯的闪烁、熄灭符合要求	5			

（续）

检测项目	评分标准	分值	学生自评	小组评分	教师评分
原位指示	原位指示 HL1 的亮、灭符合要求	3			
设备复位	按下 SB4 后能实现手动复位	7			
起动操作	起动后圆盘送料机、机械手、带输送机能正常运行	25			
物料分拣	三个推料气缸能按要求实现物料分拣	10			
停止操作	按下 SB6 能按要求停止设备	10			
团队协作	小组协调、合作	5			
职业素养	工具使用与摆放、工位插线拆取与整理、清洁等	10			
总分		100			

【问题探究】

1. 物料在传送带输送机上进行分拣时，如何实现金属物料和白色物料均进料仓Ⅱ，黑色物料进料仓Ⅲ，料仓Ⅰ不进物料？请思考问题，尝试编程实现该功能。

2. 假设对该设备进行技术改造，用触摸屏对设备进行控制与监测，用触摸屏实现设备起动，停止、复位控制，并能显示料仓Ⅰ、料仓Ⅱ、料仓Ⅲ的进料数量，请自行连接触摸屏，并设计组态画面，在任务一的基础上改写 PLC 程序，实现该功能。

3. 请尝试用步进指令编程实现本次任务的功能。

任务二　自动加工与配料设备电路连接及编程

【任务描述】

请根据任务一图 7-2 所示的某型自动传送与分拣设备的电气控制原理图，完成自动加工与配料设备的电气控制操作，在 YL-235A 设备对应模块上选择电路需要的电器，并按照工艺要求，进行电路连接及程序编制、调试，实现任务要求的功能。

1. 装置控制要求

1）接通电源，工作台上双色警示灯中红灯闪烁。

2）起动前，设备的运动部件必须在初始位置（参照任务一所述），指示灯 HL1 以 1Hz 的频率闪烁。只有上述部件在初始位置时，设备才能起动。若上述部件不在初始位置，指示灯 HL1 灭，按下按钮 SB4 或者通过触摸屏上的复位按钮进行复位。

3）设备的控制有两种方式，一种是通过按钮与指示灯模块上按钮实现，其中 SB5 为设备起动按钮，SB6 为设备停止按钮。另外一种是通过触摸屏组态画面上的起动按钮和停止按钮进行控制。

4）请参照任务一的任务描述的装置控制要求 3）。

5）当送料平台上的光电传感器检测到物料后，机械手起动运行，机械手向左转动→悬臂伸出→手臂下降→手指合拢抓取工件→手臂上升→悬臂缩回→机械手向右转动→悬臂伸出→手臂下降→手臂下降到位以后，若带输送机上还有正在处理的物料，则等待物料处理完成后，气爪松开，若带输送机上没有物料，则气爪直接松开，将物料放进带输送机的进料口，并等待 1s→手臂上升→悬臂缩回回到初始位置，若接料平台上有物料，则机械手重复上述动作机械运行；若接料平台上没有物料，则机械手停在初始位置待机。

6）当带输送机进料口的光电传感器检测到物料时，拖动带输送机的三相交流电动机以 25Hz 的频率自动起动，从 A 位置向 C 位置运行，物料到达 C 位置时，带输送机停止，物料在 C 位置进行加工（即物料在 C 位置停止 3s），加工完成后，若物料为废料（黑色物料），则直接推入 C 位置的废料仓，若物料为金属或白色，则在 B 位置的配料仓内配料，配料方式为：金属/白色/金属/白色……，多余的金属物料进 A 位置的回收料仓，多余的白色物料进 C 位置的废料仓，带输送机反向传送的运行频率为 15Hz。

物料推入料仓后，推料气缸缩回，带输送机自动停止，等待下一个物料，当进料口传感器再次检测到物料时，带输送机起动，重复上述动作。

7）任意时刻按下停止按钮 SB6 或者触摸屏上的停止按钮，设备必须完成当前物料的加工和处理，并返回设备的初始位置才能停止工作，同时工作台上的双色指示灯中的绿灯熄灭。

2. 按照下面的要求的画面配置触摸屏界面，并连接通信，使其发挥功能。触摸屏的控制界面如图 7-32 所示。

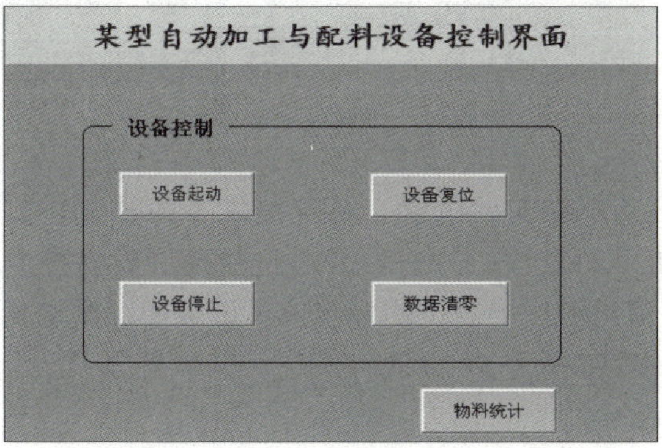

图 7-32　某型自动加工与配料设备的控制界面

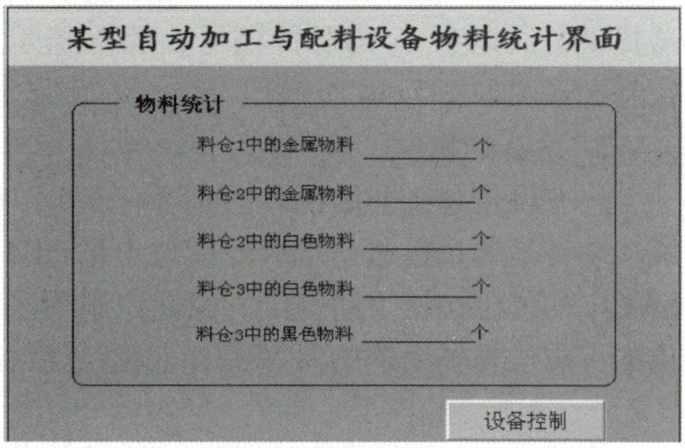

图 7-33　某型自动加工与配料设备的物料统计界面

如图 7-32 所示，“数据清零”按钮的作用是清除系统记载的各料仓中的物料数量，当按下“数据清零”按钮时，图 7-33 所示物料统计页面所示的各料仓中物料的数量均显示为 0，若设备停止前没有进行“数据清零”，则再次起动后，物料统计页面中的物料统计仍显示的是停止前的物料数量。控制系统处于停止状态时不允许数据清零。

【任务目标】

1. 完成自动加工与配料设备整机控制系统电路连接、调试与运行。

2. 掌握 PLC、变频器以及触摸屏在自动加工与配料设备综合应用；掌握结构化程序的编程方法。

3. 掌握 PLC 与触摸屏的通信，触摸屏型号选择，参数设置以及 PLC 控制变频器调速，变频器参数设置方法。

【知识点解析】

知识1　设备的初始位置及复位

1. 设备的初始位置

在本任务中，要求设备有关部件的初始位置是：机械手的悬臂靠在右限止位置，手臂气缸的活塞杆缩回，悬臂气缸的活塞杆缩回，手指松开；位置A、B、C的气缸活塞杆缩回；处理盘、带输送机的拖动电动机不转动。设辅助继电器M1为设备初始位置标志位，根据任务要求，M1 = 1的条件是：带输送机正转控制线圈Y000 = 0，带输送机反转控制线圈Y001 = 0，带输送机有料标志位M5 = 0，圆盘送料拖动电动机控制线圈Y004 = 0，推料气缸Ⅰ、Ⅱ、Ⅲ的缩回限位X20 = 1、X22 = 1、X24 = 1，机械手的右旋限位X011 = 1，悬臂缩回限位X013 = 1，手臂上升限位X014 = 1，气爪夹紧限位X016 = 0，用常开触点表示状态"1"，用常闭触点标示状态"0"，设备的初始位置如图7-34所示：

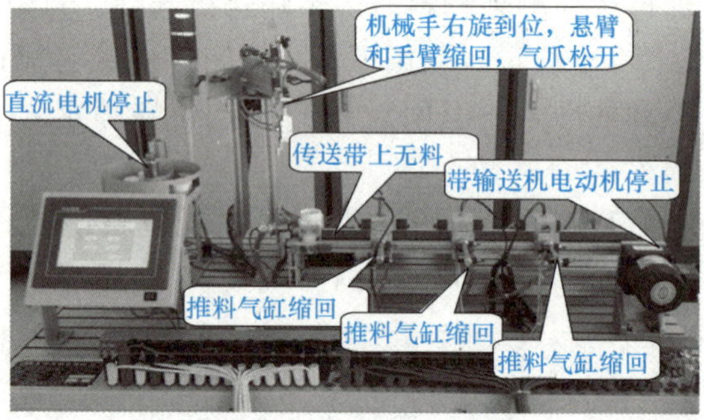

图7-34　设备的初始位置

初始位置标志位控制程序如图7-35所示。

当设备的各部件均处于初始位置时，初始位置标志位M1 = 1，任务要求，此时原点指示灯HL1以1Hz的频率闪烁，可利用特殊辅助继电器M8013来实现，M8013特殊辅助继电器提供了周期为1s的脉冲信号，原点指示灯控制梯形图如图7-36所示：

2. 设备的复位

只有设备处于初始位置时，才能起动，若设备不在初始位置，系统提供了两种复位方式：一种是通过按钮与指示灯模块上的SB4按钮手动复位；另一种是通过触摸屏设备控制页面上的复位按钮手动复位。因此控制程序中要留出触摸屏复位的标志位，设触摸屏手动复位的标志位为辅助继电器M100，设备复位控制程序如图7-37所示。

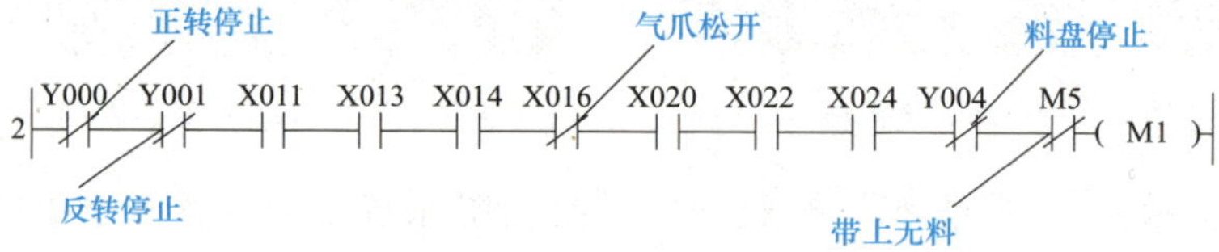

图7-35　初始位置标志位控制程序

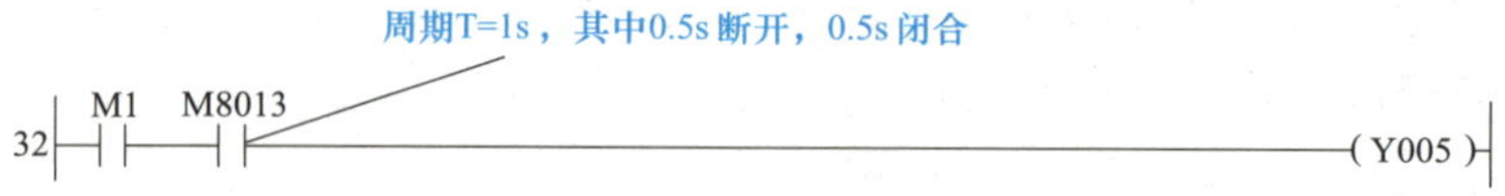

图7-36　原点指示灯控制程序

知识2　控制系统的起动与停止

1. 控制系统的起动

控制系统的起动有两种方式：一种是通过按钮与指示灯模块上的SB5按钮；一种是通过触摸屏设备控制页面上的起动按钮。因此程序中要留出触摸屏起动的标志位，设触摸屏起动按钮的标志位为辅助继电器M101，控制系统的运行标志位用辅助继电器M2表示，起动

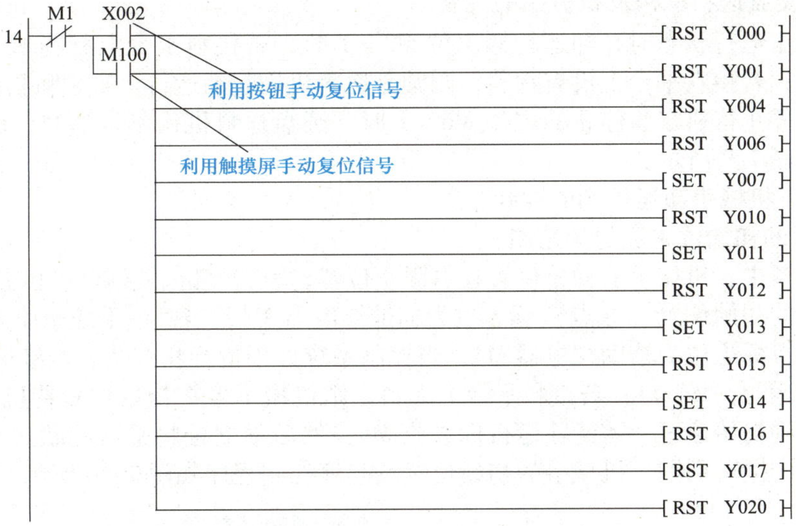

图 7-37 设备的复位控制程序

控制程序如图 7-38 所示。

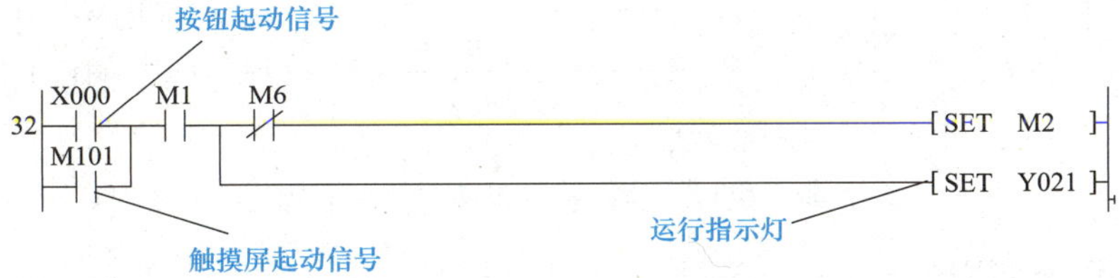

图 7-38 控制系统的起动控制程序

2. 控制系统的停止

按下停止按钮时，若没有正在处理的物料，则系统停止，运行标志位复位，运行指示灯灭。按下停止按钮时，若设备还有正在处理的物料，则标志位 M6 置位，待当前物料处理完成并回到初始位置，系统停止，同时运行标志位 M2 和停止标志位 M6 复位，运行指示灯灭。控制系统的停止有两种方式：一种是通过按钮与指示灯模块上的 SB6 按钮；一种是通过触摸屏上控制页面上的停止按钮。因此程序中要留出触摸屏停止的标志位，设触摸屏停止按钮的标志位为辅助继电器 M102，停止控制程序如图 7-39 所示。

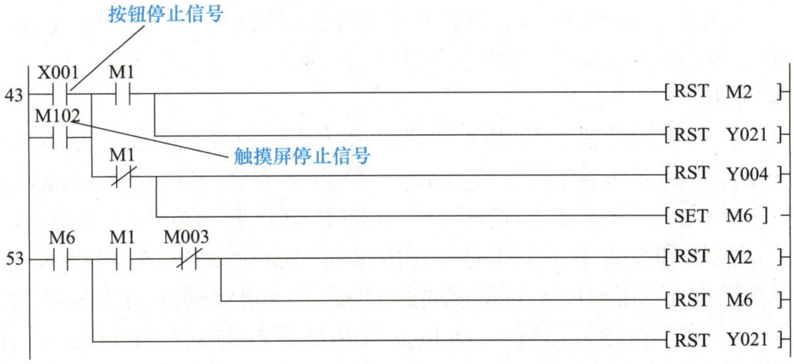

图 7-39 控制系统的停止控制程序

知识 3　圆盘送料机构及机械手的控制

当系统处于运行状态时，即运行标志位 M2 =1 时，若接料平台上有物料，则圆盘送料机构停止待机；若接料平台上没有物料，则圆盘送料机构起动运行，直到将物料推送到接料平台上，再次停止待机。当停止标志位 M6 =1 时，圆盘送料机构不再送料，圆盘送料机构的控制程序如图 7-9 所示。

知识点 4　机械手搬运机构的控制

1. 机械手的初始位置及起停控制

在本次任务中，机械手的初始位置在右限止位置，悬臂气缸、手臂气缸均缩回，气爪松开。设机械手的初始位置（原点）标志位为辅助继电器 M3，当机械手处于原点时，M3 =1。设机械手的运行标志位为辅助继电器 M4，当控制系统处于运行状态时，若接料平台上有料，则机械手起动运行，M4 =1；若接料平台上无料，则机械手停在初始位置待机，M4 =0。机械手每次运行到初始位置，需清除运行标志位 M4，然后根据接料平台的状态，来决定是否继续运行下一个搬运周期。机械手的初始位置及起停控制程序如图 7-40 所示。

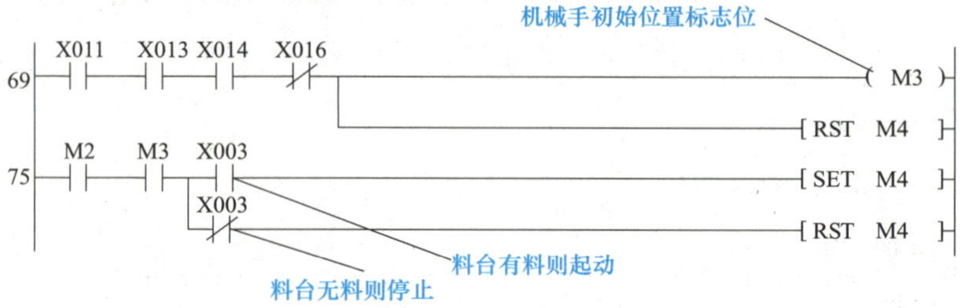

图 7-40　机械手的初始位置及起停控制程序

2. 机械手运行过程控制

本任务中，机械手的运行过程是当接料平台上有物料时，机械手从初始位置出发，运行到接料平台，从料台上夹取物料后，送到带输送机的进料口，如果带输送机上仍有物料没有处理完，则停止在进料口的位置（若带输送机上没有物料，则直接放进进料口），等待带输送机上的物料分拣完毕后将物料放入进料口。

松开物料后等待 1s，然后回到初始位置。机械手的运行过程中，一共有 12 个动作，其运行过程控制程序如图 7-41 所示。

知识 5　带输送机起停控制及物料种类判别

1. 带输送机起动控制

控制系统运行状态下，若带输送机的进料口有料，则带输送机以 25Hz 的频率起动正向旋转（由位置 A 向位置 C 进行传送），同时带输送机有料标志位 M5 =1。设置变频器的中速运行频率为 25Hz，带输送机起动控制程序如图 7-27 所示。

2. 物料种类判别

在本任务中，已知带输送机上位置 A 处的电感传感器只能检测到金属物料；位置 B 处的光纤传感器只能检测到金属物料和白色物料；位置 C 处的光纤传感器能检测到金属、白色、黑色三种物料。因此，物料判别逻辑为：在物料由进料口向 C 位置传送的过程中，若位置 A 处的电感传感器和位置 B、C 处的光纤传感器均能检测到的物料必为金属物料；若 A 位置的电感传感器检测不到而 B、C 两处的光纤传感器均能检测到的物料必为白色物料；若 A、B 两处的传感器均检测不到，只有 C 处的光纤传感器检测到的物料必为黑色物料。物料判别控制程序如图 7-42 所示。

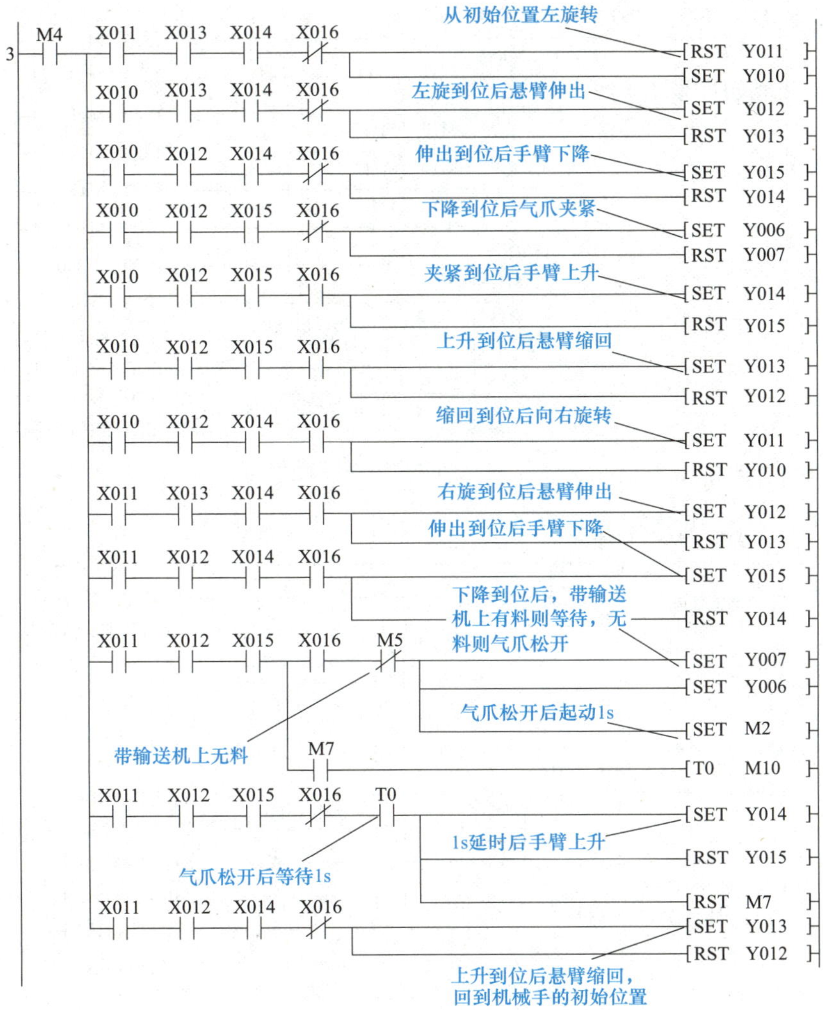

图7-41　机械手运行过程控制程序

知识6　物料的加工与配料

1. 物料加工过程控制

物料从进料口直接传送到位置C，位置C处的光纤传感器检测到物料以后，带输送机停止，物料在位置C处进行加工（即物料在位置C处停止3s），物料加工控制程序如图7-43所示。

2. 物料检测及配料过程控制

（1）废料处理　若为黑色物料，则系统判定为废料，由C位置的推料气缸直接推入C位置对应的废料仓中，推料气缸推出物料后及时缩回，同时黑色物料标志位M14，带输送机有料标志位M5、物料检测及配料过程标志位M16复位，废料计数器C0的计数值自动加1。废料处理控制程序如图7-44所示。

（2）配料比例及进料顺序控制　任务要求金属和白色物料的配料比例是1:1，配料顺序是金属/白色，可利用计数器C1对配料仓的总物料进行计数之后利用除法指令DIV求C1/2的余数，若余数为0，则说明C1为偶数，应该进金属物料，配金属物料的标志位设为M18；若余数为1，则说明C1为奇数，应该进白色物料，配白色物料的标志位设为M17。配料比例及进料顺序控制示意图如图7-45所示：配料比例及进料顺序控制程序如图7-46所示。

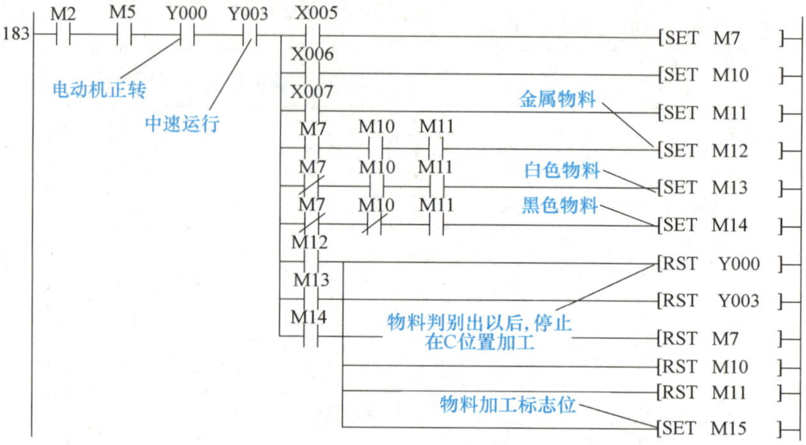

图 7-42　物料判别控制程序

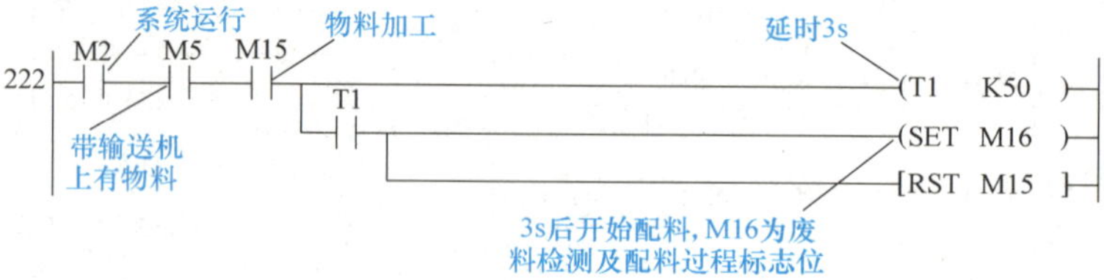

图 7-43　物料加工控制程序

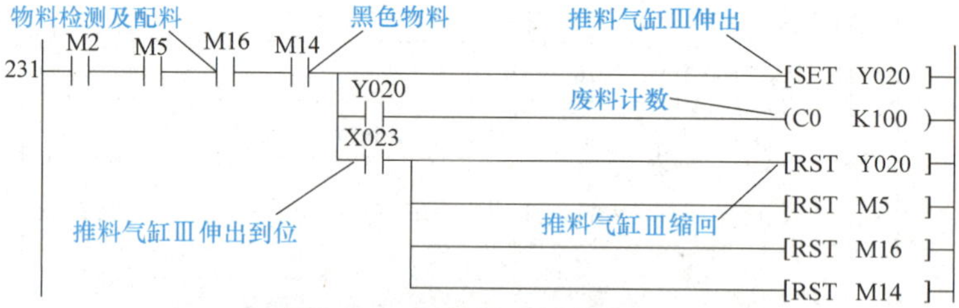

图 7-44　废料处理控制程序

图 7-45　配料比例及进料顺序控制示意图

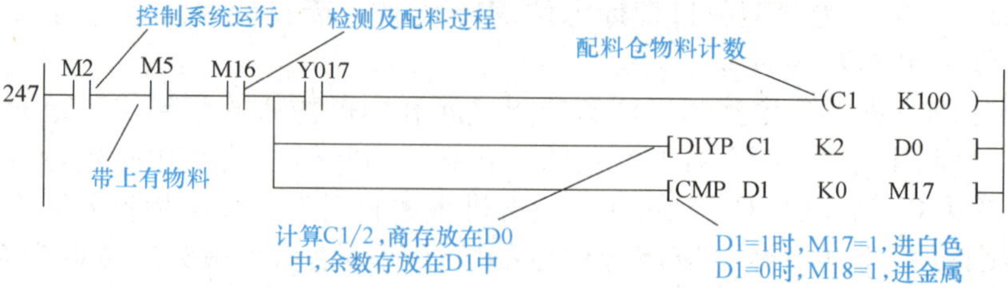

图 7-46　配料比例及进料顺序控制程序

（3）配料仓配料控制　当金属物料配料标志位 M18 = 1 时，配料仓进金属，当物料加工完成后，电动机以低速 15Hz 的频率反转，将金属由 C 位置向 B 位置传送，当物料到达 B 位置时，带输送机停止，同时Ⅱ号推料气缸伸出，将金属物料推入 B 位置对应的配料仓中，当推料气缸伸出到位后，计数器 C2 的计数值自动加 1，同时推料气缸缩回，带输送机有料标志位 M5、检测及配料标志位 M16 以及金属物料标志位 M12 复位。

当白色物料配料标志位 M17 = 1 时，配料仓进白色物料，当物料加工完成后，电动机以低速 15Hz 的频率反转，将白色物料由 C 位置向 B 位置传送，当物料到达 B 位置时，带输送机停止，同时Ⅱ号推料气缸伸出，将白色物料推入 B 位置对应的配料仓中，当推料气缸伸出到位后，计数器 C4 的计数值自动加 1，同时推料气缸缩回，带输送机有料标志位 M5、检测及配料标志位 M16 以及白色物料标志位 M13 复位。配料仓配料控制程序如图7-47所示。

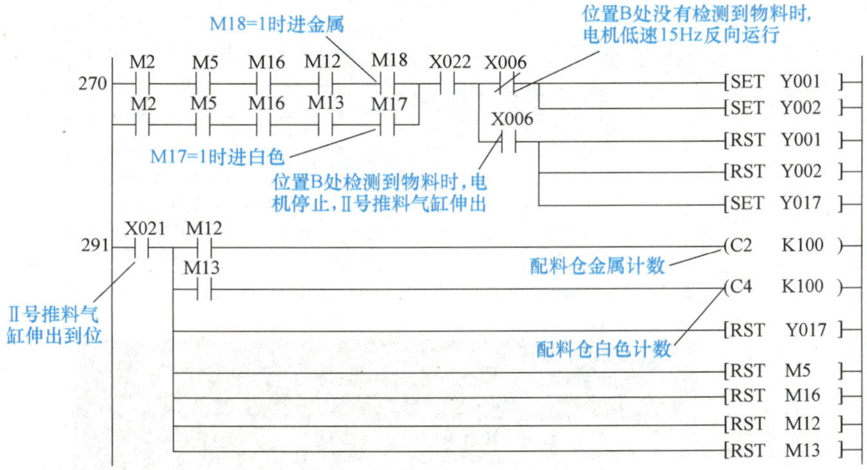

图 7-47　配料仓配料控制程序

知识 7　不满足配料要求的物料处理及触摸屏“数据清零”

1. 不满足配料要求的金属物料的处理

当金属标志位 M12 = 1 并且金属配料标志位 M18 = 0，代表着虽然带输送机上的物料为金属物料，但是配料仓中此时不需要金属，那么该金属物料即为不满足配料仓配料要求的金属物料，不满足配料要求的金属物料的成立条件及处理流程如图 7-48 所示。

加工完成后，该金属物料由带输送机从位置 C 向位置 A 以 15Hz 的频率反向传送，当位置 A 处的电感传感器检测到物料时，带输送机停止，位置 A 处的推料气缸伸出，将金属物料推入回收料仓，当位置 A 处的推料气缸伸出到位时，计数器 C3 的计数值自动加 1，推料气缸缩回，带输送机有料标志位 M5、检测及配料标志位 M16 以及金属物料标志位 M12 复位。不满足配料要求的金属物料的处理程序如图 7-49 所示。

2. 不满足配料要求的白色物料的处理

当白色物料标志位 M13 = 1 并且白色物料配料标志位 M17 = 0，代表着虽然带输送机上的物料为白色物料，但是配料仓中此时不需要白色物料，那么该白色物料即为不满足配料仓配料要求的白色物料，不满足配料要求的白色物料成立条件及处理流程如图 7-50 所示。

不满足配料要求的白色物料的处理程序如图 7-51 所示。

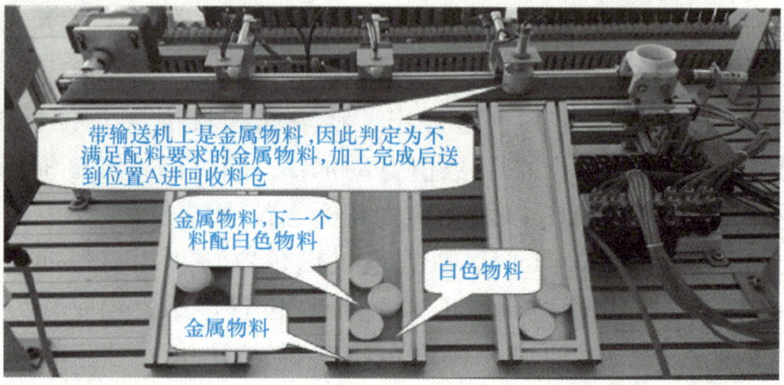

图 7-48　不满足配料要求的金属物料的成立条件及处理流程

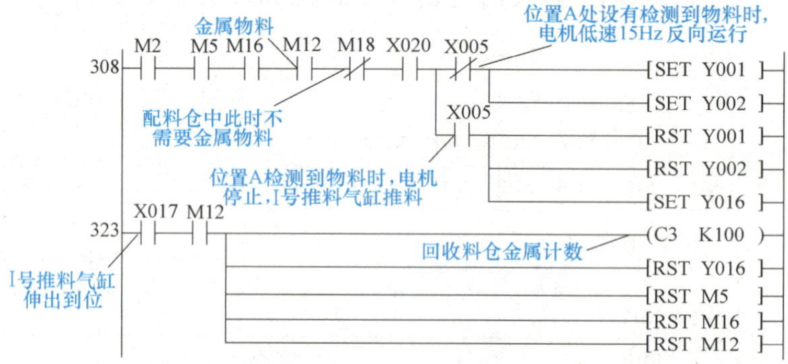

图 7-49　不满足配料要求的金属物料的处理程序

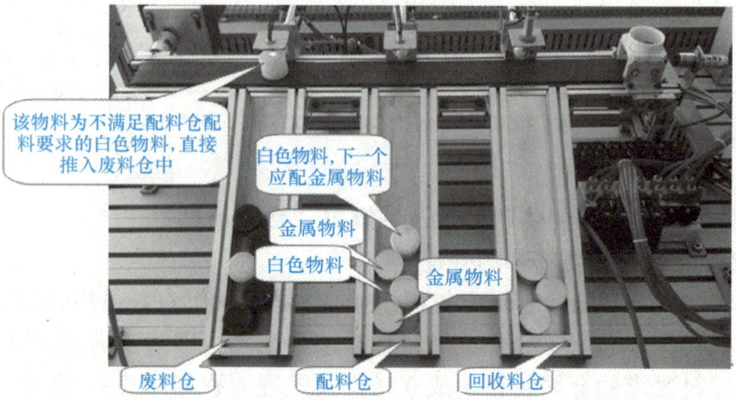

图 7-50　不满足配料要求的白色物料的成立条件及处理流程

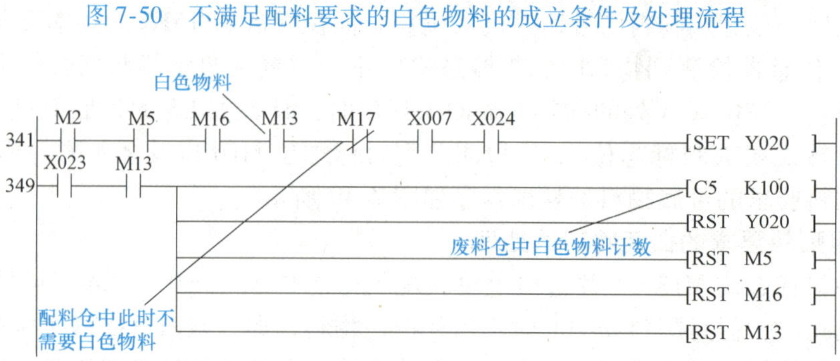

图 7-51　不满足配料要求的白色物料的处理程序

3. 触摸屏“数据清零”

根据任务要求在触摸屏的“物料统计”控制页面中，对配料过程中配料仓、废料仓和回收料仓中的物料进行了数量统计。在触摸屏的“设备控制”页面设置了“数据清零”按钮，系统起动后，通过“数据清零”按钮可以清除控制系统记载的各料仓中的物料数量，若设备停止前没有进行“数据清零”，则再次起动后，物料统计页面中的物料统计仍显示的是停止前的物料数量。控制系统处于停止状态时不允许数据清零。“数据清零”控制程序如图 7-52 所示。

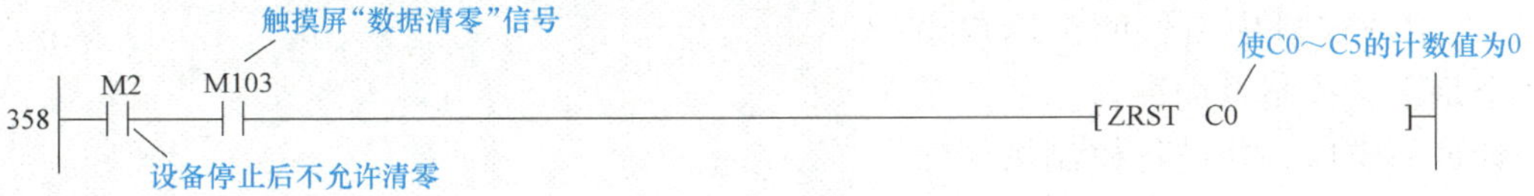

图 7-52 “数据清零”控制程序

【任务实施】

1. 清点器材

本任务控制电路所需设备、工具及材料，在任务一中表 7-1 的基础上，增加 1 台昆仑通态触摸屏模块用于控制设备及显示物料数量。

2. 硬件电路连接、检测与绑扎

1）根据任务，分析作出输入输出 I/O 分配表，如任务一中表 7-2 所示。

2）根据 PLC 外部接线图及相应模块进行电路的连接。

PLC 外部接线图如图 7-2 所示，YL-235A 光机电一体化实训装置的外设接线端子图如图 1-17 所示，为了保障安全，电路连接时应该断电进行，先进行输入控制电路连接，再进行输出电路连接。

3）控制电路的检测：控制电路的检测参照任务一方法进行。

4）线路捆扎：电路连接后的绑扎线路检测无误后，按照导线捆扎工艺的步骤进行整线，控制电路的连接效果如图 7-53 所示。

图 7-53 控制电路的连接效果图

3. 程序的编写与下载

（1）控制程序中用到的辅助继电器 程序中用到的辅助继电器及主要作用见表 7-5。

表 7-5 程序中用到的辅助继电器及主要作用

序号	辅助继电器	作用	序号	辅助继电器	作用
1	M1	设备初始位置标志位	10	M11	C 位置检测到物料
2	M2	设备运行标志位	11	M12	金属物料标志位
3	M3	机械手原点标志位	12	M13	白色物料标志位
4	M4	机械手运行标志位	13	M14	黑色物料标志位
5	M5	传送带有料标志位	14	M15	物料加工标志位
6	M6	停止标志位	15	M16	检测及配料标志位
7	M7	机械手放料后延时	16	M17	配料仓进白色物料
8	M8	A 位置检测到物料	17	M18	配料仓进金属物料
9	M10	B 位置检测到物料			

(2) 控制程序的下载　编写任务程序并进行转换和保存文件，完成 PLC 程序的下载写入。

4. 触摸屏组态创建与下载

1）创建组态工程，新建项目，选择 TPC7062KX 触摸屏，具体参见项目六。

2）在设备窗口中进行设备组态，单击右键，打开设备工具箱，添加通用串口父设备和三菱 FX 系列编程口。

3）在用户窗口中新建两个用户窗口，一个是设备控制页面窗口，一个是物料统计页面窗口，并进行控制页面的编辑，如图 7-54 所示为设备控制页面的编辑，图 7-55 所示为物料统计页面的编辑。

4）触摸屏与 PLC 的数据连接，PLC 控制程序中，触摸屏控制用到的辅助继电器及计数器如表 7-6 所示。图 7-56 所示为按钮操作属性设置，图 7-57 所示为变量选择。

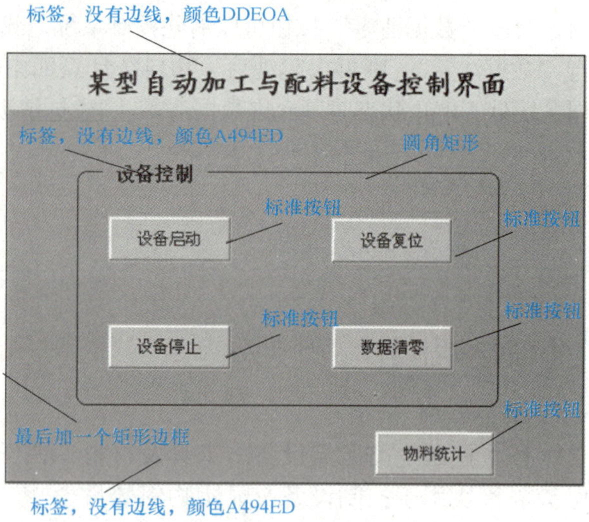

图 7-54　设备控制页面的编辑

物料统计页面的数量显示采用的是标签控件，标签控件与计数器计数值的数据连接中图 7-58 所示为标签属性设置；图 7-59 所示为显示输出设置中的表达式变量选择。

触摸屏与 PLC 的数据连接完成后，保存项目，将项目下载到触摸屏中，开始进行控制系统的调试。

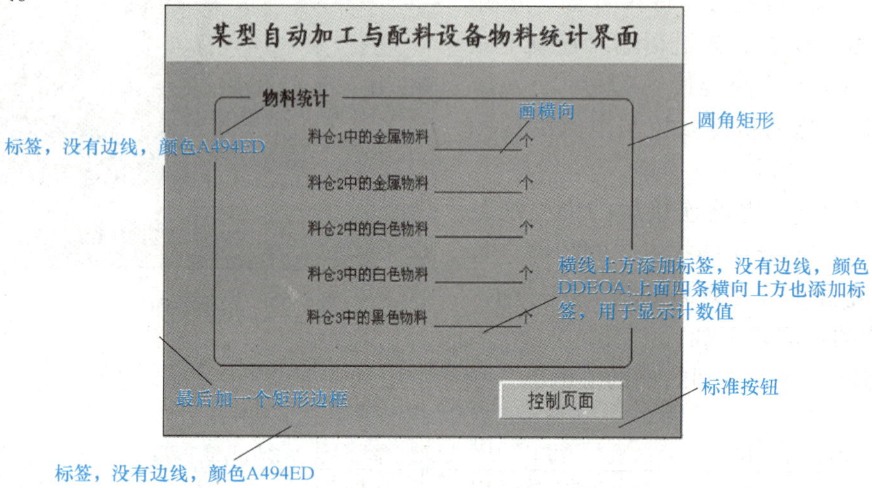

图 7-55　物料统计页面的编辑

表 7-6　触摸屏控制用到的辅助继电器及计数器

序号	辅助继电器	作用	序号	辅助继电器	作用
1	M100	触摸屏复位按钮	6	C2	配料仓金属物料数量
2	M101	触摸屏起动按钮	7	C3	回收料仓金属数量
3	M102	触摸屏停止按钮	8	C4	配料仓白色物料数量
4	M103	触摸屏“数据清零”	9	C5	废料仓白色物料数量
5	C0	废料仓黑色物料数量			

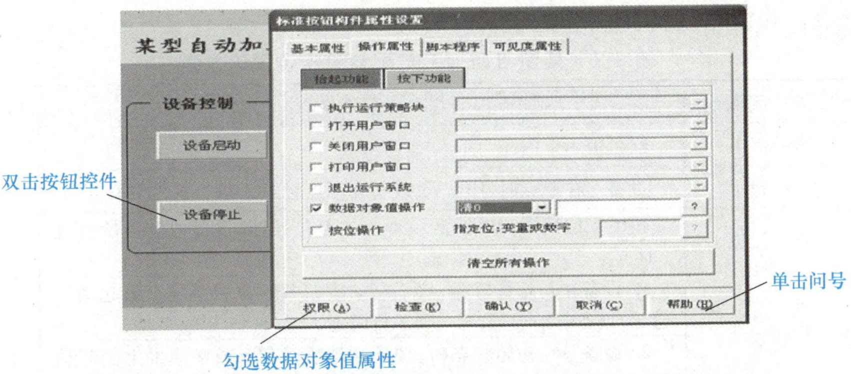

图 7-56　触摸屏按钮的操作属性设置

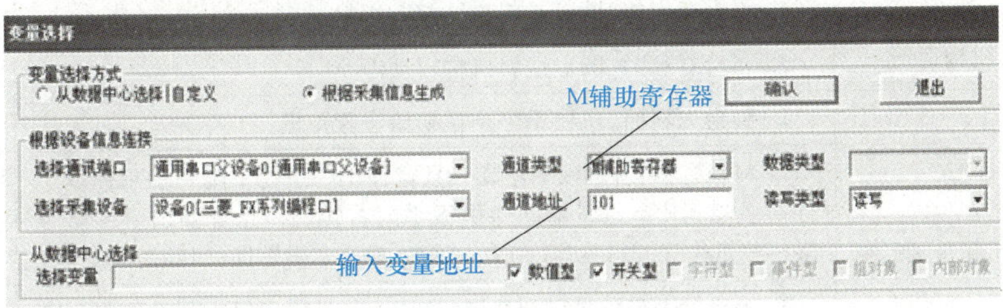

图 7-57　变量选择

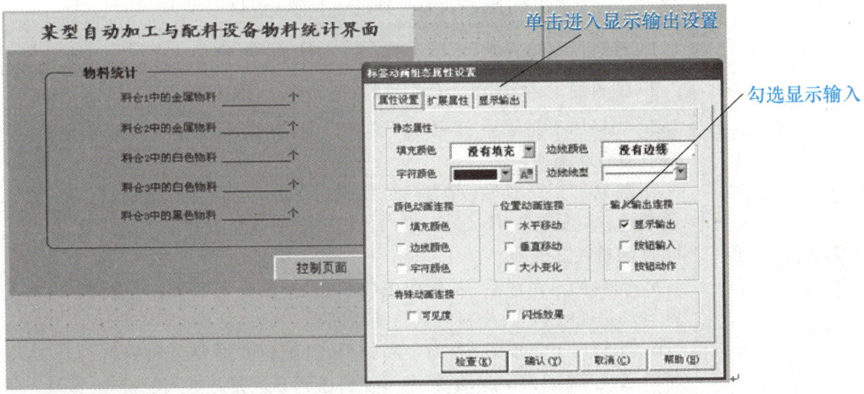

图 7-58　标签属性设置

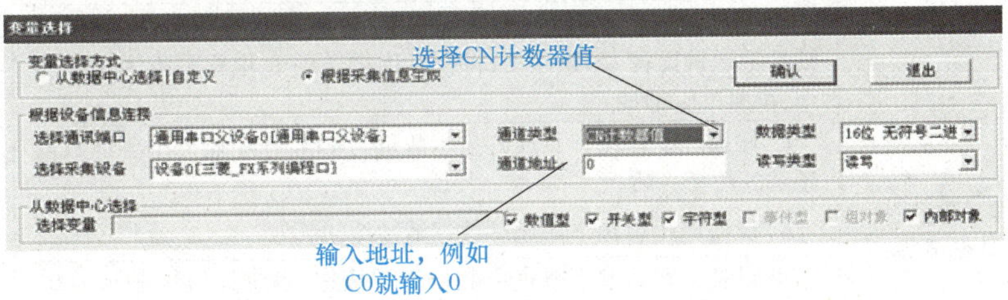

图 7-59　显示输出设置中的表达式变量选择

5. 调试与运行

进入监控状态，进行系统调试。根据调试过程和现象填写某型自动加工与配料设备的调试记录表 7-7。

6. 实训场地现场清理

实训完后，将对所操作设备进行复位、还原，拆除安全插接线、整理工位、清点工具、清扫现场卫生，并填写设备使用登记表。

表 7-7　某型自动加工与配料设备调试记录表

步骤	调试流程	正确现象	观察结果及解决措施
1	设备上电	红色警示灯闪亮	
2	原点指示	设备不在原点时,HL1 灭,设备在原点时 HL1 以 1Hz 的频率闪亮	
3	设备复位	按下复位按钮 SB4 或触摸屏上的复位按钮,设备回到初始位置(原点)	
4	设备起动	1. 设备在初始位置时,按下起动按钮 SB5 或触摸屏上的起动按钮后,设备起动运行,绿色警示灯闪亮	
		2. 设备不在初始状态时,按下起动按钮 SB5 或触摸屏上的起动按钮无效	
5	圆盘送料机构运行	1. 料台无料时,圆盘送料机构起动送料	
		2. 料台有料时,圆盘送料机构自动停止	
6	机械手运行	1. 料台无料时,机械手停止在初始位置待机	
		2. 料台有料时,机械手左旋→悬臂伸出→手臂下降→手爪抓取工件→手臂上升→悬臂缩回→机械手向右转动→悬臂伸出→手臂下降→气爪松开放料并等待 1s→手臂上升→悬臂缩回,回到初始位置	
		3. 当机械手夹取物料到达进料口时,若带输送机上仍有物料没有处理完成,则机械手在进料口停止,等待带机上的物料处理完成手再放料。若带输送机上没有物料,则机械手直接放料	
7	带输送机及分拣系统运行	1. 进料口有物料时,带输送机正转 25Hz 起动运行	
		2. 物料加工,物料到达 C 位置时,自动停止,加工 3s	
		3. 物料加工完成后,若为黑色物料,则自动进回收料仓,同时推料气缸自动缩回	
		4. 物料加工完成后,若为白色物料,且配料仓需要白色物料,则皮带输送机反转 15Hz 起动,将白色物料送到 B 位置并推入配料仓,同时推料气缸缩回	
		5. 物料加工完成后,若为白色物料,且配料仓不需要白色物料,则自动进回收料仓,推料气缸自动缩回	
		6. 物料加工完成后,若为金属物料,且配料仓需要金属物料,则带输送机反转 15Hz 起动,将金属物料送到 B 位置并推入配料仓,推料气缸缩回	
		7. 物料加工完成后,若为金属物料,且配料仓不需要金属物料,则带输送机反转 15Hz 起动,将金属物料送到 A 位置并推入回收料仓,推料气缸缩回	
8	物料统计及数据清零	1. 触摸屏物料统计页面的显示数量与 PLC 程序监控中各计数器显示的数量一致	
		2. 设备停止后按下触摸屏数据清零按钮无效	
		3. 设备运行后按下触摸屏数据清零按钮,各统计值均显示为 0,同时 PLC 程序监控中各计数器的计数值均显示为 0	
9	设备停止	1. 按下按钮 SB6 或触摸屏上的停止按钮时,若料台上无料,机械手和带机上也无料,则设备停止工作,绿色警示灯灭,原点指示灯 HL1 闪烁	
		2. 按下按钮 SB6 或触摸屏上的停止按钮时,若料台上有料,且带机或机械手也有正在处理的物料,则圆盘先停止工作,机械手和带机继续运行,待物料处理完毕(接料平台上没有物料)并回到初始位置后系统停止工作;绿色警示灯灭,原点指示灯 HL1 闪烁	

【评价与反思】

任务检测与分析见表 7-8。

表 7-8　任务检测与分析

检测项目	评分标准	分值	学生自评	小组评分	教师评分
电路连接	正确进行电路连接、工艺合理	15			
初始位置	1. 上电后，红色警示灯闪亮(1 分) 2. 通过按钮 SB4 可以复位(3 分) 3. 设备在初始位置时 HL1 闪亮(1 分)	5			
起停控制	1. 在初始位置时，设备可以起动，不在初始位置时，设备不能起动(2 分) 2. 设备能按任务要求停止(2 分) 3. 设备起动后绿色警示灯闪亮(1 分)	5			
送料机构	圆盘送料机构按要求起动送料，接料平台有料时自动停止(2 分)	2			
机械手	1. 机械手能按要求起动搬运(1 分) 2. 搬运动作符合要求(3 分) 3. 放料等待、放料后延时符合要求(1 分)	5			
物料加工	1. 进料口有料时，带输送机起动正转，频率 25Hz。(1 分) 2. 能正确判别物料的种类(3 分) 3. 物料在 C 位置加工，加工时间为 3s(1 分)	5			
配料控制	配料仓配料比例及进料顺序符合要求	15			
废料处理	1. 黑色物料进废料仓(5 分) 2. 不符合配料要求的金属进回收料仓(5 分) 3. 不符合配料要求的白色进废料仓(5 分)	15			
触摸屏页面	1. 配置设备控制页面(4 分) 2. 配置物料统计页面(4 分)	8			
触摸屏控制	1. 设备控制页面的各控制按钮能控制设备(5 分) 2. 物料统计页面的标签能正确显示数值。(5 分)	10			
团队协作	小组协调、合作	5			
职业素养	工具使用与摆放、工位插线拆取与整理、清洁等	10			
总分		100			

【问题探究】

1. 请尝试在触摸屏上实现设备运行状态的监控，即机械手的十二个动作监控，圆盘送料机构的运行监控，带输送机正转、反转及运行频率的监控，物料类型、废料仓黑色物料及白色物料的比例监控。请自行设计触摸屏页面和 PLC 控制程序，实现上述功能。

2. 请尝试用步进指令编程，实现本次任务的要求。

参考文献

[1] 张浩风. 梯形图设计方法与应用实例 [M]. 北京：机械工业出版社，2008.
[2] 杨少光. 机电一体化设备的组装与调试 [M]. 南宁：广西教育出版社，2009.
[3] 王金娟，周建清. 机电一体化设备的组装与调试 [M]. 北京：机械工业出版社，2009.